《中国水利水电工程移民安置新思路》编撰人员名单

张　谷　刘焕永　陈　彦　郭万侦　徐　静　黄　宇
敬　松　翟洪光　邓　益　杨　洲　余　琳　欧永胜
黄　剑　代　磊　杨　胜　汪　奎　石昕川　李　明

序

随着我国水资源开发利用进程的加快，水利水电移民人数不断攀升，移民安置已成为水利水电工程建设的关键问题。近年来，中央和地方高度重视移民工作，立足传承创新，制定了一系列移民工作政策法规和管理制度规范，有效地推进了移民安置工作。特别是，四川省高度重视移民政策和制度建设工作，出台了《四川省大中型水利水电工程移民工作条例》等一系列政策规定，极大地推动了移民工作法制化、规范化进程。但目前移民工作中涉及的深层次问题仍未得到根本解决，移民工作还面临着若干新问题和新矛盾，在国家全面深化改革的新形势和挑战下，如何顺利推进移民安置工作，促进水利水电工程建设，构建水利水电开发和移民安置创新、绿色、协调、开放、共享新模式，任重而道远。

《中国水利水电工程移民安置新思路》一书以四川省水利水电移民工作为基础，立足“移民为本、移民为先”的理念，着眼平衡移民、地方政府和项目法人三方利益，在系统总结和梳理现行移民政策的基础上，分层次、分类别研究了移民改革创新举措，提出了新的工作思路。

第一，该书针对当前水利水电征地移民工作存在的问题，以及在国家全面深化改革的历史背景下面临的挑战，大胆地预测了移民方针、移民工作原则、移民政策、移民管理体制的长远发展趋势，指明了移民工作的发展方向。特别提出了移民方针由“开发性移民”向“市场化移民”方向发展，移民工作原则由“原标准、原规模、恢复原功能”向“同水平，同标准，同发展”方向发展，征地补偿安置政策由“政府调控为主”向“市场调节起决定性作用”方向发展，移民管理体制由“多头、分散管理体制”向“归口、统一管理体制”方向发展，移民工作机制由“行政化”向“法治化”方向发展。

第二，该书详细分析了我国现行不同类型土地征收政策的特点，对水利水电移民政策与其他行业建设征地政策进行了全面、系统、详尽的对比分析，结合移民工作当前存在的问题和发展趋势，提出了近期移民政策的改革应采取部分并轨的思路，即各行业政策体系和管理体制继续保持独立，在相互借鉴的基础上，进一步优化各自现有的征地补偿安置政策；远期应根据社会经济发展的情况采取完全并轨的思路，即与其他行业征地从政策体系、管理体制和征地补偿安置政策三个方面进行完全统一，使被征地农民享受同等的国民待遇。

第三，该书针对移民政策面临的主要问题和近期亟需调整完善的方面提出了新的工作思路，主要对土地补偿政策提出实现“同地同价”的要求，重点从社会保障安置、逐年货币补偿安置、移民安置城镇化等方面进行了移民安置的创新研究，并结合近年来工作实际提出了先移民后建设、移民政策动态管理、利益共享的具体实施建议，为移民政策的调整和完善提供了思路和基础。

目前，我国针对水利水电移民政策和管理工作方面系统、全面性的研究比较少，该书全面、系统地研究了水利水电移民安置政策，为移民工作提出了新的思路，具有深厚的理论性和重要的实践性，既可为四川的水利水电移民工作提供理论依据和指导，也可为国家水利水电开发及移民事业提供借鉴和启示，有利于我国水利水电移民政策的完善、移民工作的推进和移民后续的发展。

祝贺该书的出版，也希望更多专家学者共同关注我国水利水电移民工作，从而涌现更多的佳作。

是以为序。

中国工程院院士

全国工程勘测设计大师 钮新强

长江勘测规划设计研究院院长

2016年11月

前 言

建设征地移民安置工作是影响水利水电工程建设成败的关键因素，长期以来受到国家高度关注和重视；移民工作遵循的政策法规是从无到有、逐步完善的，并以不断发展的趋势基本满足了移民工作的需要。我国的水利水电工程建设征地移民工作经过了老移民条例执行前、老移民条例执行时期、新移民条例执行时期几个阶段的实践，逐步探索建立了以2006年颁布实施的《大中型水利水电工程建设征地补偿和移民安置条例》（国务院令第471号）为基础的一系列法律法规、规程规范和相关文件组成的水利水电工程建设征地移民政策体系。由此，水利水电工程建设征地移民工作朝着法制化、规范化的方向迈进了一大步，移民政策和管理制度不断完善，监督管理机制不断健全，移民前期规划、实施安置和后期扶持工作进一步规范和加强，基本实现了“搬得出、稳得住，逐步能致富”的移民工作目标，有效地推动了水利水电工程建设以及移民区和移民安置区的社会经济发展。但是，由于移民工作的社会性和复杂性，随着社会经济发展，现行移民政策在系统性、适应性、创新性、融合性等方面存在局限和短板，存在征地土地补偿政策不统一、安置方式有局限、政策调整缺乏动态机制及管理职责分散等突出问题，同时也面临国家全面深化改革的新挑战。为实现依法移民、科学移民、和谐移民，需深入分析新时期水利水电移民工作存在问题及面临挑战，研究水利水电工程建设征地移民政策发展趋势及改革思路，提出移民安置新思路。

本书在对我国现行不同类型土地征收政策的差异和水利水电工程建设征地工作存在问题及面临挑战的分析基础上，提出了水利水电工程移民安置工作改革的方向和新的思路。本书的主要内容是在2014年四川省扶贫和移民工作局委托中国电建集团成都勘测设计研究院有限公司完成的《水利水电工程征地移民政策改革思路研究报告》课题成果基础上，结合近两年的工作实践编写的，其中土地补偿政策调整等部分内容是以四川省当时的政策现状为基础编制的，提出的政策建议与2015年中央一号文件的精神基本相符，在近两年的工作实践中已逐步得到了体现。全书共15章，第1章绪论，讲述了相关背景、必要性和主要内容；第2章我国土地征收制度，阐述了土地征收的涵义、特征和政策现状；第3章现行征地分类及政策差异，梳理了我国建设征地的类型、特点及政策差异；第4章当前移民安置面临的挑战，分析了我国移民安置工作存在的问题，以及在我国全面深化改革的新形势下面临的挑战；第5章移民政策发展趋势预测，主要是结合相关行业政策改革思路，对我国移民政策发展的趋势进行了预测；第6章移民政策改革方向，提出了我国移民安置政策改革的必要性及改革思路；第7章至第15章，主要针对近期移民安置工作面临的问题，提出了关于征地补偿、移民安置及管理等方面的新思路。

本书在撰写过程中，得到了四川省扶贫和移民工作局相关领导的大力支持与具体指导，在此表示衷心感谢。另外，还要感谢中国电建集团成都勘测设计研究院有限公司征地移民处及水电水利规划设计总院专家的大力支持，为本书提供了大量资料，并提出了宝贵的修改意见。

由于时间以及作者水平所限，书中不当之处，恳请各位专家及读者批评指正。

作者

2016年11月

目　录

第1章 绪 论

1.1 相关背景

水利水电工程征地移民工作是影响工程建设成败的关键因素，历来受到国家高度关注和重视，相关政策法规从无到有、从不足到逐渐完善，以不断发展之势基本满足了移民安置工作的发展需要，做到了与时俱进，协调发展。但由于移民工作的特性，对于移民安置工作中存在的一些问题，初始阶段并没有得到足够的重视，处理方式粗放，没有进行规范和约束，随着时间推移及工程实例增多，特别是我国进入21世纪以来，在党中央提出的以人为本、构建和谐社会、全面落实科学发展观的指引下，移民政策正在加速完善，这是一段渐进的历史发展进程。从新中国成立之初于1953年颁布《关于国家建设征用土地办法》至2006年颁布《大中型水利水电工程建设征地补偿和移民安置条例》（国务院令第471号），移民政策体现了移民安置工作与社会同步发展的时代要求，也体现了国家对于移民安置工作的逐步重视。尤其是2006年国务院第471号令实施以来，大中型水利水电工程移民工作朝着法制化、规范化的方向迈进了一大步，移民管理机构职能得到有效的加强，移民配套政策和管理制度不断完善，监督管理机制不断健全，移民安置工作进一步规范，移民安置前期工作、后期扶持工作不断加强，基本实现了“搬得出、稳得住，逐步能致富”的移民工作目标，切实保障了移民合法权益，提高了移民生产生活水平，维持了库区稳定，促进了地方社会经济发展，确保了水利水电开发顺利推进。

根据最新统计，我国水能资源可开发装机容量约6.6亿kW，年发电量约3万亿kW·h，列世界首位，在能源资源剩余可开采总量中仅次于煤炭，是中国重要的能源资源。我国常规水电装机容量已从新中国成立初期的16.3万kW发展到2015年的29666万kW，占全国电力总装机容量的19.7%；若考虑抽水蓄能电站，全国水电总装机容量已达到31937万kW，水电装机占全国发电总装机容量的21.2%；2015年全国水电发电量11143亿kW·h，占全国发电量的19.9%，为我国节能减排发挥了重要的作用。我国常规水电开发利用程度约为50%，剩余可开发装机容量约3亿kW，与经济发达国家相比，我国水力资源开发利用程度仍不高，水电发展潜力巨大。剩余水能资源主要分布在大江大河上游地区及西部跨境河流，位于西藏、四川、云南、青海和甘肃等省（自治区），基本是边远山区、贫困地区、少数民族地区，当地基础设施条件相对薄弱，经济社会发展相对滞后，信息相对闭塞，生态环境相对脆弱，民族特色文化比较鲜明。

同时，作为水力资源开发进程中的重要组成部分和基础性、关键性工作——移民安置也越来越受到社会各界的广泛关注，社会影响空前加大。据不完全统计，全国大中型水利水电工程已建、在建工程导致移民约2500多万人，未来待建的水电工程按已规划流域预计产生移民约80余万人。如此巨大的移民量为移民安置带来了前所未有的压力，后期扶持工作任务更加艰巨繁重。随着金沙江、雅砻江、澜沧江等一大批大中型水利水电工程的开工建设，我国水电建设重心已转移到西南地区的四川、云南、西藏3省（自治区），进入大规模、高强度、全流域密集开发新阶段，并向偏远高山峡谷发展，向江河上游延伸，向少数民族腹心地区和界河挺进，移民搬迁安置人数不断攀升。受区域地域条件、社会经济发展、民族宗教等因素影响，移民安置难度持续增加，呈现移民数量庞大、区域社会经济发展水平低、搬迁安置任务艰巨、移民收入构成特殊、民族特色鲜明，宗教文化浓厚等特点，面临着移民环境容量不足、安置方式受限、补偿补助项目体系不完善、少数民族地区特殊的宗教设施和宗教器物补偿需合理确定等问题，在新环境形势和挑战下如何顺利推进移民安置工作，提高移民安置成效，谋求共赢发展，任重而道远。

近年来，国家高度重视移民工作，国家能源局、水利部等相关部委立足传承创新，制定了一系列移民工作政策法规和管理制度规范，在推进建立健全移民政策法规和加强规范管理等方面取得了初步成效，但目前工作中涉及的深层次政策问题仍未得到根本解决，需结合移民工作现实问题，在系统总结梳理现行移民安置政策基础上，分层次、分类别研究相关改革创新举措，加快推进调整完善大中型水利水电工程建设征地移民安置政策，确保实现依法移民、科学移民、和谐移民。目前，我国针对水利水电移民政策和管理工作系统、全面的研究比较少，本书在对我国现行不同类型土地征收政策的差异分析和水利水电工程建设征地工作存在问题及面临挑战的分析基础上，从征地补偿、移民安置方式、移民政策动态管理、利益共享等方面提出了我国水利水电工程移民安置工作改革的方向和新的思路，希望能为相关政府部门的政策制定与实施提供有益参考。

1.2 研究意义

（1）在国家全面推进深化改革的新形势下，梳理完善水利水电征地移民政策是必然选择。党的十八届三中全会以来，国家对推进经济、政治、文化、社会、生态的全方位改革进行了部署，目前国土、建设等各个行业均提出了深化业内改革的目标和方向，国家现行土地政策也将进行相应的调整和改革。在此新形势下，因势而为，重视抓紧抓好水利水电征地移民政策梳理完善工作既必须，也必要。

（2）现行移民政策与其他国土征地政策存在不统一的突出矛盾，梳理完善水利水电移民政策是客观需要。我国水利水电、交通、城市建设等工程征地分属不同的行业主管部门，各管理体制和政策体系不一致；随着交通、水利水电工程等大型基础设施项目的不断上马，城市建设和交通设施征地政策的更新，各行业间征地补偿安置政策的差异引发的各类矛盾和问题日渐凸显。为缓解各行业征地政策不统一造成的突出矛盾，需研究调整完善水利水电移民政策，以促进建设征地移民安置工作的顺利进行。

（3）现行水利水电移民政策不完全适应移民安置工作，梳理完善水利水电移民政策是内在需求。随着经济社会发展，移民工作和既有的移民政策不能适应新时期国家经济建设和现代化进程的矛盾越来越突出。在移民安置实施工作中生产安置方式受到局限、补偿原则有损移民实际利益、制度不健全等问题凸显，现有政策规定已不能完全适应新形势下移民安置工作的需要，应尽快研究并采取相应的改革举措，逐步进行调整、完善和改革。

1.3 主要内容

本书在结合移民工作现实问题、广泛调研和收集资料的基础上，系统总结梳理国家现行移民安置政策，分层次、分类研究相关改革创新举措，加快推进调整完善大中型水利水电工程建设征地移民安置政策、力图解决工作中涉及的深层次政策问题。其主要内容如下：

（1）我国土地征收制度。分析了我国土地征收制度的涵义、历史沿革以及法律法规体系。

（2）现行征地分类及政策差异。根据工程特性、征地特点将征地类型分为水利水电工程征地和城市建设、交通、工业园区等其他行业建设征地，系统分析了水利水电工程建设征地和其他行业征地在政策体系构建、管理体制与工作机制、征地补偿、安置方式等方面的特点与差异。

（3）当前移民安置面临的挑战。系统梳理了目前水利水电征地移民工作存在的突出问题，分析了水利水电征地移民政策面临的挑战。

（4）移民政策发展趋势。在充分领悟国家全面深化改革新形势下各行业改革思路和发展方向的基础上，结合当前水利水电征地移民工作现状情况和问题，研析了我国水利水电工程建设征地移民安置政策总体改革发展趋势。

(5) 移民政策改革方向。阐述了水利水电征地移民改革思路的原则、目标和基本方针，从政策体系、各方职责、管理程序、补偿标准、安置方式、审批程序、实施管理、后期扶持等方面分析了水利水电征地移民政策改革思路。

(6) 土地补偿政策新思路。分析了水利水电建设征地土地补偿费和安置补助费的采用标准与其他行业建设征地采用标准在政策规定和执行情况之间的差异，研究了各行业政策特点和适应性，提出了调整水利水电征地土地补偿费和安置补助费采用标准的计算原则，拟定了相关政策调整完善建议意见。

(7) 地面附着物补偿政策新思路。分析了水利水电建设征地地面附着物补偿标准与其他行业征地补偿标准的差异，研究了各行业政策特点和适应性，提出了水利水电建设征地地面附着物补偿标准的计算原则，拟定了相关政策调整完善建议意见。

(8) 移民保障安置新思路。根据水利水电工程移民工作实际，按照统筹兼顾已建、在建工程移民稳定以及各类安置方式的协调平衡原则，研究分析了养老保障与社会保险体系相结合的可行性，针对不同情况提出了处理对策，拟定了移民并入社会保险体系相关政策建议意见。

(9) 移民货币补偿安置新思路。在总结我国移民逐年货币补偿安置方式实践经验的基础上，研究明确了政策适用条件和边界，以及有关补偿和安置标准、补偿时限、动态管理模式及操作方式，拟定了相关政策调整完善建议意见。

(10) 移民安置城镇化新思路。在调查移民城镇化安置现状和存在问题基础上，研究了移民安置城镇化的适用条件和要求，拟定了移民安置城镇化的相关建议意见。

(11) “先移民、后建设”新实践。依据国家有关“先移民、后建设”的政策规定和要求，以四川省为例，认真总结了近年来的工作实践，按照科学定位、明确职责、强化管理、规范操作的要求，研究拟定了相关实施管理办法的建议意见。

(12) 移民政策动态管理新思路。提出了水利水电工程征地移民政策的动态管理机制，明确了各类政策的动态调整机制，提出了相关政策措施建议。

(13) 水电利益共享机制。拟订了水利水电工程建设项目区地方财税分成、电力留存、资源补偿、后续发展等利益共享机制，研究了相关政策措施建议。

第2章 我国土地征收制度

2.1 土地征收的涵义

对于土地征收涵义的表述，国内有着如下多种表述方式：

(1)“土地征收又称征收土地，即国家依照法律规定将土地收为公用”[《现代实用民法词典》(江平、巫昌祯，1998年)]。

(2)“因国家建设需要，采取行政措施依法征收原来属于集体所有的土地”[《土地科学词典》(陈洪博，1992)]。

(3)“国家为了公共利益和国家建设的需要，依法将集体所有制的土地有偿转变为国有的措施”[《土地管理知识辞典》(卫南平，马晓玲，1991)]。

(4)“土地征收是指国家在一定的条件下，对本具有不可侵犯性的个人、集体土地所有权加以强制剥夺的情形”[《物权法原理》(陈华彬，1998)]。

上述对土地征收的文字表述方式虽有所差异，但基本都包括土地所有权的变化、依据法律、强制性、给予补偿等关键要素。因此，在我国，土地征收的涵义主要是指国家为了公共目的的需要，依照法律规定，以补偿为条件，而将农村集体所有的土地强制性地变为国家所有的土地的行为。

2.2 土地征收的历史沿革

2.2.1 《中华人民共和国宪法》中土地征收政策的历史沿革

1954年《中华人民共和国宪法》(以下简称《宪法》)第十三条

规定："国家为了公共利益的需要，可以依照法律规定的条件，对城乡和其他生产资料实行征购、征收或收归国有"。1975 年《宪法》、1978 年《宪法》和 1982 年《宪法》及现行《宪法》，都规定了土地征收制度。现行《宪法》于 1982 年颁布，并经 1988 年 4 月、1993 年 3 月、1999 年 3 月、2004 年 3 月四次修订，第十条规定："国家为了公共利益的需要，可以依照法律规定对土地实行征收或者征用并给予补偿。"

2.2.2 《中华人民共和国土地管理法》中土地征收政策的历史沿革

新中国成立后，在基本上完成土地改革的基础上，1953 年国家政务院颁布了《国家建设征用土地办法》，第一次制定了比较完整的土地征收制度。办法规定国防工程、厂矿、交通、水利工程、市政建设以及其他经济文化建设所需要的土地，可以依法征收。但当时农村还没有实现农业合作化，土地为农民私人所有，所以被征收的土地主要是农民私有土地，因此该办法规定了土地征收的原则和补助标准，是为了调整国家与土地被征收的农户之间的关系。

1958 年，我国在完成了农业社会主义改造的情况下，修改出台了《国家建设征用土地办法》。修改后的征地办法强调节约用地，避免浪费土地的现象；另外规定了被征收的土地，除了个体农民私有土地以外，还包括农业生产合作社的集体所有土地。

党的十一届三中全会以后，我国在 1982 年对土地征收政策做了较大修改，并颁布了《国家建设征用土地条例》。条例规定了土地征收对象主要是农村集体所有土地，征收补偿主要包括土地补偿费、青苗及地上附着物补偿费和劳动力安置补助费等。

1986 年 6 月 25 日，全国人民代表大会常务委员会（以下简称全国人大常委会）通过了《中华人民共和国土地管理法》（以下简称《土地管理法》），该法基本沿用了《国家建设征用土地条例》对土地征收的基本规定，成为我国土地征收工作的基本依据，并于 1998 年 8 月和 2004 年 8 月进行了两次修订。

2.2.3 水利水电工程中土地征收政策的历史沿革

党的十一届三中全会以前，我国没有针对水利水电工程土地征收颁布专门的法律法规；党的十一届三中全会以后，我国实行改革开放，并以经济建设为中心，经济发展速度明显加快。同时期，水利水电工程建设也进入快速发展时期，面对多年来我国水库工程移民遗留的历史问题，国家开始积极地研究水库移民的相关政策和法规。

1984 年水利电力部颁布了《水利水电工程水库淹没处理设计规范》（SD 130—1984）；1986 年又颁布了《水库库底清理办法》，同年，水利水电规划设计院制定了《水利水电工程水库淹没实物指标调查细则》。1986 年国务院办公厅批转了水利电力部《关于抓紧处理水库移民问题报告的通知》（国办发〔1986〕56 号），1987 年水利电力部又印发了《关于加强水库移民工作的通知》等文件，这些文件规定为水利水电工程建设征地和移民安置政策的出台提供了依据，奠定了基础。

1984 年 6 月，水利电力部在山东烟台召开部分省市设计和移民管理部门参加的移民安置座谈会，会上提出和讨论了《水库建设移民安置条例（征求意见稿）》，这次会议是我国水库移民政策发展史上具有里程碑意义的会议。

在不断地研究和努力下，1991 年国务院以第 74 号令颁布了《大中型水利水电工程建设征地补偿和移民安置条例》，第一次以法律的形式把水库移民纳入法制轨道，这是我国水库移民第一部专用性法规，它改变了水库移民工作无法可依的局面，有力地推动了水库移民工作的法制化建设，是一个历史性的进步，为做好移民工作发挥了重要作用，使移民工作发展到了一个新的阶段。

1993 年 6 月，为了适应特大型水利水电工程三峡工程移民安置工作需要，国务院以第 126 号令发布了《长江三峡工程建设移民条例》，并于 2001 年进行了修订。

随着1998年和2004年《土地管理法》的两次修订，1991年颁布的《大中型水利水电工程建设征地补偿和移民安置条例》已经不能适应水电工程建设征地移民发展需求，2006年7月国务院以第471号令修订颁布了《大中型水利水电工程建设征地补偿和移民安置条例》。新条例对水库移民政策做了更全面、更具体的规定，体现了以人为本、维护移民基本权益的精神。

2.3 我国土地征收的特征

我国的土地征收特征包括征收目的的唯一性，征收主体的唯一性、强制性，以及征收对象的单一性、补偿性等，具体包括以下内容：

（1）土地征收目的的唯一性。行使土地征收行为的前提为征收目的是为了公共利益，政府基于公共权力而行使土地征收权。原因在于：一方面土地资源有限，因此土地征收必须具有为了公共利益的合理动机；另一方面土地征收权的滥用会导致政府权力失控和土地资源的浪费、闲置。因此，为防止土地征收权的滥用，有必要对土地征收的目的做出限制性规定，规定土地征收的目的必须基于公共利益之需，非为公共利益不得征收土地，因此土地征收目的具有唯一性。

（2）土地征收主体的唯一性。《宪法》第十条规定："国家为了公共利益的需要，可以依照法律规定对土地实行征收或者征用并给予补偿。"从对《宪法》的理解看，征收主体是国家，而非其他组织或者个人，代表国家行使土地征收行政权力的只有中央政府或者各级地方政府。

（3）土地征收的强制性。国家征收集体土地是《宪法》赋予的权力，代表着国家的最高权力。国家权力的一般特征就是强制性，土地征收权也不例外。土地征收不需要征得集体土地所有者的意见，土地征收权力是以国家强制力作保障。但需强调，强制性也要求各级政府行政机关必须依法行使行政权。

（4）土地征收对象的单一性。我国土地性质分国有土地和集体所有土地两类，土地征收专指国家征收集体土地，被征收的土地由集体所有变为国有，土地征收改变了土地所有权性质。

（5）土地征收的补偿性。《宪法》和《土地管理法》规定征收土地需给予补偿。政府机关基于公共利益之需而实施土地征收行为，虽然符合法定的土地征收目的，但必须有合理补偿，以弥补集体经济组织由此所受的损失。

2.4 我国土地征收的政策体系

现行《宪法》中关于“土地征收”的规定和《土地管理法》的第5章“国家建设用地”的相关规定构成了我国土地征收法律制度的基本框架。1986年6月25日，全国人民代表大会常务委员会通过了《土地管理法》，将土地管理制度提升为法律，提高了土地征收制度的级别，《国家建设征用土地条例》同时废止。《土地管理法》在1998年8月和2004年8月经过两次修订后，作为现行土地管理和土地征收的法律规定。1998年和2004年的两次修订在法律内容上的最大变化是征地补偿问题，目前的《土地管理法》第四十七条规定：“征收耕地的土地补偿费为该耕地被征收前三年平均年产值的六至十倍”“每一个需要安置的农业人口的安置补助费标准，为该耕地被征收前三年平均年产值的四至六倍。但是，每公顷被征收耕地的安置补助费，最高不得超过被征收前三年平均年产值的十五倍”“支付土地补偿费和安置补助费，尚不能使需要安置的农民保持原有生活水平的，经省、自治区、直辖市人民政府批准，可以增加安置补助费。但是，土地补偿费和安置补助费的总和不得超过土地被征收前三年平均年产值的三十倍”。该规定对于土地征收补偿费标准的调整在一定程度上顾及了农民利益。

目前，2004年修订的《土地管理法》正在研究进一步的修订，另外国务院安排部署2012年第四季度经济工作，要求着力深化改革和扩大开放，改革的重点之一就是农村集体土地征收，国土资源部也在研究制定《集体土地征收补偿条例》。但值得注意的是，《集体土地征收补偿条例》的出台仍存在法律框架下的难题，首先是一个立法依据的问题。如果《土地管理法》不先行修订并颁布，《集体土地征收补偿条例》可能与之存在一些矛盾和问题，出台条例恐怕很难理顺关系。

2007年，《中华人民共和国物权法》（以下简称《物权法》）的颁布把所有权、用益物权、担保物权这三大物权有机地结合起来，以民事基本法的形式确认了对三大物权的保护，尤其是对土地法律制度的规定，会进一步促进土地法律制度的研究。《物权法》是以不动产为核心构建起来的法律体系，而土地又是不动产的核心组成部分。一方面，《物权法》中关于土地财产的权利规定，必然受现行《土地管理法》规则的影响；另一方面，《物权法》的一些基本原则和制度，尤其是其中关于土地权利的规定，又要影响《土地管理法》的实施。

《物权法》将不动产登记摆在举足轻重的地位。第1条“物权的设立、变更、转让和消灭”中规定“不动产登记”，明确提出不动产物权的变动，只有经依法登记，才能发生效力。而《土地管理法》对土地登记的作用、登记机关对登记申请的审查、利害关系人查询登记资料等均未做明确规定，造成实际操作中仅将土地登记视为土地管理的一种方式，使其在土地权利变动中应有的作用没有得到发挥。

《物权法》对土地征收施加了更严格的限定，对土地补偿做出了更完整的规定。第四十二条规定“为了公共利益的需要，依照法律规定的权限和程序可以征收集体所有的土地和单位、个人的房屋及其他不动产”，进一步突出了征地的法律权限和程序；第四十二条同时规定了“征收集体所有的土地，应当依法足额支付土地补偿费、安置补助费、地上附着物和青苗的补偿费等费用，安排被征地农民的社会保障费用，保障被征地农民的生活，维护被征地农民的合法权益”，进一步明确了补偿原则：一是强调了补偿的“足额”；二是增加了“社会保障费用”的内容，为征地补偿朝向“维护被征地农民的合法权益”的财产性补偿迈出了重要一步，这也是现行的《土地管理法》没有明确涉及的内容。

《物权法》强化了集体土地所有权权益的“集体成员权”导向。第五十九条明确规定：“农民集体所有的不动产和动产，属于本集体成员集体所有”。而《土地管理法》中的规定则有明显的“集体组织”导向。从集体经济组织权到集体成员权导向的改变，是落实集体所有制下集体成员物权的重要一步，是明确每个集体社区成员对集体财产权益的法律保障，也是防止集体组织或其他各级政府以“集体所有权”侵犯集体成员财产权的屏障。

《物权法》首次规定了对所有权人之外的关系人的补偿。《物权法》第一百二十一条规定了征收征用时对用益物权人的补偿，第一百三十二条则进一步规定了征收承包地时对承包经营权人的补偿。当然，如果是指对承包经营权这种用益物权自身价值的补偿，而非支付给承包经营权人的对地上青苗等附着物的补偿，用益物权的独立财产价值就得到了充分的体现。

综上，《物权法》对土地征收予以规定，从宏观来说，是进一步强调对被征收人合法民事权利的保护，确立了民事基本法对土地征收补偿请求权的保护，有利于被征收人对抗行政权力的不法侵害，促进依法行政；从微观来说，其规定的具体制度对现行土地征收制度有所突破，并为今后修改《土地管理法》和出台有关司法解释时的某些突破提供了基础条件。

总之，从我国当前的集体土地征收制度及实践来看：一方面，有关集体土地征收的法律制度并不健全，到目前为止还没有单独对土地征收进行立法，其相关规定散见于《宪法》《土地管理法》《中华人民共和国土地管理法实施条例》（以下简称《土地管理法实施条例》）《物权法》《中华人民共和国农村土地承包法》《中华人民共和国房地产管理法》等一系列法律法规文件中，没有完整的制度体系，更存在许多的立法不当之处。另一方面，正是由于有关征收的基本法律原则的缺失、法律法规的缺位，公权力得不到有效地制约而公民权利却受到较大的限制，又或者公共利益泛化而集体土地所有权遭到政府自由裁量权的肆意践踏。正是基于以上两方面的原因，在当前的集体土地征收过程中，矛盾重重、纠纷频发。实践中，土地财政、征地纠纷以及农民权益受损问题极为常见。

第3章 现行征地分类及政策差异

3.1 现行征地分类及特性分析

3.1.1 现行征地处理分类

我国实施土地的社会主义公有制，即全民所有制（即国家所有）和劳动人民群众集体所有制。《土地管理法》规定：“国家为了公共利益的需要，可以依法对土地实行征收或者征用并给予补偿。”

同时，我国实行土地用途管理制度，国家编制土地利用总体规划，规定土地用途，将土地分为农用地、建设用地和未利用地。严格限制农用地转为建设用地。建设用地是指建造建筑物、构筑物的土地，包括城乡住宅和公共设施用地、工矿用地、交通水利设施用地、旅游用地、军事设施用地等。

（1）基于我国目前工程项目的建设情况，根据需要征地的工程建设类别，可以将土地征收的项目划分如下：

1）能源建设项目征地。根据能源建设项目的类别，能源建设项目征地又可以分为水电工程建设征地、核电工程建设征地、火电工程建设征地以及风电、光伏电工程建设征地等。本书主要研究水电工程建设征地。

2）水利工程建设征地。水利工程主要是指用于控制和调配自然界的地表水和地下水，达到兴利除害目的而修建的工程。水利工程建设征地主要包括水库淹没区、堤坝、灌溉渠系等的建设征地。水利工程建设征地是本书的研究内容。

3）城市建设征地。城市建设征地主要是指因城市新建或者扩建而以规划为依据，对涉及区域的土地进行征收。城市改建是在国有土地上进行城市改造和建设活动，不涉及土地征收，但是需要对国有土地上的房屋进行补偿。本书主要研究城市新建和扩建涉及的建设征地，同时国有土地上的房屋补偿也是本书的研究内容。

4）交通工程建设征地。交通工程建设征地主要包括公路建设征地、铁路建设征地、机场建设征地、码头建设征地等。本书主要研究公路建设征地的特点和操作方式。

5）工业工程建设征地。工业工程建设征地主要是指为工业发展建设而进行的土地征收，主要包括工业园区建设征地、工矿企业建设征地等。

6）军事类建设征地。军事类建设征地主要是指为国家军事基础设施、军用设施建设等而需要进行的土地征收。

（2）从征地面积和征地范围等特点来讲，可以将土地征收分为点、线、面三种类型。

1）点状征地。点状类型的征地其征地面积较小，涉及实物指标种类较少，征地对当地的社会经济影响甚微。如城市新建和扩建征地、工业园区建设征地、小型工况企业建设征地、机场建设征地等。

2）线状征地。线状类型的征地其征地形状为线状、带状，涉及的行政区域比较多，每个行政区域内的实物指标较少。如公路建设征地、铁路建设征地等。

3）面状征地。面状类型的征地其征地面积较大，涉及的实物指标较多，可能涉及多个行政区域，对主要涉及地区社会经济有较大的影响。如水电工程建设征地、水利工程建设征地等。

根据我国土地政策，这些工程建设征地涉及的集体土地需要征收后才能用于项目的建设。依据目前我国工程建设进展及国家和各省出台的各类征地政策，同时考虑到每项政策的适用性和本书研究范围和内容，结合各项目征地的特点及征地补偿政策相似性，本书选取了城市建设、交通两类建设征地同水利水电工程建设征地进行分析比较。

3.1.2 主要征地类型特殊性分析

水利水电工程同城市建设、交通工程在工程地理位置、建设环境、规模大小、工程特性等方面都具有较大差异，各自存在着特殊性。

3.1.2.1 水利水电

（1）城市与农村兼有，国有与集体并存。水利水电工程建设征地涉及范围较大、面积较广，有可能同时涉及城市和农村，涉及国有土地和集体土地。部分水电站涉及当地县城，如瀑布沟水电站涉及汉源县城；部分水电站涉及集镇，如溪洛渡水电站涉及雷波县千万贯、金阳县德悉等多个集镇。

（2）永久占地与临时用地共存。水利水电工程建设征地包括临时用地和永久占地。其中，永久占地主要包括水库淹没影响区以及水工建筑物占地区；临时用地主要包括临时渣场、临时公路用地等。

（3）用地时间长，用地规模大，涉及种类多。水利水电工程建设周期较长，从可研核准到工程竣工一般要几年甚至十几年。同时，水利水电工程建设征地用地规模大，如瀑布沟水电站涉及土地总面积14.5万亩，溪洛渡水电站涉及土地总面积46.3万亩，两河口水电站涉及土地总面积18.7万亩；紫坪铺水利枢纽工程涉及土地总面积2.82万亩，亭子口水利枢纽工程涉及土地总面积18.08万亩，毗河水利枢纽工程涉及土地总面积2.18万亩。同时，涉及地类包括耕地、园地、林地、草地、建设用地及其他土地等各种类型。

（4）水利水电建设征地涉及的人数多、土地好。水利水电工程建设征地涉及的人口众多，瀑布沟水电站涉及人口10.25万人，溪洛渡水电站涉及人口4.68万人，两河口水电站涉及人口0.63万人；紫坪铺水利枢纽工程涉及人口3.54万人，亭子口水利枢纽工程涉及人口2.27万人，毗河水利枢纽工程涉及人口0.66万人。同时，由于水利水电建设征地主要是沿河地带，相对于涉及行政区的其他地区其地形平坦、土壤肥沃、光热水条件较好、耕种条件适宜，作物产量一般较高。

3.1.2.2　城市建设

（1）集中在城市或者周边。城市建设征地区域主要在城市规划新建或者扩建的区域，改建（改造）地区即位于原国有土地上。因此城市建设征地主要在城市规划区或者城市周边区域。

（2）主要为永久征收用地。城市建设主要为永久占地，即其所有土地将转变为国有土地。

（3）涉及地类一般较少。城市建设用地规涉及的地类一般较少，主要为城市周边的区域，如耕园地、建设用地等。

3.1.2.3　交通工程

（1）国有土地与集体土地兼有。由于交通工程线路较长，其征地包括了国有土地和集体土地。

（2）涉及行政区域较多。交通工程建设征地为明显的带状征地，带状征地线路较长、功能特殊，因而涉及的行政区划较多。

（3）主要影响土地。交通工程建设征地主要是影响和占用土地，对于地上的房屋及其他附属设施一般采用避让的原则，尽可能地回避。

3.2　现行征地政策现状及差异

3.2.1　政策体系

水利水电行业与其他行业建设征地都形成了具有各自特点、适应各行业工作要求的政策体系和规程规范，两套政策体系相对独立，特点明显，水利水电行业更加精细。

各行业都制定了较为全面的政策，依据《土地管理法》，从国家层面到省级层面及市（州）层面，建立了较为完善的体系。水利水电行业建设征地移民工作政策体系由国家相关法律、国务院有关移民条例、各部委规章、各级地方政府一系列政策法规组成，例如四川省政府及相关部门制定了有关移民工作的政策文件31项。其他行业建设征地工作政策体系主要也是由国家相关法律、部门规章以及各级地方政府从执行层面配套的一系列政策和规定组成。

3.2.1.1 体系的结构

水利水电行业的移民政策体系包括行政管理、技术管理、工作管理等内容，更为系统、全面和专业，范围涉及全面恢复征地影响区域的经济社会各个方面；而其他行业主要侧重于征地行政管理工作，范围主要包括征地涉及的补偿和安置。

水利与水电工程主要依据上位法。2006年国务院制定了《大中型水利水电工程建设征地补偿和移民安置条例》（国务院令第471号），其他部门制定了相应的政策、意见。在此基础上，地方各级政府根据实际情况制定本行政区内的相应政策。国家发展和改革委员会（能源局）制定了水电工程建设征地移民安置设计规程规范、水利部制定了水利工程建设征地移民安置设计规程规范。

其他行业主要以1998年《土地管理法》（中华人民共和国主席令第28号）、1998年《土地管理法实施条例》（国务院令第256号）等上位法为基础，各行业部门制定了相应的政策规定，地方各级政府根据实际情况制定本行政区内的相应政策。其他行业无专门的针对城市建设征地及移民安置的设计规范，相关内容包含在城市规划设计其他规范内容之中。

3.2.1.2 体系的覆盖面

水利水电行业移民政策覆盖了工程建设的前期规划、项目论证、项目实施，以及被征地对象的后续发展全过程，政策覆盖工程建设的各个阶段。其他行业政策主要围绕落实项目征地工作，重点覆盖实施阶段。

3.2.1.3 政策的指导思想和侧重点

水利水电行业移民工作前期补偿安置和后期扶持并重，其他行业侧重前期补偿。水利水电行业对建设征地涉及移民采取前期补偿补助方式，更加注重移民妥善安置及后续发展的扶持，着力保障移民的长久生计和长远发展。其他行业主要侧重于项目实施时的拆迁补偿工作，对于被征地对象的生计和发展问题，主要依托自身和社会统筹解决，没有专项的后续发展扶持政策。

3.2.1.4　技术管理层面

水利水电行业拥有完整的征地移民补偿安置技术标准体系，其他行业尚无相应的专业技术规范。针对水利水电建设征地，国家发展和改革委员会（以下简称国家发改委）出台《水电工程建设征地移民安置规划设计规范》（DL/T 5064—2007）及6个配套技术规范，水利部出台《水利水电工程建设征地移民安置规划设计规范》（SL 290—2009）及3个配套技术规范，形成了完整的技术标准体系，规范和统一了行业的建设征地移民补偿安置技术管理工作。其他行业尚无专门针对实地对象补偿和安置相应的技术标准体系和管理规范。

3.2.2　管理体制与工作机制

3.2.2.1　管理机构设置

水利水电行业有专职移民管理机构，其他行业依托国土部门组织实施，无专职的管理机构。目前，水利水电行业虽然在国家层面没有统一的移民管理机构，水利工程的移民管理职责归属于水利部移民开发局，水电工程归属国家发改委（能源局），同时国家对特大型水利水电工程项目专设有单独的机构，统筹管理工程建设和移民安置工作，如国务院三峡工程建设委员会（以下简称国务院三建委）负责三峡工程建设、国务院南水北调工程建设委员会办公室负责南水北调工程建设等。但在有移民任务的地方，各级地方政府均设置有各类专职机构，负责履行地方政府对移民工作的管理职责。其他行业建设征地工作主要依托各级国土部门组织实施，并未设置专职的管理机构。研究认为，水利水电行业相对其他行业的征地补偿安置工作，在管理机构设置方面，更加专业和精细。

大型水利水电工程移民实行“政府领导、分级负责、县为基础、项目法人参与”的管理体制；2006 年国务院第 471 号令规定：“国务院水利水电工程移民行政管理机构负责全国大中型水利水电工程移民安置工作的管理和监督。县级以上地方人民政府负责本行政区域内大中型水利水电工程移民安置工作的组织和领导；省、自治区、直辖市人民政府规定的移民管理机构，负责本行政区域内大中型水利水电工程移民安置工作的管理和监督”；市（州）、县（市、区）人民政府履行工作主体、实施主体和责任主体职责，负责本行政区域内移民安置和社会稳定工作。

其他行业基本根据《国土资源部关于进一步做好征地管理工作的通知》（国土资发〔2010〕96 号）等相应文件开展工作，主要的管理机构包括：国土资源部负责全国城市建设征地工作，各省级人民政府和国土资源部门负责本行政区城市建设征地工作，市县政府是城市建设征地责任主体，市县国土资源部门牵头负责集体土地征收的补偿安置和农村征地拆迁的具体实施工作。

3.2.2.2 管理职责

水利水电行业从前期规划论证、组织实施和后续发展各个阶段，各级移民管理部门都有专门、明确的管理职责，其他行业由于是依托各级国土部门组织实施，其相应职责从属于国土部门有关用地审批管理单位。但是，从责权利的匹配看，水电工程建设征用土地的相关责权利不完全匹配，导致基层地方政府主动性不强，而水利工程、城市建设和交通建设等其他行业的责权利相对匹配，地方政府主动性较强。

3.2.2.3 工作参与方面

水利水电行业参与方面较多，包括政府及相关行业管理部门、项目法人、设计、监理几个方面，且项目法人参与度高，其他行业参与方面较少，主要为地方政府和国土管理部门实施。

3.2.2.4 工作流程

水利水电征地移民工作流程相对其他行业细致完善，但相关行政审核确认程序比较繁琐。例如，水利水电行业在可研阶段的移民前期工作中，有实物指标调查细则和工作方案编报、停建通告发布、实物指标调查、移民规划大纲编报、移民规划报告编报等工作流程，特别是每个工程项目的征地移民工作广泛涉及交通、水利、电力、通信、城市建设等众多行业，报批工作流程涉及行业部门关联审批，程序复杂，且层次要求高，需要省级人民政府或者有关行业部门审查批准，有的甚至需要国家层面进行协调，因此从县级政府开始均需逐级审核确认，报批环节程序多、周期长。其他行业单项征地的补偿安置大多涉及行业单一，一般仅限于行业内部审查，且其工作重心主要在实施阶段的实物指标确认和编报赔偿、安置方案，报批工作流程为“两公告一登记”，相对简单，工作周期较短。

3.2.2.5　监督机制

水利水电行业征地移民安置监督工作实行社会监督、行政监督和群众参与的工作体制机制，并在实施阶段实行了独立的第三方移民工作监督评估机制，形成了独立完善的移民监督评估管理体系，其他行业征地补偿工作以行政监管为主，尚未引入独立的第三方监督评估机制。

3.2.3　征地补偿标准

3.2.3.1　耕地年产值

水利水电行业与其他行业征收耕地年产值执行政策有差异，水利水电行业基本按全库统一平衡、就高不就低的原则执行，其他行业严格按分乡产值执行。例如，2010 年 1 月 1 日四川省实施统一年产值后，全省大中型水利水电工程建设征地耕地年产值是以颁布产值为基础，采用“同库同价、流域平衡、就高不就低”等原则确定采用的耕地年产值，实行“一个工程采用一个产值标准”，只是具体操作上在不同工程项目之间有差异。其他行业建设征地耕地年产值完全按照颁布的统一年产值分区域执行，“一个工程采用多个产值标准”，同一项目征地涉及的各乡镇补偿标准差异明显。

就四川省而言，四川省仅制定征地统一年产值而没有采用征地区片综合地价。四川省水利水电工程建设征地补偿采用的耕地统一年产值又可分为以下两种：

(1) 在2010年1月1日前，四川省未实施征地统一年产值，水利水电工程建设征地耕地前三年平均年产值是根据水利、水电行业规范规定，依据主要农副产品价格和亩产量，按照全产值法进行测算，园地前三年平均年产值基本参照耕地年产值执行。

(2) 2010年1月1日实施统一年产值后，四川省大中型水利水电工程建设征地耕（园）地亩产值基本与各市（州）人民政府颁布的同区域耕地统一年产值进行了有效衔接。由于统一年产值主要以乡（镇）为单元制定的标准，各乡（镇）之间有差异，移民征地的耕地亩产值在衔接时，考虑到“同库同策”原则，大多采取“就高不就低”方式取高标准，部分项目采取加权平均法测算一个统一标准，个别项目采用分乡镇不同标准。

同时，四川省水电工程征地补偿在采用统一年产值“就高不就低”的操作方式时，也有未完全采用“就高不就低”确定耕地年产值方式的：一是两河口水电站，两河口水电站耕园地的统一年产值统一采用了“就高不就低”的方式，但是其他土地的补偿标准是依据本行政区内的耕地统一年产值进行补偿的，未采用就高的政策；二是猴子岩水电站孔玉乡耕地统一年产值为采用库区内“就高不就低”的标准，是根据流域上下游和相邻电站补偿标准进行协调的结果。

3.2.3.2 土地补偿倍数

水利水电行业条例规定土地补偿倍数与其他行业有差异。水利水电行业征收耕（园）地的补偿倍数是按国务院第471号令规定的16倍执行。其他行业土地补偿倍数主要根据《土地管理法》《国务院关于深化改革严格土地管理的决定》（国发〔2004〕28号）及各地方政府的相关规定执行，明确最高补偿倍数可达30倍。如四川省执行的《省政府办公厅转发省厅关于调整征地补偿安置标准等有关问题的意见的通知》（川办函〔2008〕73号），土地补偿费按10倍计，安置补助费按照被征地集体经济组织人均耕地面积的面积不同进行计算，总补偿倍数最高可达30倍。

3.2.3.3　保障征地对象安置的土地费用不足部分的解决措施

水利水电行业是按安置需要，通过计列生产措施补助费解决，其他行业通过直接提高补偿倍数解决。当水利水电工程对于征收土地“两费”不足以安置移民的情况，通过计列生产安置措施补助费解决，由项目法人兜底解决，实际投资往往超过按16倍计算的土地费用，从四川省典型水利水电工程补偿费用来看，其折算后的实际补偿倍数为16～49.52倍。如瀑布沟水电站达到35.13倍，溪洛渡（四川）水电站达到32.85倍，锦屏一级水电站为22.1倍，黄金坪水电站为49.52倍，亭子口水利枢纽工程达到24.92倍，毗河水利枢纽工程达到17.25～23.45倍，小井沟水利枢纽工程达到17.44倍，具体见表3.1。其他行业对于征收土地“两费”不足以安置被征地农民的情况，主要采用直接提高补偿倍数解决，其费用由政府和业主兜底解决。如征收土地“两费”不足以为被征地农民购买社保的，明确由政府或者业主兜底购买社保；计入城市建设政府或者业主兜底的费用后，典型项目的补偿费用可达耕地年产值的18.33～62.72倍。

3.2.3.4　地上附着物补偿

水利水电行业和其他行业的补偿项目相同，主要包括青苗、房屋及附属设施、零星林木等，相关补偿计算原则基本一致，但测算方法和标准有差异。青苗和零星林木的补偿测算方法和标准，水利水电行业和其他行业一致，统一执行省政府批复的各市（州）的补偿标准；建构筑物补偿测算方法和标准有差异，水利水电行业按重置方法进行测算，房屋基础处理、房屋装修等另行测算，其他行业对房屋补偿将实物补偿和还房安置相结合，总体标准较高。以目前实施情况看，水利水电行业地上附着物主要采用的补偿标准在不考虑还房安置的情况下，一般要高于其他行业。例如，瀑布沟水电站砖混结构房屋补偿单价城镇为955元/m^2、农村为833元/m^2，其他行业为750元/m^2；桐子林水电站砖混、砖木结构房屋补偿单价分别为941元/m^2、785元/m^2，其他行业为分别为700元/m^2、500元/m^2；锦屏一级水电站砖混、砖木结构房屋补偿单价分别为731元/m^2、605元/m^2，其他行业分别为600元/m^2、350元/m^2。

3.2.4　安置方式

目前，各行业征地形成了具有各自特色的安置方式，水利水电行业移民安置方式多样，从法律法规到技术规程等，移民安置制度较完善；其他行业的被征地农民安置方式有其特点和适应性，主要根据各地的经济社会发展和社会保障水平，因地制宜处置。

3.2.4.1　生产安置方式种类

各行业生产安置方式均较多，水利水电行业提倡以农业安置为主，其他行业引导以社保为主。水利水电行业实行以农业安置为主，并辅之以第二产业和第三产业安置、养老保障、逐年补偿安置，还有包括投亲靠友、自谋出路、自谋职业等在内的自主安置方式。其他行业主要是以社会保险安置为主，辅之以农业安置、货币安置和经营门面房安置等三种方式。目前，其他行业的失地农民，均已实现社会养老保险安置的全覆盖，但水利水电行业仅部分采用独立于社会养老保险体系之外的移民养老保障安置方式。

3.2.4.2　养老安置政策

水利水电行业目前的养老安置主要为移民养老保障安置，其他行业的养老安置主要为社会养老保险安置。移民养老保障与失地农民社会养老保险政策差异较大。根据目前政策，水利水电行业移民养老保障是独立于社会保险之外的保险方式，城市建设和交通是参加统一的社会保险。水利水电工程征地移民的养老保障与失地农民的社会保险政策存在着巨大差异，主要体现在参保方式、范围、缴费标准和收益上差异较大，具体见表3.2。

表 3.1　　水利水电工程建设征收耕园地实际补偿倍数表

序号	项目	单位	水电工程									水利工程			
			瀑布沟	溪洛渡（四川）	锦屏一级	向家坝（四川）	双江口	两河口	长河坝	黄金坪	猴子岩	亭子口	毗河	武都引水	小井沟
1	阶段		实施规划	实施规划	实施规划	实施规划	可研报告	可研报告	可研报告	可研报告	可研报告	初步设计	初步设计	可研报告	初步设计
2	审批年限		2013年	未审批	2013年	未审批	2011年	2012年		2009年	2009年	2009年	2013年	2011年	2011年
3	耕地年产值														
3.1	取值方式		自行测算	自行测算	自行测算	自行测算	执行标准同库就高	执行标准同库就高	自行测算	自行测算	自行测算	自行测算	执行标准	执行标准同库就高	执行标准
3.2	标准	元/亩	1659	1367	1330（库区）	2260（水田）	1450	1580	1500	1500	1411	1667（水田）	各行政区采用各自标准	1576	1450
4	补偿倍数														
4.1	规定倍数														
	耕园地	倍	16	16	16	16	16	逐年货币补偿	16	16	16	16	16	16	16
	林地	倍	8	8	8	8	8	8	8	8	8	8	8	8	8

续表

序号	项目	单位	水电工程									水利工程			
			瀑布沟	溪洛渡（四川）	锦屏一级	向家坝（四川）	双江口	两河口	长河坝	黄金坪	猴子岩	亭子口	毗河	武都引水	小井沟
4.2	不足部分处理														
	提高方式		计列生产安置措施费	计列生产安置措施费	计列生产安置措施费	计列生产安置措施费	计列生产安置措施费	无	无	计列生产安置措施费	计列生产安置措施费	计列生产安置增补费	计列生产安置增补费	计列生产安置增补费	计列生产安置增补费
	增补费用	亿元	3.83	0.31	5.46	0.457	1.19	0	0	9021.32	0.24	0.2	0.31	0.04	0.14
	提高倍数	倍	19.13	16.85	6.1	1.68	2	0	0	33.52	2.34	8.92	1.25～7.45	0.15	1.44
4.3	实际倍数	倍	35.13	32.85	22.1	17.68	18	逐年货币补偿	16	49.52	18.34	24.92	17.25～23.45	16.15	17.44
5	土地两费用途		用于生产安置投资平衡	用于生产安置投资平衡	用于生产安置投资平衡	用于生产安置投资平衡	用于生产安置投资平衡		用于生产安置投资平衡	用于生产安置投资平衡	用于生产安置投资平衡	用于生产安置投资平衡	用于生产安置投资平衡	用于生产安置投资平衡	用于生产安置投资平衡

注　表中数据均来自相关典型水利水电工程的移民安置规划设计报告（实施报告），或者由笔者计算得到。

表 3.2　养老保障和养老保险对比表

项目	水利水电行业		其他行业
	2014 年 1 月前	2014 年 1 月后	
方式	移民养老保障		社会养老保险
参保范围	男 60 周岁、女 55 周岁的农村移民		16 周岁以上的失地农民
缴费标准	3.4 万元/人	5.5 万元/人	7.7 万元（2013 年最新标准）
收益	190 元/（人・月）	310 元/（人・月）	500 元/人月以上，并享受医疗保险、失业保险等

3.2.4.3　安置方式人均费用

水利水电行业生产安置费用按规划配置土地面积所需要的资金计算（“按需”计算），其他行业按征收土地面积计算。

根据水利水电行业典型项目的统计情况可以看出，在各种安置方式的人均安置费用中，农业安置方式人均安置费用平均为 3.60 万元/人，其中最高的为黄金坪水电站，人均农业安置费用平均为 9.55 万元/人，最低的为小井沟水利枢纽工程，为 2.45 万元/人。两河口水电采用了逐年补偿安置方式，人均生产安置费用为 2.24 万元/人。养老保障安置方式人均安置费用平均为 2.58 万元/人，其中最高的为猴子岩水电站，人均养老保险安置费用为 4.56 万元/人，最低的为瀑布沟水电站，为 2.36 万元/人。其他安置方式人均安置费用平均为 2.47 万元/人，锦屏一级水电站，人均安置费用平均 3.32 万元/人，最低的为瀑布沟水电站，为 1.60 万元/人。农业安置、逐年补偿、养老保障和其他安置方式人均安置平均费用分别为 3.60 万元/人、2.24 万元/人、2.58 万元/人、2.47 万元/人。从平均水平来看，农业安置人均费用要略高于其他安置人均费用，农业安置人均安置费用较逐年补偿、养老保障和其他安置方式分别高出 1.36 万元、1.02 万元和 1.13 万元，分别是逐年补偿、养老保障和其他安置方式的 1.61 倍、1.40 倍和 1.46 倍。详细情况见表 3.3。

其他行业典型项目各种生产安置方式下人均安置费用见表 3.4。

可以看出，城市建设生产安置方式，农业安置人均安置费用为2.43万元/人，社会保险安置人均安置费用为7.30万元/人，其他安置方式人均安置费用为41.41万元/人。社会保险、其他安置方式人均安置费用要明显高于农业安置方式。

3.2.4.4 移民安置方式的创新

各行业均在积极探索创新被征地农民实现土地获取长期收益的安置方式。随着社会经济的不断发展，以及以人为本、保障民生的深入推进，水利水电行业、城市建设及交通等行业都更加注重结合实际、积极创新、实现农民从土地获取长期收益的安置方式。水利水电行业积极探索逐年货币补偿等安置方式，其他行业主要探索留地安置方式。目前，根据我国全面深化改革和加快农村发展的相关政策，水利水电和其他行业都在现行法律框架体系内研究以入股、出租、转让农户承包的集体经济组织土地的方式安置被征地农民。

3.2.4.5 建房补偿

水利水电行业采用补偿建房，自主确定建设标准和面积，其他行业实行建房与还房，按各地标准确定保底结构和面积。水利水电行业搬迁安置主要为补偿移民房屋、装修、基础设施及其他。统建还房的，由政府利用补偿费用建房后将房屋分配给移民；移民自建的，由移民自己利用补偿费用建房，自主确定房屋建设的标准和面积。

其他行业建房补偿实行统建还房、划地自建及货币补偿三种方式，一般在城镇规划区内采取统建还房和货币补偿两种方式，并根据各地制定的标准，确定配置给安置对象的房屋结构及房屋面积，规划区外主要推行划地自建方式。

3.2.5 资金来源

水利工程主要是国家和地方财政投资，水电工程为水电开发业主投资，城市建设主要为政府投资，交通工程资金主要来源于项目建设公司或者政府，特别是资金存在缺口时，其他行业多采用整合社会资源进行补齐，水电工程全部由业主承担。

表3.3　典型水利水电工程移民生产安置方式人均费用基本情况

水利水电项目		生产安置人口/人	农业安置		逐年补偿		养老保障		其他安置				
			人数/人	人均费用/万元	人数/人	人均费用/万元	人数/人	人均费用/万元	自谋职业人数/人	自谋出路人数/人	投亲靠友人数/人	生产安置总费用/万元	人均费用/万元
水电	瀑布沟	92256	62176	3.68			8563	2.36	9568		12669	35579.20	1.60
水电	溪洛渡(四川)	21815	18814	3.23						2423	578	9423.14	3.14
水电	锦屏一级	7773	3157	3.32							4616	15325.12	3.32
水电	两河口	5953	32	3.08	5520	2.24						1032.64	2.58
水电	向家坝(四川)	26590	5495	3.46			842	3.00	8055	2975	5778	48575.12	2.89
水电	猴子岩	1679	1270	6.30			185	4.56		128	96	573.6	2.56
水电	黄金坪	1409	1333	9.55			12	4.45			64	182.78	2.86
水电	长河坝	442	178	2.76			54	3.75			42	76.86	1.83
水利	亭子口	27619	17706	3.54			2372	2.90	588	4326	2627	24200.88	3.21
水利	毗河	6984	6933	3.60									
水利	小井沟	7126	5340	2.45			214	4.22		1652	10	4066.58	2.45
平均值		199646	122434	3.60	5520	2.24	12242	2.58	18211	11504	26480	139035.92	2.47

注　表中数据均来自相关典型水利水电工程的移民安置规划设计报告(实施报告),或者由笔者计算得到。

表 3.4　　其他行业建设征地人均安置费用基本情况

所在地区		工程	征地前人均耕地面积/(亩/人)			人均安置费用/(万元/人)			备注
市(州)	县(区)		最低	最高	平均	农业安置	养老保险	其他	
巴中	南江	A	0.5	1.1	0.8			75.00	
	巴州	B				4.98			
	通江	C	0.32	1.39	1.18		5.00	7.82	养老保险政府承担 3 万元/人
成都	新都	D			0.79		11.50		2011
		E			0.85		14.00		2013
眉山	彭山	F	1.6	1.6	1.6		8.25		
	东坡	G	1	1.8	1.2		4.10	商业用房 10m²/人	
绵阳	江油	H	0.49	0.64	0.51	2.03	6.80		
		I	0.14	0.53	0.52	1.74	6.80		
	三台	J	0.3	0.82	0.53	3.16			
平均					0.8	2.43	7.30	41.41	

注　表中数据均根据相关典型工程的调研资料计算得到。

3.2.5.1　水利工程

水利工程是用于控制和调配自然界的地表水和地下水，达到除害兴利目的而修建的工程，其主要的功能包括防洪、除涝、灌溉、供水等。由于其功能的公益性，水利工程的建设资金一般由国家财政和地方政府财政按一定比例出资兴建。按照项目性质的不同，国家投资和地方政府配套的资金有所差别，如《湖北省计委、省水利厅〈关于水利建设事权划分和投资分担的意见〉》（鄂政办发〔1997〕125号）规定："以防洪灌溉等社会效益为主的大型水库枢纽工程投资，中央和省负担60%，地市及以下负担40%；中型水库枢纽工程投资，中央和省补助50%，地市及以下负担50%；小型水库枢纽工程投资在国家贫困县和省定特困县市内的由中央和省补助30%，其他小型水库工程投资由地市及以下全额负担。以供水、发电等直接经济效益为主的水库工程，实行按效益分担，属社会效益负担的部分，由省和地市及以下按上述比例共同负担。"

因此，水利工程建设征地补偿资金主要为国家财政和地方财政共同承担。

3.2.5.2　水电工程

水电工程建设资金由该开发工程水电开发公司（即业主）筹集。因此，水电工程征地补偿资金主要来源于水电开发项目业主。

3.2.5.3　其他行业

城市建设征地补偿资金主要来源于政府。交通建设征地补偿资金可以分为两个方面：一是以营运形式的交通，如高速公路等主要来源于项目建设公司；二是政府建设的公共性质的交通设施，其资金主要来源于政府。

3.2.6　后续发展

水利水电行业移民采取前期补偿、补助与后期扶持相结合的办法，对安置后的农村移民发放一定的后期扶持资金，并长期实施相应的其他项目扶持的优惠政策，以利移民的长远发展。其他行业征地采用一次性足额补偿的指导思想，后期主要以就业培训、工作推荐等方式为主，帮助提高被征地对象的就业能力、增加其就业机会，助使其融入社会。目前，城市建设、交通工程的被征地农民，虽然尚未有直接发放相应资金的专项后期扶持政策，但由于大多采用养老保险等安置方式，其在后期能更多、更好地充分享受国家发展红利。

3.2.6.1 水利水电行业

2006年国务院471号令对移民后续发展提出“国家实行开发性移民方针，采取前期补偿、补助与后期扶持相结合的办法，使移民生活达到或者超过原有水平”，规定移民安置区县级以上地方人民政府应当编制水库移民后期扶持规划，报上一级人民政府或者其移民管理机构批准后实施。水库移民后期扶持资金主要作为生产生活补助发放给移民个人；必要时可以实行项目扶持，用于解决移民村生产生活中存在的突出问题，或者采取生产生活补助和项目扶持相结合的方式。具体扶持标准、期限和资金的筹集、使用管理依照国务院有关规定执行。

同时，各级人民政府应当加强移民安置区的交通、能源、水利、环保、通信、文化、教育、卫生、广播电视等基础设施建设，扶持移民安置区发展。移民安置区地方人民政府应当将水库移民后期扶持纳入本级人民政府国民经济和社会发展规划。

2006年国务院第471号令规定“大中型水利水电工程受益地区的各级地方人民政府及其有关部门应当按照优势互补、互惠互利、长期合作、共同发展的原则，采取多种形式对移民安置区给予支持。”应该在生产建设项目移民就业、安排基本农田和水利建设资金、加强对移民的科学文化知识和实用技术的培训时提供各种扶持。

《国务院关于完善大中型水库移民后期扶持政策的意见》（国发〔2006〕17号）对后期扶持政策的扶持范围、标准和期限做了明确的规定。

3.2.6.2　其他行业

其他行业征地后对于失地农民的后续发展，主要采用就业培训、职业介绍等方式，一是提高被征地对象的就业技能，二是增加他们的就业机会。如《中共成都市委、市人民政府关于进一步做好征地拆迁补偿安置工作的紧急通知》（成委发〔2005〕47 号）规定“……按照有关规定，认真落实税费减免、小额贷款、社会保险补贴、岗位补贴、再就业培训补贴、职业介绍补贴……为失地无业农民提供免费的职业指导和职业介绍服务，帮助他们实现再就业”。

因此，城市建设和交通工程征地农民后续发展主要是在政策上为其创造就业条件和就业优惠，没有采取直接发放后期扶持资金的方式。

3.2.7　税费政策

水利水电行业工程征地所需缴纳的税费项目，与其他行业征地基本一致，但在同一税种方面其缴纳标准存在一定的差别。如耕地占用税，农田水利工程占用耕地的，不征收耕地占用税；铁路线路、公路线路等占用耕地，按 2 元/m^2的税额征收耕地占用税；而水电工程占用耕地需要按照当地的耕地占用税标准足额缴纳耕地占用税，四川省平均为 20 元/m^2。

3.2.7.1　水利水电行业

通过对资料的分析，目前水利水电工程征地财税主要政策规定包括《土地管理法》（2004 年 8 月 28 日修订）、《土地管理法实施条例》（2011 年 1 月 8 日《国务院关于废止和修改部分行政法规的决定》修订）、《中华人民共和国耕地占用税暂行条例》（国务院令第 511 号）、《森林植被恢复费征收使用管理暂行办法》（财综〔2002〕73 号）、国家发展改革委《关于同意收取草原植被恢复费有关问题的通知》（财综〔2010〕29 号）等法律、文件。以四川省为例，制定了相应的政策规定，如《四川省〈中华人民共和国土地管理法〉实施办法》（2012 年 7 月 27 日第四次修正）、《四川省征（拨、占）

用土地管理收费办法》《四川省发展和改革委员会关于四川省财政厅关于草原植被恢复费收费标准及有关问题的通知》（川发改价格〔2011〕1708号）等政策法规。

通常情况下，水利水电工程主要计取耕地占用税、耕地开垦费、土地复垦费、森林植被恢复费和草原植被恢复费。

以四川省雅砻江两河口水电站为例，表3.5是两河口水电站计取各种税费及建设征地移民安置静态补偿投资。可以看出，两河口水电站需要计取耕地占用税、耕地开垦费、森林植被恢复费、草原植被恢复费，共计20.7亿元，占建设征地移民安置静态投资的15.22%。其中，耕地占用税在计取的所有税种中是最多的，达14.78亿元，建设征地移民安置补偿静态总投资的10.87%，其他税费分别为耕地开垦费1.20亿元，森林植被恢复费4.15亿元，草原植被恢复费0.56亿元。

表3.5　两河口水电站税费占移民总投资比例计算表

序号	费用	金额/万元	占静态投资比例/%
1	建设征地移民安置补偿费（静态投资）	1359967.29	100.00
2	耕地占用税	147788.82	10.87
3	耕地开垦费	11995.92	0.88
4	森林植被恢复费	41544.4	3.05
5	草原植被恢复费	5639.89	0.41
6	税费小计	206969.03	15.22

注　表中数据均来自两河口移民安置规划设计报告。

同时，选取瀑布沟、老木孔、大岗山、锦屏一级、黄金坪等水电典型项目作为研究对象。从表3.6可以看出，税费在各个水电项目中所占建设征地移民安置补偿静态总投资（执行概算）的比例有所差距。在典型项目中，税费占静态投资（执行概算）比例最低的是瀑布沟水电站，为3.14%；最高的是锦屏一级水电站，其比例达到34.91%，这主要是由于凉山州针对大中型水电工程专门制定了耕地占用税计取标准，其标准要高于其他市（州）。可以看出，水利水电行业赋税一般较高，这虚增了移民投资概算。

表 3.6　　典型水电站税费占移民总投资比例计算表

项目	瀑布沟	老木孔	大岗山	锦屏一级	黄金坪
税费总额/万元	68030.1	19383.86	14513.29	131418.7	7466.07
静态总投资/万元	2167078.32	217868.57	165953.34	376405.4	114169.7
占静态投资比例/%	3.14	8.89	8.75	34.91	6.54

注　表中数据均来自相关典型水利水电工程的移民安置规划设计报告（实施报告）。

3.2.7.2　其他行业

通过对资料的分析，目前其他行业征地财税主要政策规定包括《土地管理法》（2004 年 8 月 28 日修订）、《土地管理法实施条例》（2011 年 1 月 8 日《国务院关于废止和修改部分行政法规的决定》修订）、《中华人民共和国耕地占用税暂行条例》（国务院令第 511 号）、《财政部　国土资源部关于调整部分地区新增建设用地土地有偿使用费征收等别的通知》（财综〔2009〕24 号）等法律规定。

以四川省为例，制定了相应的政策规定，如《四川省〈中华人民共和国土地管理法〉实施办法》（2012 年 7 月 27 日第四次修正）、《四川省征（拨、占）用土地管理收费办法》《四川省发展和改革委员会　四川省财政厅关于草原植被恢复费收费标准及有关问题的通知》（川发改价格〔2011〕1708 号）等政策法规。

其他行业征地所需计取税费主要包括耕地占用税、耕地开垦费、土地复垦费、森林植被恢复费、草原植被恢复费新增建设用地土地有偿使用费。

第 4 章　当前移民安置面临的挑战

我国的水利水电移民工作经过了老条例执行前、老条例执行时期、新条例执行时期几个阶段，经过多年实践，逐步探索建立了以2006年国务院第471号令为基础的一系列法律法规、规程规范和相关文件等组成的水利水电移民政策体系。但是由于移民工作的社会性和复杂性，随着社会经济发展，现行政策在系统性、适应性、创新性、融合性等方面存在明显的局限和短板，稳健推进工作面临着诸多困难和问题，主要体现在以下几个方面：

（1）水利水电移民政策体系相对完善但仍有不足，需结合国家总体改革思路进一步完善。移民政策体系包括法律、部门规章、各级各部门政策文件和技术规范等，系统性和完整性较强，具有相对独立和完善的政策体系，基本保证了水利水电工程的顺利发展。但随着水利水电工程移民工作的持续推进，现行移民政策体系不能与时俱进，缺乏顶层统筹管理，相关政策不够完善。

首先，现行移民政策体系不能适应新时期移民工作需要。在社会主义市场经济快速发展的时代，水利水电工程的开发建设快速推进，征地移民工作的难度和复杂程度也随之增大，涉及面更广，工作要求更高、更加细化，同时相关行业也不断出台新政策；而现行移民政策调整不及时，政策不完善，政策体系不能完全适应当前环境下移民工作的需要。

其次，现行移民政策体系缺乏顶层统筹管理。现行移民政策体系在国家层面缺乏统筹管理，水利和水电行业在国家层面分别由水利部和国家发改委管理，从管理体制到执行的行业规范和具体政策均存在差异，从移民行业内部来看，政策体系缺乏国家层面的统筹管理。另外，水利水电行业与城市建设、交通工程建设等行业的征地补偿政策差异明显，在国家层面和省级层面均缺乏统筹管理。

第三，现行移民政策体系还存在程序法缺位，政策分散、层次低，相关配套政策不完善，各省政策不同对界河电站的影响较大，以及缺乏调动移民主动安置的政策和激烈机制等问题。

党的十八届三中、四中全会提出全面深化改革的要求，与水利水电行业密切相关的土地制度、社会保障制度以及相关经济制度等都提出了全面推进改革的思路和举措。因此，在相关行业改革持续推进的新形势下，水利水电行业移民政策体系应结合国家总体改革思路进一步完善，逐步提升政策层次，将过细的文件整合提升为更高层次的法规，完善程序法。

(2)"三原"原则已不适应新形势要求，需进行改革创新。现行水利水电征地移民工作坚持的主要原则是原标准、原规模、恢复原功能的"三原"原则。多年来，全国的水利水电移民工作严格执行该原则，基本上体现了补偿的公平，在相当长的时间内对移民补偿安置工作和水利水电行业的发展是起到了非常大的促进作用。但在社会经济水平快速发展的今天，大多数大中型水利水电工程建设周期一般为 8～10 年，加上前期工作一般约为 10～15 年，若以规划当年作为"三原"的标准，那么10～15 年后各项移民工程的建设水平就可能远远低于当地社会经济发展水平。随着我国改革的深入推进和社会经济水平的快速发展，水利水电征地移民工作理念和原则也逐步进行了调整。例如，目前水电行业在实际工作中基本遵循的是"三原"＋"行业规范强制性"的原则，特别是基础设施中水、电、道路的复建标准一般都高于现状标准，部分冲破了"三原"原则的束缚。但总的来看，"三原"原则已不能完全适应新的要求，需结合社会经济发展状况和水利水电移民工作特点和理念，研究提出水利水电移民工作新原则。

(3) 水利水电行业与其他行业政策差异明显，需衔接统一。随着城市建设和大型基础设施建设项目的增加，水利水电行业与其他行业土地征收标准和安置政策方面的差异和矛盾日渐凸显，主要体现在以下三个方面：

首先，从土地征收标准方面看，各省大中型水利水电行业与城市建设和交通建设等其他行业均执行省政府发布的统一年产值标准，但水利水电行业基本按“就高不就低”原则执行标准，即“一个工程采用一个价”，而其他行业严格执行分区域标准，即“一个工程采用多个价”；在政策规定的土地补偿倍数上，大中型水利水电征地补偿倍数为 16 倍，其他行业征地根据人均耕地测算，倍数为 16～30 倍；而实际上大中型水利水电征地补偿是按移民安置所需资金进行补偿，对土地补偿费不足部分是通过计列生产安置措施补助费计入概算，从典型项目的实际补偿倍数看，基本在 16～30 倍之间，少部分项目超过 30 倍。总体来说，水利水电行业与其他行业土地补偿采用的耕地亩产值有差异，实际补偿倍数差别不大，但土地补偿倍数的体现形式不同，土地补偿费的用途也不一致，两者征地对象感知的直接收益差异较大。

其次，从地面附着物的补偿政策方面看，对于集体土地上的房屋等实物补偿，水利水电行业和其他行业都是按照重置的原则测算补偿单价，其中水利水电行业有明确的计算方法和规定，其他行业尚未形成统一的测算方法；对于国有土地上的房屋补偿，其他行业按照《国有土地上房屋征收与补偿条例》（2011 年国务院令第 590 号）规定执行市场评估价格，而水利水电仍按照重置价格执行，没有考虑建筑物的新旧、区位等因素，其区位等由地方政府在安置时以置换的形式统筹考虑。总体来说，水利水电行业与其他行业的地面附着物补偿政策不一致，计补内容有差异，标准有高有底，特别是对补偿对象的直观效益不强。

第三，从安置方式和政策方面看，各行业形成了能适应各自特色的安置方式，水利水电行业移民以农业安置为主，其他方式为辅的多种方式并存，其他行业以社会养老保险为主，其他方式为辅的方式，但在安置政策和效益方面存在差异，特别是其他行业的失地农民养老保险政策与水利水电行业的农村移民养老保障政策在参保年龄、缴费标准和兑现标准等方面均有较大差异。农村移民养老保障安置的参保年龄是当地退休年龄，失地农民参保年龄为 16 周岁以上；目前农村移民养老保障的缴费标准约 5.5 万元/人，老年失地农民一次性缴纳的养老保险费用标准约 8 万元/人；农村移民养老保障移民领取标准为 310 元/（人・月），失地农民达到退休年龄的领取标准为 700 元/（人・月）以上。由于各地、各类行业征地政策不统一和差异，往往引发移民与被征地农民之间的攀比，影响社会稳定，已制约了整个水利水电行业的健康发展，需研究各行业征地政策衔接整合统一的可行性。

（4）移民安置方式面临瓶颈，需研究解决方向。水利水电征地移民安置方式主要包括农业安置、第二产业和第三产业安置、复合安置、养老保障安置，以及投亲靠友安置、自谋出路安置、自谋职业安置等多种方式。多年来，水利水电移民“以农为主，多种安置方式并存”的安置政策，顺利而有效地安置了移民，促进了水利水电行业的发展。但随着近年来水电行业的快速发展，现有移民安置方式面临安置方式存在局限、各种移民安置方式之间缺乏统筹平衡、部分安置方式效果不好等问题，需重视研究解决。

首先，现有移民安置方式存在局限，创新完善不足。随着水电开发逐渐进入高山峡谷、少数民族地区，河谷地带耕地资源被淹没后，剩余资源非常匮乏，由于地形地质条件限制，该区域造地投资高，有土安置面临着极大的困难，符合自主安置条件的极少；目前正在试点逐年货币补偿安置方式，在一定程度上减轻了耕地资源匮乏区域有土安置的压力，但尚未形成统一的规定和操作方式；另外，在城市附近的区域，水利水电移民政策养老保障政策与其他行业的被征地农民的养老保险政策存在较大差异，往往引起较大的社会矛盾，有待创新。

其次，各种移民安置方式之间缺乏统筹平衡。各种移民安置方式之间安置费用、资金来源和收益等不同，整体上缺乏统筹。根据选择的 11 个大型水电水利典型工程测算情况，从安置费用分析，农业安置人均费用为 2.45～9.55 万元/人，平均 3.60 万元/人；逐年补偿为 2.24 万元/人，养老保障为 2.36～4.56 万元/人，平均 2.58 万元/人；其他安置方式为 1.60～3.32 万元/人，平均 2.47 万元/人；可以看出，各种安置方式的费用存在差异，其中农业安置人均费用高于其他安置方式。从资金来源分析，农业安置和其他安置方式均来源于移民概算，养老保障安置是一部分来源于概算，一部分来源于库区基金。从选取的典型工程的移民安置收益分析，农业安置人均收益为 893～4871 元/年，逐年补偿人均收益为 1368 元/年，养老保障安置人均收益为 3720 元/年，其他安置方式人均收益为 1421～2949 元/年；可以看出，各种安置方式的收益差异明显，农业安置方式的人均收益变化较大，随着安置地不同会有较大差异，养老保障安置方式人均收益相对逐年补偿和其他安置方式较高。

第三，部分安置方式效果不好。从典型电站移民安置后的效果评价情况看，现有移民安置方式中农业安置方式、自主安置方式等受当地环境、移民个人素质和态度等影响较大，移民安置后的发展和收益差异较大；部分区域农业安置和自主安置达不到规划目标，导致移民频繁上访。例如，瀑布沟水电站在县城自主安置的部分移民，因县城的发展缓慢，商铺的收入低，移民收入达不到原有目标，出现频繁上访，要求解决生活问题。

（5）现行移民政策对民族地区的特殊性考虑不充分，需进一步研究完善。随着水电开发向少数民族地区的推进，在民族和宗教文化特色鲜明、耕地资源匮乏、收入构成特殊、区域经济十分落后的藏区，移民工作极具特殊性和复杂性。移民安置工作主要面临现行以农业为主的移民安置方式受限，藏区特色实物和特殊收入等补偿补助政策缺乏，以及藏区寺院等宗教设施迁建复杂敏感等问题。

首先，现行以农为主的移民安置方式受限。藏区腹地的高山峡谷和高原高寒地区，生态环境脆弱，耕地资源匮乏，草场普遍超载，可利用后备资源不足，土地资源等环境容量严重不足，造成后靠就地安置困难；而移民因宗教信仰、生活习俗、当地草地山林中的野生资源收益大等原因，无法组织进行分散外迁安置。四川省现行的“以农为主”等各种移民安置方式严重受限，不能适应藏区移民安置。

其次，藏区特色实物和特殊收入来源补偿补助政策缺失。首先藏区移民实物与其他地区相比，在房屋结构、房屋装修、宗教设施、部分附属设施等方面具有鲜明的民族和区域特点，目前全国范围内对民族地区特色实物的调查及补偿处理仍缺少统一的技术规范，对藏区宗教的处理缺乏统一规范的措施。

第三，藏区寺院等宗教设施迁建复杂敏感，是藏区移民工作最大的难题和关键。藏区移民安置不仅要解决移民生产生活、社会关系恢复重建问题，还需要妥善解决搬迁寺院等宗教设施和合理解决错综复杂宗教关系；目前省内外的水利水电工程并无寺院搬迁的成功经验可借鉴，尚需进一步探索。

此外，在实际工作中，还存在缺失移民在公共资源用益物权中获得的特殊收入的补偿政策，以及对藏区传统特色民俗文化等的处理措施。

（6）现行移民政策调整机制不健全，需研究创建动态管理机制。从现行水利水电移民政策的梳理情况来看，现行移民政策的调整机制不健全，存在调整被动、调整时间滞后、调整周期不明确等问题，影响政策的实施效果，造成地方政府和移民群众反映强烈。

首先，目前大多数政策并未建立动态调整机制，行政法规更新修改缓慢，出现很多如特殊问题靠经验，大量工作靠协调的工作局面。

其次，目前大多数政策如农村移民养老保障政策等，并未对未来进行充分的预测和把控，未进行主动调整，而是根据已出现的难以适应现实情况、无法与其他行业之间平衡、无法实现各方合理诉求等问题而进行被动更新调整，这往往造成调整被动，时间滞后。

第三，目前大多数应适时调整的移民政策并未明确政策的调整周期，或未按照规定的调整时间进行更新，导致现有执行标准难以反映时下经济社会发展情况，与当前生产生活水平不能匹配，使政策执行标准不足以满足移民恢复其生产生活条件的目的，导致政策本身失去保障的意义。

综上，为使移民政策保持长期的有效性和可行性，需研究创建移民政策动态管理机制。

（7）征地补偿安置工作管理职责分散，需探索建立统一的管理体制。目前，水利水电行业与其他行业以及水利与水电之间的征地补偿安置管理体制均存在差异，全国征地补偿安置工作在国家和省级层面均缺乏统一的管理，且按照 2006 年国务院 471 号令的要求应成立的国务院水利水电工程移民行政管理机构至今尚未成立。

首先，水利和水电移民的管理体制不尽相同，缺乏全国的移民统一管理机构，移民管理在国家层面分属不同部门，分别执行不同行业规范，致使各自的移民工作在规划审批和管理职责上存在明显的差异，在工作程序、占地处理、补偿方式、安置标准等方面不统一。

其次，水利水电行业与其他行业管理体制差异明显，在管理机构、各方职责、工作流程和监督管理等方面存在较大差异。从全国征地补偿安置工作来说，各行业征地的审批主体、工作方法和程序不统一，存在各自为政、多方管理的情况，导致全国的被征地农民的补偿和安置工作从国家层面到省级层面均缺乏统一的管理，相互差异明显，造成攀比，影响社会稳定。

因此，在全国实施全面深化改革的时期，为了响应国家提出的“切实转变政府职能，深化行政体制改革，创新行政管理方式，增强政府公信力和执行力，建设法治政府和服务型政府”的行政体制改革思路，使全国征地补偿安置工作更加顺畅和统一，需探索建立全国被征地农民的统一管理体制。

（8）移民管理制度执行不到位，需进一步提升执行力。水利水电移民管理制度相对健全，但存在职责和权利不匹配、执行不力、监督管理实施效果不佳、地方政府移民管理工作存在局限以及各级各部门对移民工作的认识有偏差等问题，不利于水利水电移民工作的管理和实施，主要体现在以下几个方面：

首先，制度执行不力。2006 年国务院 471 号令明确了移民安置工作实行政府领导、分级负责、县为基础、项目法人参与的管理体制，但国家和省级层面没有移民工作程序法，工作程序不系统、不规范、未固化，移民安置实施中重大问题、特殊问题处理无相应的操作规范，大多采用“一事一议”的方式进行协调处理，易产生不平衡的矛盾。

其次，职责和权利不匹配。国家有关部门存在上收权力，下压责任，移民工作相关方权责不对等，存在实施主体不严格按程序出台政策和变更移民规划的现象。同时，由于投资体制差异，地方政府在水利和水电工程移民安置工作中的角色存在极大差异，水利工程地方政府兼行投资、实施主体职责，工作积极主动，实施效果较好；但在水电工程的建设中，地方政府仅承担协调配合的义务，与工程开发建设的直接利益并无关联，同时又被要求作为移民实施工作的主体，因此，在电站建设中，往往出现不作为或乱作为现象，利益博弈等矛盾难以协调，移民安置实施困难较大。

第三，监督管理制度实施效果不佳。移民安置监督基本分为内部和外部监督模式，在实践中内部行政监督已经建立了较完善的管理制度，但外部社会监督授权不充分，形成弱势监管强权的局面，监管执行阻力大，实施效果不佳。例如，2006 年国务院第 471 号令规定对地方政府组织实施移民安置工作实行综合监理制度，但因地方政府在移民工作中往往既是运动员又是裁判员，使相关监理单位难以发挥应有的监督管理作用。

第四，地方政府移民工作管理存在局限性。对大多数地区而言，水利水电征地移民安置工作不是地方政府的常态工作，部分管理部门对移民政策的理解和把握不够准确；同时，由于基层缺乏移民工作经验和项目管理专业人才、项目管理制度体系不完善等因素，导致移民工作和项目管理不到位，普遍存在“一届班子一个思路，一个领导一个想法”的现象。

第五，批准的移民安置规划与实施差距大，变更频繁。相当部分地方政府和项目业主为了项目核准，对前期移民规划工作认识不到位，普遍存在重视工程项目立项进度，不注重依法依规扎实做好移民前期工作，导致移民安置方案可操作性不强的现象；同时，由于移民安置实施工作周期长，移民意愿和地方政府的意见容易发生变化，加之实施主体存在擅自调整范围、提高标准、扩大规模等现象，导致移民安置规划实施中相关规划设计变更频繁，规划的执行力差，移民补偿投资难以控制，影响移民搬迁进度和质量。

(9) 移民安置规划设计报批程序繁琐，需进一步优化改进。水利水电工程根据 2006 年国务院第 471 号令的要求，其前期工作程序有着较为刚性的政策规定要求，即先行开展建设征地范围界定，需要正常蓄水位、施工总布置等专题审查；省级人民政府下达停建通告；开展实物指标调查及各方确认；编制移民安置规划大纲专题报告，征求移民和各级地方政府意见后，按独立程序报审；编制移民安置规划专题报告，征求移民和各级地方政府意见后，按独立程序报审；移民工程实施专项验收。移民安置工作的行政审批程序非常复杂，且存在层层审批，重复审查的现象，与当前国家提倡的减政放权，提高效率的总体要求不相适应，需要进一步优化改进移民安置规划设计报批程序。例如，仅实物指标调查细则和工作方案都需经过县、市（州）、省多次的重复审查，此程序完全可优化为一次审查，减少环节。

(10) 移民个人、地方政府和项目业主三者之间的利益博弈愈演愈烈，亟须研究完善水电开发共赢机制。近年来，移民安置投入费用不断增加，占整个移民项目的投资比例越来越高，客观上为移民安置提供了更大的资金支持，保障了移民工作的稳定开展，但随着社会经济发展、物价水平上涨、政策调整，移民个人诉求越来越多，地方政府对水利水电建设与地方社会经济发展结合的要求亦越来越高，移民个人补偿诉求、地方发展需求和项目业主的承受力三者之间的利益博弈愈演愈烈，造成移民投资大幅度增加。例如，瀑布沟、向家坝和溪洛渡等大型电站移民投资不断上涨，甚至较可研审定投资翻几倍，导致电站经济指标明显下降。据初步了解情况，瀑布沟水电站移民投资由可研审批的 66.24 亿元增加为实施阶段的 257.91 亿元，增幅近 300%；向家坝水电站移民投资由可研审批的 151.95 亿元增加为实施阶段目前初步测算的 380 亿元，增幅超过 150%；溪洛渡水电站移民投资由可研审批的 77.79 亿元增加为实施阶段目前初步测算的 314 亿元，增幅超过 300%。在此情况下，移民个人和地方政府诉求如何响应，企业的社会责任如何更好体现，三方在资源开发利益上如何建立有效的共赢机制，亟待进一步探索和明确。

(11) 跨行业资金整合困难，移民安置区各项建设难以形成合力，需研究解决措施。从四川省目前的移民工作现状看，移民安置区的社会经济发展主要依靠移民资金的投入，其他行业部门投入极少。一般情况下，地方政府会将交通、国土、水利、建设等行业部门争取的基础设施项目资金安排到不属于移民安置区的村组，而移民安置区的各类基础设施建设主要依靠移民资金。因此，移民安置区跨行业资金整合困难，各项建设难以形成合力，综合效益不明显，很难达到共同促进移民区和安置区经济社会快速发展的目的。为了妥善安置移民，解决行业资金整合问题，需研究提出解决措施，实现移民区和安置区经济发展、产业发展、基础设施建设的统筹发展的目标。

(12) 现行移民政策导致移民长期成为“特殊公民”，需探索处理措施。移民安置要达到的目的是要使移民逐步地融入安置地社会，积极参与到当地各项经济和社会发展活动中去，最终从生产生活活动中和心理上摆脱“移民”这个身份符号。目前，由于现行水利水电政策使移民从心理上形成依赖意识，主动发展的意愿不足，部分移民“等、靠、要”思想严重，普遍存在依赖感、攀比感、归责感，不愿意失去移民身份，甚至部分地方政府也存在这种意识，主动作为和担当不够，导致移民成为“特殊公民”，并长期存在。另外，对于一些老库区没有得到妥善安置的移民来说，后期扶持资金难以彻底解决生产和搬迁的不完善问题，致使其不能依靠自身力量走上良性发展的道路，不得已成为“特殊公民”。针对移民政策导致移民长期成为“特殊公民”的现象，需探索处理措施。

第5章　移民政策发展趋势预测

5.1　相关行业政策发展趋势

5.1.1　国家总体改革思路

2013年11月，中国共产党第十八届中央委员会第三次全体会议在北京召开，全会听取和讨论了习近平受中央政治局委托作的工作报告，审议通过了《中共中央关于全面深化改革若干重大问题的决定》，主要从经济、政治、文化、社会、生态文明、国防和军队6个方面，具体部署了全面深化改革的主要任务和重大举措。该决定是指导新形势下全面深化改革的科学指南和行动纲领，是全面深化改革的总部署总动员，具有划时代的里程碑意义。全面深化改革的总目标是完善和发展中国特色社会主义制度，推进国家治理体系和治理能力现代化。必须更加注重改革的系统性、整体性、协同性，加快发展社会主义市场经济、民主政治、先进文化、和谐社会、生态文明，让一切劳动、知识、技术、管理、资本的活力竞相迸发，让一切创造社会财富的源泉充分涌流，让发展成果更多、更公平地惠及全体人民。

全面深化改革主要从经济、政治、文化、社会、生态文明五个方面的体制改革，以及国防军队建设改革和党的建设制度改革两个方面进行了系统部署；强调坚持和完善基本经济制度，加快完善现代市场体系，加快转变政府职能，深化财税体制改革，健全城乡发展一体化体制机制，构建开放型经济新体制，加强社会主义民主政治制度建设，推进法治中国建设，强化权力运行制约和监督体系，推进文化体制机制创新，推进社会事业改革创新，创新社会治理体制，加快生态文明制度建设，深化国防和军队改革，加强和改善党对全面深化改革的领导。

5.1.2 土地制度改革思路

近年来，我国土地政策在施行过程中存在农村土地产权不完整、集体土地流转机制不健全、征地制度不尽合理、城市建设用地垄断供应、城市土地使用制度不完善等问题，对城镇化水平和质量、产业结构优化升级、政府职能转变以及社会稳定等产生了影响，不利于我国社会经济的健康发展。为此，国土部门及相关科研单位开展了大量的调查和理论研究工作，分析提出了多种观点和改革构想，为我国的土地制度改革奠定了理论基础；同时，各地根据区域特点和经济社会发展状况，开展了集体建设用地流转、土地征收政策、宅基地退出等各类土地管理制度和政策探索创新和试点工作，为我国进行统一的土地制度改革提供了实践基础。通过多年的理论研究和实践总结，国土资源部研究出台了涉及耕地保护、农民权益保障等多项政策，并提出了我国土地制度改革的方向。党的十八大报告、十八届三中全会公报以及中发〔2014〕1号文件从国家层面提出了我国土地制度改革的相关要求和总的思路。党的十八大提出推动城乡发展一体化，要求“依法维护农民土地承包经营权、宅基地使用权、集体收益分配权”“改革征地制度，提高农民在土地增值收益中的分配比例”；提出大力推进生态文明建设，全面促进资源节约，要求“大力节约集约利用资源，推动资源利用方式根本转变”。对土地产权制度改革和城乡土地使用制度改革提出了要求。此外，党的十八届三中全会审议通过的《中共中央关于全面深化改革若干重大问题的决定》提出建立城乡统一的建设用地市场、坚持农村土地集体所有权和赋予农民更多财产权利等各个涉及土地制度改革的内容。总体来说，我国土地政策改革主要思路集中在加快推进征地制度改革、推进农村集体经营性建设用地入市、完善土地产权制度改革等几个方面。

5.1.2.1　土地征收制度改革

我国现行的征地制度形成于20世纪50年代，是计划经济制度的一部分。随着社会主义市场经济快速发展和壮大，征地仍沿用计划经济时期的政策和办法，存在征地权行使范围过宽、征地补偿标准低、征地安置途径单一、征地程序不合理等问题，阻碍了我国市场经济的发展。因此，从20世纪90年代中后期至今近20年以来，中央和地方各级政府都进行了积极的改革探索，国土资源部进行了多项改革调研、试点和政策调整，取得了一定的经验，但改革进程缓慢。征地改革大体可以分为三个阶段：第一阶段是20世纪90年代中后期，开始于经济较为发达地区的多种补偿安置模式的探索；国土资源部从1999年开始在全国安排了两批共19个城市在征地补偿安置、征地程序等不同方面开展试点，探索征地制度改革之路；这一阶段改革的特点是自下而上的探索和自上而下改革相结合。第二阶段是2004年国务院《关于深化改革严格土地管理的决定》发布之后的提高补偿标准，实行征地区片价及统一年产值的探索；这一阶段的特点是国家强力推动统一的补偿标准。第三阶段是党的十七届三中全会后，国家部署的新一轮缩小征地范围、提高补偿标准、改进农用地转用与征收审批方式的探索。2010年，国土资源部在11个国家确定的综合改革试验区开展征地制度改革试点，这一阶段的特点是开展了触及征地制度实质的征地范围试点。

党的十八届三中全会后，国家根据长期的征地制度改革研究和试点经验，结合目前我国的国情，提出了新的征地制度改革思路，该思路延续和加深了十七届三中全会的改革思路。《中共中央关于全面深化改革若干重大问题的决定》提出“缩小征地范围，规范征地程序，完善对被征地农民合理、规范、多元保障机制。”中发〔2014〕1号文件提出加快推进征地制度改革。要求“缩小征地范围，规范征地程序，完善对被征地农民合理、规范、多元保障机制。抓紧修订有关法律法规，保障农民公平分享土地增值收益，改变对被征地农民的补偿办法，除补偿农民被征收的集体土地外，还必须对农民的住房、社保、就业培训给予合理保障。因地制宜采取留地安置、补偿等多种方式，确保被征地农民长期受益。提高森林植被恢复费征收标准。健全征地争议调处裁决机制，保障被征地农民的知情权、参与权、申诉权、监督权。”从以上文件分析，我国未来近期土地征收制度改革主要从缩小征地范围、完善征地补偿标准、创新和完善安置方式、完善征地程序等几个方面进行。

（1）缩小征地范围。缩小征地范围与前述的允许农村集体建设用地入市是密切相关的，即项目建设用地区分为公益性和非公益性项目建设用地，国家仅对公益性项目的建设用地采取征收方式，对非公益性项目用地原则不再征收，允许通过市场的方式直接使用集体建设用地，构建城乡统一的土地市场；公益性和非公益性项目的分类可以参照《国有土地上房屋征收与补偿条例》的规定。鉴于农村建设用地入市面临较多困难，缩小征地范围的改革可以逐步推进；近期仅允许城市规划区范围外的经营性项目，采用购买、租用、入股等方式直接使用集体建设用地，城市规划区内的新增建设用地可以在保障农民权益的条件下征收为国有；经过逐步过渡，条件成熟后再全面推进农村集体建设用地入市，建立城乡完全统一的建设用地市场。

（2）完善征地补偿标准。土地征收制度改革的最终目标应该是适应社会主义市场经济的要求，赋予农民完全的土地财产权，保障农民公平分享土地增值收益。主要途径应该是对必须征收为国有的土地参照市场价协商补偿标准和补偿方式，对可以不征收的农村集体建设用地则按同地同价原则，由农民在国家规划引导下进行市场交易。国土资源部欲实质性地推动征地补偿制度的改革，在全国人大常委会审议的《土地管理法》的修正案中已经提出按照市场价补偿的原则，但因影响太大，尚需进一步斟酌适当时机。《中共中央关于全面深化改革若干重大问题的决定》提出“建立兼顾国家、集体、个人的土地增值收益分配机制，合理提高个人收益”，文件提出的是“合理”提高个人收益，没有直接提出按市场价值提高个人收益。因此，结合目前各方的研究成果，提高征地补偿标准的方式近期仍是沿用现行的补偿制度，适当提高补偿倍数和产值，同时在条件允许的地方采用留地安置或者其他方式保障农民公平分享土地增值收益；遵循市场规律，按市场价进行补偿是未来的趋势，是实现真正与国际接轨的市场经济的必然道路。

（3）创新和完善安置方式。从目前全国的征地安置政策看，征地安置方式以“货币＋社保”安置为主体，辅以农业安置，鼓励留地、入股等制度创新的多元化安置体系。在安置过程中，存在仍以货币安置为主的结构性问题，就业培训对被征地农民的再就业的促进效果不明显，以及留地安置和入股安置缺乏规范等问题。从国土资源部的研究成果看，在被征地农民安置方式上的改革思路近期主要是构建以“社保＋就业”为主，货币安置、农业安置为辅，并创新留地、入股、逐年补偿等其他安置方式，形成多元化的安置体系，充分考虑农民选择权和参与权。主要措施应该是构建并完善被征地农民养老、基本生活、失业保险体系，加快农村基本社会保障体系建设步伐；同时，结合多年来地方探索的经验，研究制定留地、入股和逐年补偿等其他安置方式的指导意见，引导和规范这几类创新的安置方式，作为社保安置方式的有效补充。在这套安置体系形成并良好运行后，远期应更加重视被征地农民就业促进计划，大量学者建议成立被征地农民发展基金，即从土地出让金中提取一定比例建立动态的发展基金，支持农民的再就业，以充分保障被征地农民的发展权。

（4）完善征地程序。针对目前土地征收过程中存在的征地程序透明，农村参与度不够等问题，在土地征收制度改革思路中完善征地程序，体现农民的知情权和参与权是一个重要方面。通过近年的研究成果，完善征地程序主要从以下几个方面着手：一是界定公益性和非公益性项目，可以通过论证或听证方式确定；把听证范围从补偿标准扩大到公益性项目的界定，是进一步还权于民，赋予了民众知情权和参与权。二是尊重农民意愿，由政府主导调整为政府和农民共同主导。要求逐步完善体制和机制，变管理型政府为服务型政府，在前期工作阶段和实施阶段需重视听取农民意见，由政府主导的“单边程序”到位变为政府与农民协商的“双边程序”到位。

(5) 各行业征地政策关系。现行《土地管理法》从土地的所有权和使用权、土地利用总体规划、耕地保护和建设用地等几个方面做出了相应规定，在建设用地部分对各类建设项目使用土地做出了相关规定，其中第五十一条规定“大中型水利、水电工程建设征收土地的补偿费标准和移民安置办法，由国务院另行规定。”大中型水利水电工程建设征地按照《大中型水利水电工程建设征地补偿和移民安置条例》的相关规定执行，与城市建设、铁路和公路等其他项目建设征地在管理体制及征地补偿、安置、后续发展和财税政策等政策体系方面存在差异，在实施过程中，存在因政策不统一造成的各种矛盾，影响社会稳定。根据相关研究成果，从长远来看，随着我国全面深化改革的推行，水利水电征地政策会与其他行业征地政策并轨，相互衔接和完善，在《土地管理法》中将取消原第五十一条的规定。但从目前的国家体制和实际发展状况分析，要改变长期以来建立和执行的体制和机制难度很大，造成的影响和矛盾也大，因此，国家近期仍然会延续现有体制机制，仅进行适当的衔接和完善。

目前，国家已经在研究出台《土地管理法》的修订草案和集体土地征收征用条例，对于以上的土地征收制度近期的改革思路在将出台的法律法规中应该会予以体现，对于远期的改革方向则还需要开展大量的试点、总结和提炼。

5.1.2.2 农村集体经营性建设用地入市

《中共中央关于全面深化改革若干重大问题的决定》提出“在符合规划和用途管制前提下，允许农村集体经营性建设用地出让、租赁、入股，实行与国有土地同等入市、同权同价”；中发〔2014〕1号文件也要求加快建立农村集体经营性建设用地产权流转和增值收益分配制度，要求有关部门尽快提出具体指导意见，推动修订相关法律法规，各地按照中央统一部署，规范有序地推进这项工作。

10 余年来，国土资源部先后选择了安徽芜湖、江苏苏州、河南安阳、广东顺德、浙江湖州、湖北沙洋、四川郫县等典型地方开展集体建设用地流转的试点工作，并不断总结试点经验，及时加以规范和完善。从目前各地的实际情况看，要最终实现农村集体经营性建设用地入市，实行与国有土地同权同价，阻力和难度非常大。为了建立城乡统一的建设用地市场，实现市场在资源配置中起决定性作用的经济发展方式，国土资源部近年来一直在研究出台集体经营性建设用地流转的指导意见，极力推动农村集体经营性建设用地出让、租赁、入股，实行与国有土地同等入市、同权同价。从《中国土地政策蓝皮书（2013 年）》提出的有关农村集体建设用地流转的研究成果看，实现农村集体经营性建设用地入市，具体可能会从以下几个方面进行改革：

（1）加快推进集体土地确权工作。产权明晰是推进集体建设用地流转和入市的前提，没有明确的权利规范不仅会增加流转试点过程中的成本和冲突，甚至会影响到流转的可行性。从四川省郫县的"一揽子"集体建设用地流转模式看，将土地确权作为推进城乡统筹和集体建设用地流转的基础性工作是值得借鉴的经验。从实践经验和理论研究证明，稳定的、清晰的产权是市场机制得以运作的前提，因此，应进一步加快推进农村集体土地所有权乃至使用的确权登记和颁证工作。

（2）严格实行土地用途管制。政府对土地用途管制是保障集体建设用地市场价格的前提，因此，应继续严格按照国土规划、土地利用总体规划、城镇规划和其他相关规划来对城市扩张、建设用地进行总量控制和用途管理。另外，为使集体建设用地保有稳定的市场价值，可以考虑将农村集体建设用地流转的计划供应和城镇国有建设用地计划供应实行统筹管理，实施年度的城乡建设用地总量控制，将集体建设用地进入市场流转的数量纳入新增建设用地的总量控制和年度土地供应计划，同时要对集体建设用地流转严格实行土地用途管制。

（3）完善集体建设用地的收益分配。农民集体在集体建设用地流转过程中获得的利润本质上是一种财政转移支付，在当前“城市反哺农村”的背景下，通过土地制度改革来实现转移支付，也是一种实现方式；应理性看待集体建设用地入市利润的再分配，不需要过度担忧其对城市国有建设用地市场的冲击，相反，应研究如何保障利润的存续和发挥作用，以支持集体建设用地流转价值的可持续性。因此，为促进集体建设用地入市的健康发展，应控制城市国有建设用地市场供应的“增量”，对农村集体建设用地增加“流量”和优化“存量”；同时，完善集体建设用地的收益分配，保障集体建设用地所有者、使用者、政府等多个主体的合法权益，平衡各个主体的收益。

（4）加强市场对集体建设用地流转的调节作用。放开政府对流转方式的限制，让农民集体和市场机制来决定流转的数量、范围和价格，可以营造集体建设用地流转的市场氛围，也有利于避免政府决策可能的失误。政府应出台明确的集体建设用地流转管理办法，规范但不限制各种具体的流转方式，也不限制农民集体和用地者根据实际情况自主选择并实施包括出让、转让、出租、转租、抵押、入股和联营等在内的集体建设用地流转方式；同时可通过建立集体建设用地有形市场、简化行政审批和许可手续、配套政策支持、政府辅助参与典型流转案例交流等方式，推动集体建设用地的流转。

5.1.2.3 土地产权制度改革

《中共中央关于全面深化改革若干重大问题的决定》提出完善产权保护制度，要求“产权是所有制的核心。健全归属清晰、权责明确、保护严格、流转顺畅的现代产权制度。”对于土地产权制度改革应分农村和城市进行阐述。

1. 农村土地产权制度改革

对农村土地产权制度改革主要是需赋予集体法律意义上的土地所有权，落实土地产权并切实保障农民的土地承包经营权、宅基地使用权、集体收益分配权。根据中发〔2014〕1 号文件，首先要完善农村土地承包政策，主要提出以下几个方面的要求：一是稳定农村土地承包关系并保持长久不变，在坚持和完善最严格的耕地保护制度前提下，赋予农民对承包地占有、使用、收益、流转及承包经营权抵押、担保权能。二是在落实农村土地集体所有权的基础上，稳定农户承包权、放活土地经营权，允许承包土地的经营权向金融机构抵押融资。并要求有关部门要抓紧研究提出规范的实施办法，建立配套的抵押资产处置机制，推动修订相关法律法规。三是切实加强组织领导，抓紧抓实农村土地承包经营权确权登记颁证工作，充分依靠农民群众自主协商解决工作中遇到的矛盾和问题，可以确权确地，也可以确权确股不确地。其次，要完善农村宅基地管理制度，改革农村宅基地制度，完善农村宅基地分配政策，在保障农户宅基地用益物权前提下，选择若干试点，慎重稳妥地推进农民住房财产权抵押、担保、转让。最后，要加快包括农村宅基地在内的农村地籍调查和农村集体建设用地使用权确权登记颁证工作。

2. 城市土地产权制度改革

城市土地产权制度改革主要是继续按照房地产用地、工业用地、行政用地等分类，将住宅、工业地产和商业地产等房地产用地的产权明晰到使用者，工业用地按照使用对象明晰到国家或民营企业，行政机关、军事用地及外商独资企业使用的土地属于国家所有的思路完善城市土地产权制度。

对城乡土地进行产权制度改革后，还应按照“放开产权、管住规划”的思路管理土地，政府应严格按照土地利用规划，加强土地用途管制。根据部分研究结果，在未来可推行建立土地发展权制度，发展权归国家所有，将土地发展权与所有权分开；在符合土地利用规划的前提下，必须向政府购买发展权才能改变土地用途或提高土地使用强度。

5.1.3　社会保障制度改革思路

从党的十八届三中全会通过的《中共中央关于全面深化改革若

干重大问题的决定》可以看出，中央正式提出了我国社会保障制度改革的总思路，即建立更加公平可持续的社会保障制度，主要从以下几个方面提出具体要求和思路：

（1）坚持社会统筹和个人账户相结合的基本养老保险制度，完善个人账户制度，健全多缴多得激励机制，确保参保人权益，实现基础养老金全国统筹，坚持精算平衡原则。本条主要是要求实现基础养老金的全国统筹，基本养老保险全国统筹的内涵是在统一制度、统一管理机构、统一缴费比例、统一养老金计发办法的基础上，实现基础养老金的统收统支。统一管理机构是要求建立全国统一、地方对中央负责的养老保险经办机构，集中管理养老保险基金的征收、管理和发放；统一缴费比例要求企业和个人不因所在区域不同而承担不同的缴费率；统一养老金计发办法目前在全国范围内已经基本实现；养老保险基金的统收统支则是实现全国统筹的本质体现，它要求经办机构统一负责征收基本养老保险费，通过全国联网的信息系统，直接汇总到中央养老保险经办机构，由中央养老保险经办机构根据各地区对养老金支出的实际需求统一划拨资金。要实现基础养老金的全国统筹，需实现新旧财务分离和遵循增量改革原则，建立基本养老保险专项制度明确中央和地方政府之间的激励和约束机制。

（2）推进机关事业单位养老保险制度改革。长期以来机关事业单位实行退休金制度，这对于保障退休人员生活、维护社会稳定发挥了重要作用，但随着社会主义市场经济的发展，为建立健全社会保障体系、健全公平竞争市场环境、推进事业单位改革，需推进机关事业单位养老保险制度改革。从各项研究结论看，主要有以下改革思路：一是事业单位养老保险制度应与行政机关养老保险制度统一并同步改革。二是按照“基本养老保险加职业年金”方式完善现行试点的事业单位养老保险制度，以全面推行机关事业单位养老保险制度的改革。三是切实做好“中人”基本养老金和职业年金债务弥补方案，按照“老人老办法、新人新办法”的改革原则，事业单位养老保险制度改革前退休的老人按照原来由各级财政拨付退休金的办法统一安排，新人则完全新办法执行，剩下处于“老人”与“新人”之间的“中人”，新养老保险制度推行前有若干年没有缴费，使“中人”养老保险社会统筹基金和个人账户基金形成缺口，产生基本养老金和职业养老金隐性债务，这必须由国家统一制定养老金债务弥补方案进行弥补。四是事业单位养老保险制度改革所需增加的经费均需由财政负担，中央财政承担中央事业单位养老保险基金应由财政承担的部分，地方财政要承担本级政府事业单位养老保险基金应由财政承担的部分，同时对中西部地区财政比较困难的省份中央财政承担部分养老保险基金的转移支付。

（3）整合城乡居民基本养老保险制度、基本医疗保险制度，推进城乡最低生活保障制度统筹发展。目前，全国各地正在开展居民基本养老保险制度、基本医疗保险制度城乡统筹的相关政策制定工作，近期会逐步推出施行。

（4）建立健全合理兼顾各类人员的社会保障待遇确定和正常调整机制。完善社会保险关系转移接续政策，扩大参保缴费覆盖面，适时适当降低社会保险费率；研究制定渐进式延迟退休年龄政策；加快健全社会保障管理体制和经办服务体系。

（5）健全符合国情的住房保障和供应体系，建立公开规范的住房公积金制度，改进住房公积金提取、使用、监管机制。

（6）健全社会保障财政投入制度，完善社会保障预算制度。主要是加强社会保险基金投资管理和监督，推进基金市场化、多元化投资运营。制定实施免税、延期征税等优惠政策，加快发展企业年金、职业年金、商业保险，构建多层次社会保障体系。

总体上看，我国社会保障制度会逐步实现职工和居民全覆盖、城乡居民基本养老保险和医疗保险制度整合、基础养老金全国统筹、管理体制更加健全等，逐步与市场经济发展进程相适应。

5.2　移民政策发展趋势预测

在对水利水电行业征地移民与其他行业征地在政策体系、管理体制和实施效果等方面的对比分析的基础上，针对当前水利水电征地移民工作存在的问题和面临的挑战，根据国家全面深化改革的总体思路及土地和社会保障等相关行业的具体改革思路，对我国水利水电工程建设征地移民安置政策总体发展趋势进行预测。

（1）移民方针由“开发性移民”向“市场化移民”方向发展。根据国家社会经济体制总体改革思路，未来市场将在经济活动中起决定性作用。从我国土地制度和社会保障等制度的改革思路看，建设用地使用更加注重公平的市场调节作用，同地同价、公平合理、及时足额的补偿原则已经是一种必然的趋势。现行是前期实施补偿、补助与后期的扶持相结合的政策性补偿、补助的原则安置移民，随着我国社会经济体制改革的持续推进，未来水利水电移民工作将是逐步在前期实现按市场规律协商补偿，取消后期扶持政策，待国家经济体制发展到以市场化为主体时，水利水电移民政策将完全市场化，按市场规律执行。因此，水利水电移民方针将逐步由“开发性移民”向“市场化移民”发展，并最终走向市场化。

（2）移民工作原则由“原标准、原规模、恢复原功能”向“同水平，同标准，同发展”方向转变。根据水利水电移民政策规定，水利水电行业征地补偿和移民安置应遵循“原标准、原规模、恢复原功能”的原则。在目前的执行过程中，水利行业征地补偿和移民安置严格遵循“原标准、原规模、恢复原功能”的原则；水电行业征地补偿和移民安置遵循的是“原标准、原规模、恢复原功能”＋“行业规范强制性”原则，对“原标准、原规模、恢复原功能”原则有所提升。鉴于现行水利水电行业征地移民工作坚持“原标准、原规模、恢复原功能”原则的“三原”移民工作原则已不适应新要求，结合社会经济发展状况和水利水电移民工作特点和理念，研究提出了移民工作原则由“原标准、原规模、恢复原功能”向“同水平，同标准，同发展”方向转变，移民工作原则由“原标准、原规模、恢复原功能”向“保障水平、保障功能、保障发展”方向转变，移民工作原则由静态“三原”原则向动态“三原”原则转变三种方案。

方案一：移民工作原则由“原标准、原规模、恢复原功能”向“同水平，同标准，同发展”方向转变。根据目前水利水电移民的实际实施情况，结合社会经济发展状况和国家提出的社会经济发展目标，水利水电行业征地移民将逐步加大在促进地方经济发展和移民脱贫致富的支持力度，移民工作将由“原标准、原规模、恢复原功能”的原则向“同水平，同标准，同发展”发展。“同水平”即应与安置区当地社会经济发展一致的水平对移民进行妥善安置；“同标准”即移民安置标准及各项建设标准应与安置区的发展规划相衔接；“同发展”即移民安置后能与当地社会经济同步发展。

方案二：移民工作原则由“原标准、原规模、恢复原功能”向“保障水平、保障功能、保障发展”发展。根据目前水利水电行业移民的实际实施情况，结合社会经济发展状况和国家提出的社会经济发展目标，水利水电行业征地移民将逐步加大在促进地方经济发展和移民脱贫致富的支持力度，移民工作将由“原标准、原规模、恢复原功能”的原则向“保障水平、保障功能、保障发展”发展。“保障水平”即应保障移民原有的生产生活水平并能与安置区当地水平一致；“保障功能”即移民安置各项建设能保障原有功能的恢复；“保障发展”即保障移民安置后生产生活水平能持续发展。

方案三：移民工作原则由静态“三原”原则向动态“三原”原则发展。即仅将目前规划基准年的“原标准、原规模、恢复原功能”调整为推算到规划水平年的“原标准、原规模、恢复原功能”。经过分析论证，推荐移民工作原则由“原标准、原规模、恢复原功能”向“同水平，同标准，同发展”方向转变的方案。

(3) 征地补偿安置政策由“政府调控为主”向“市场调节起决定性作用”方向发展。从《土地管理法》修订思路和 2013 年的修订草案可以看出，将来会要求大中型水利水电征地移民补偿统一执行《土地管理法》规定的土地征收补偿安置政策的确定办法，而不需单独研究制定。同时，根据目前水利水电行业内部开展的多项研究结论以及水利部移民局对《大中型水利水电工程建设征地补偿和移民安置条例》修订的初步思路，对于土地征收将按照同地同价的原则，直接采用《土地管理法》确定的政策，与其他行业征地补偿一致。对于有着相对比较完善的移民安置体系的水利水电移民行业来说，应在既定的移民安置体系基础上，与其他行业征地安置方式相互借鉴，进一步充实和完善安置方式。因此，为响应国家的大政方针，体现公平的原则，水利水电移民征地补偿安置政策将与其他行业征地政策逐步衔接和融合，直至最终并轨。

另外，国家现行的征地补偿标准和安置主要受政府的统一管理和调控。总体来说，“牺牲个别利益，保证整体利益”的大平均原则仍然是主要原则，对补偿标准的制定也没有按照市场价值考虑。在《土地管理法》修订草案的讨论中，对征地标准是否按照市场价值确定的原则各方争议很大，至于此次最终出台的修订稿是否明确市场价值起主导作用的补偿标准尚不能最终确定；即便如此，“同地同价、公平合理、及时足额”的原则是可以明确的，且最终将发展到按市场价值考虑。因此，征地补偿安置政策将由政府调控为主向市场调节起决定性作用发展。

（4）水利水电行业移民管理体制由“多头、分散管理体制”向“归口、统一管理体制”方向发展。从水利水电行业征地移民与其他行业征地的管理体制的差异看，水利水电行业征地移民安置有一系列非常完善的审批程序，同时还有较强的监督管理和后期评估机制；而其他行业征地管理机构主要为各级地方政府及土地管理部门，工作程序主要是执行征收土地“两公告一登记”及国土资源听证规定；由此可见，水利水电行业征地移民的管理体制是相对完善和细致的。水利水电行业移民建设征地范围大、涉及项目种类多、内容复杂、数量大的特点，这与其他行业征地涉及项目相对单一，数量相对较小的特点是不一致的，因此，在我国全面深化改革的很长一段时间内，水利水电行业移民管理都需要单独设置移民管理部门进行专门管理，只是在审批程序方面可以相互借鉴。

从水利水电行业移民的管理体制看，在国家层面，没有统一的水利水电移民管理机构，水利和水电移民分别由不同的建设项目主管部门进行管理，即由国家能源局、水利部、国务院三峡工程建设委员会办公室、国务院南水北调工程建设委员会办公室分别管理，相应的审批主体、工作方法和程序不统一，存在多方管理却统一管理缺失的问题；在省级层面，大部分省（自治区）成立了统一的移民管理部门，对大中型水利水电移民由统一的移民部门进行管理，但仍然有部分省（自治区）尚未成立统一的移民管理部门，水利和水电移民的管理部门分属水利和能源管理部门。同时，从执行政策看，按《大中型水利水电工程建设征地补偿和移民安置条例》（国务院令第 471 号）要求，大中型水利水电移民执行的征地补偿和安置政策基本一致。从其他行业征地管理体制看，土地征收方案由各级政府审批，具体征地主要由统一的土地管理部门管理，而不是由城市建设、交通等各建设项目行业主管部门进行管理。因此，为了使水利水电移民管理更加顺畅和统一，水利水电移民国家层面的管理也应由统一的部门管理，各建设项目主管部门以参与为主。

综上，在全国实施全面深化改革的时期，为了响应国家提出的“切实转变政府职能，深化行政体制改革，创新行政管理方式，增强政府公信力和执行力，建设法治政府和服务型政府”的行政体制改革思路，使水利水电移民管理更加顺畅和统一，水利水电行业移民管理体制由“多头、分散管理体制”向“归口、统一管理体制”发展，在审批程序和监督管理等方面与其他行业征地管理体制相互借鉴，逐步优化和健全。

在国家经济体制改革推行并取得阶段性胜利后，大胆预测未来水利水电行业与其他行业征地的管理体制将全面并轨，水利水电行业和其他行业移民征地安置管理体制将全面并轨，建立全国统一的征地安置管理部门，形成统一的管理体制。同时，政府角色主要转换为服务型角色，加强对征地工作的宏观管理和相关服务，充分发挥使用土地和提供土地两方的主体作用，加强项目法人在征购土地和安置工作中的主体作用，强化提供土地方的参与权。

（5）水利水电移民工作机制由“行政化”向“法治化”方向发展。水利水电移民工作是一项规模宏大的系统工程，涉及经济社会的多个领域和方面。目前，水利水电移民安置工作实行政府领导、分级负责、县为基础、项目法人参与的管理体制，移民前期规划、实施补偿安置以及后续发展等阶段的工作主要是通过行政手段进行协调管理，缺乏相应的法律约束管理体制机制，没有实现法治化，在现实工作中，由于移民工作涉及的由移民群众、项目法人和以县为代表的地方政府构成的“三个主体”以及加上设计监评单位、移民管理部门形成的“五个方面”所处的地位和利益诉求不同，相互间关系复杂，现行移民法律法规不能完全约束和规范各个方面的行为活动，因此产生了部分移民行为不规范、成为特殊公民，地方政府执行政策不力，以及设计和监理单位工作达不到预期效果等问题，影响了移民工作稳健推进。

根据党的十八届四中全会报告《中共中央关于全面推进依法治国若干重大问题的决定》的精神，我国要全面推进依法治国的决定，坚持依法治国、依法执政、依法行政共同推进，坚持法治国家、法治政府、法治社会一体化建设，实现科学立法、严格执法、公正司法、全民守法，促进国家治理体系和治理能力现代化。在这个新形势下，水利水电移民工作需要与时俱进，按照实现法治移民的要求，重视抓紧研究制定和完善移民工作管理法律法规，坚持“法不授权不可为”，强化培养和树立移民工作的法制思维和法纪意识，明晰相关各方在移民前期规划、中期实施、后期扶持工作阶段的法律责任、法律权益、法定义务和法定工作程序，倡行公平、公正、遵纪守法和诚信守约，增加违法成本，切实管治和规范“三个主体”“五个方面”的活动行为，逐步实现水利水电移民工作机制由“行政化”向“法治化”方向发展，最终实现移民工作法治化。

第6章 移民政策改革方向

根据水利水电移民工作的特点和相关行业政策的改革推进程度，为适应我国社会经济的发展，结合国家土地制度改革趋势，研究分析水利水电移民政策的改革思路。

6.1 改革方案拟定

根据水利水电行业与其他行业建设征地政策的对比分析，结合对水利水电移民政策发展趋势的预测，从政策体系建设和完善管理体制两大方面，拟定以下完全并轨和部分并轨两套改革方案。

方案一：完全并轨方案。即水利水电征地移民行业与其他行业征地从政策体系、管理体制和征地补偿安置政策三个方面进行完全统一，使被征地农民享受同等的国民待遇。

方案二：部分并轨方案。即各行业政策体系和管理体制独立，在相互借鉴的基础上，进一步优化各自现有的政策体系、管理体制和征地补偿安置政策。

6.2 改革方案对比分析

从政策体系、征地补偿、安置政策、后期扶持、管理体制、前期管理、实施管理七个方面研究完全并轨方案与部分并轨方案的可行性和实施难度，对两个方案进行对比分析，主要结论如下：

（1）各行业项目征地特点差异较大，政策体系不宜完全并轨，方案二优于方案一。各行业征地政策都是源自于《土地管理法》，其政策根源是一致的，都涉及征地、安置、补偿三项基本内容，其目标都是使被征地对象得到合理补偿、补助处理和妥善安置。由于水利水电工程征地具有移民规模大、区域广、项目多、建设区域社会经济落后等特点，与其他行业征地政策体系差异较大。第一，水利水电行业的政策体系包括行政管理、技术管理、工作管理等内容，更加系统、全面和专业，工作范围涉及全面恢复征地影响区域的经济社会各个方面；而其他行业主要侧重于征地行政管理工作，范围主要包括征地补偿和安置。第二，水利水电行业的政策覆盖了工程建设的前期规划、项目论证、项目实施，以及被征地对象的后续发展全过程；其他行业的政策主要围绕落实项目征地工作，重点覆盖实施阶段。第三，水利水电行业对建设征地涉及移民通过前期补偿补助妥善安置移民，同时注重移民后续发展的扶持，着力保障移民的长久生计和长远发展；其他行业主要侧重于项目实施时的拆迁补偿工作，对于被征地对象的生计和发展问题，主要依托自身和社会统筹解决，没有专项的后期扶持政策。第四，水利水电行业拥有完整的征地移民补偿安置技术标准体系，规范和统一了行业的建设征地移民补偿安置技术管理工作；其他行业尚无相应的技术标准体系和管理规范。

方案一要求建立全国统一的征地政策体系。从长远来看，各行业征地涉及内容相同、对象一致、征地对象处理的目标相同，建立全国统一的征地政策体系是我国征地制度改革的方向和终极目标；但由于各行业征地特点差别较大，加之目前我国经济社会发展不平衡，同时，完全并轨在操作上会涉及各行业政策、标准、体系等的整合，需要强力的行政干预和较长的工作时间，因此，在短时间内政策体系不宜完全并轨。方案二要求水利水电行业与其他行业征地政策体系各自独立，仅针对体系内政策不足部分进行局部调整和完善。这既考虑了不同行业征地特点，也不打破现有各行业的政策体系，改革阻力小，影响范围小，可操作性较强。

因此，从政策体系看，在未来较长时间内，水利水电行业与其他行业征地不宜完全并轨；方案二在适宜性和操作性等方面优于方案一。

（2）征地对象相同，征地补偿政策并轨可行，方案二和方案一相当。水利水电行业和其他行业征地政策的上位法均是《土地管理法》，但在征收耕地补偿倍数和计算方法上略有差别，在征收其他土地和地面附着物的补偿标准方面基本原则一致。对于土地补偿标准，国务院第471号令规定水利水电行业征地补偿费按安置的需要来计算概算，即采取征收耕地16倍补偿＋生产措施补助费；与其他行业征地相比，水利水电行业存在土地征收补偿计算倍数和费用偏低、实际补偿倍数和费用相当、补偿费用不足以安置移民的处理方式不同、采取自主货币安置的移民个人利益有差异等特点。对于地上附着物如房屋等补偿标准，水利水电行业和其他行业征地在集体土地房屋补偿测算原则均为重置原则，不考虑建筑实体的成新和区位等，但水利水电行业征地政策对计算方法、原则和内容有明确的规范规定，且对土地补偿、内装修、外装饰、深基础、基本入住条件、抗震加固处理、能源补助、建房补助等其他的补偿补助项目均单独列项；而各市州国土部门出台的标准没有明确统一的分类和方法；在国有土地上的房屋补偿，其他行业按照国务院第590号令规定执行市场价格，水利水电行业仍按照重置价格执行，其区位是由地方政府在安置时统筹考虑。

方案一实现了同地、同质、同价的目标，各行业征地标准、补偿补助项目、计算方法、计算内容完全一致，使被征地农民享受同等的国民待遇，实现了真正意义上的公平，消除了由于不同行业征地标准不一引发的矛盾。同时，方案二也具备对补偿标准、补偿补助项目、计算方法和内容等方面进行逐步统一的条件，也可达到同地、同质、同价的目标。

因此，从征地补偿政策分析，水利水电行业和其他行业征地补偿政策并轨不存在政策障碍，逐步统一补偿补助测算方法、项目分类后，完全并轨是可行的，方案一和方案二基本相当。

(3) 安置目标一致，资金来源有差异，安置政策部分并轨可行，方案二优于方案一。水利水电行业与其他行业征地移民安置方式各有优势，水库移民安置方式主要包括农业安置、复合安置、第二产业和第三产业安置、养老保障安置、投亲靠友安置、自谋出路安置、自谋职业安置、逐年补偿安置等，安置方式较为多样化。其他行业征地移民主要安置方式有农转非社会保障、农业安置、自主安置、土地入股、留地安置等。

安置政策主要差别在于：水利水电移民的养老保障安置和社会保障安置政策的差异以及水电征地逐年货币补偿安置政策的差异。水库移民养老保障安置是规划水平年达到养老保障年纪的移民可以选择此安置方式，缴费标准和兑现标准遵循移民系统的规定，且可以继续享受后扶政策。而其他行业社会保障安置是失地农民在农转非的情况下，16 岁以上的全部人口可以选择此安置方式，其险种范围包括城镇职工养老保险、城镇居民基本医疗和失业保险三种，覆盖范围较水利水电移民广泛，兑付标准也较水利水电自行确定的养老保障标准高。对于水电工程实施的逐年货币补偿安置方式，由于各行业项目收益差别较大，其他行业存在资金保障的问题，难以实现。

方案一实行统一的安置政策，无法兼顾到公益项目征地与经营项目征地等差异，致使如长期货币补偿类安置方式由于资金来源无法保证而无法推广实施；方案二考虑各项目的公益性和经营性等差异，对于移民数量较大且安置资源有限的经营性项目，其安置方式可以采取更加灵活、更加倾向和惠及移民的安置政策。

因此，从安置政策分析，整合水利水电工程养老保障与其他行业的社会保障安置后，水库移民养老保障与其他行业社会保障安置完全并轨是可行的；而逐年货币补偿安置方式难以实现并轨。从而，方案二明显优于方案一。

(4) 项目属性不同，指导思想差异较大，后期扶持政策短期内不宜并轨，方案二优于方案一。水利水电征地移民规模大、涉及区域广、安置难度大、建设区域社会经济发展落后等特点，加之水库移民历史遗留问题处理仍没有完成等，水库移民的“前期补偿补助与后期生产扶持”政策短期内无法取消。同时，从目前四川省的老水库移民遗留问题处理情况看，后期扶持资金尚不能满足移民遗留问题处理和水库移民脱贫致富的要求，短期内还希望国家加大后期扶持的力度，所以短时间取消移民后扶政策并不可能。此外，水库移民后期扶持资金来自于水利水电发电成本，能够保障资金的来源，而其他行业征地由于其征地规模小、涉及区域范围少、安置难度相对较小、建设地点社会经济发展相对发达等特点，建设地提供就业和失地农民增收的手段较多，一般都能很快融入当地的经济社会；同时由于各行业效益不一，其他行业很难保障后扶资金的来源。

因此，从后期扶持政策看，由于各行业收益差异较大，资金保障困难，其他行业实行后期扶持政策不具备条件；同时水利水电移民在短期内取消后期扶持政策亦不可能，后期扶持政策完全并轨不可行，方案二明显优于方案一。

(5) 移民规模大，管理要求高，管理体制不宜急于并轨，方案二优于方案一。水库征地移民规模较大，涉及区域较广和项目较多、建设工期长等特点，水利水电征地移民管理有着明确的管理体制，即政府领导、分级负责、县为基础、项目法人参与的管理体制；不同工作阶段各主体职责基本清楚；水利水电移民从省到县都有专职管理部门进行专业化、精细化的管理，保障了水利水电工程顺利建设和发展。其他行业目前没有明确的征地移民管理体制，缺少常设的专门机构、专职人员进行专项管理，主要进行宏观管理。从长远来看，为利于统一政策和管理，国家设置专职机构，统一管理各行业建设征地涉及的相关补（赔）偿安置工作是大势所趋，但短期内由于无法消除各行业征地特点差异，所以管理体制并轨难度大，不宜急于并轨。同时，强化水利水电工程征地移民的管理体制是必要的，在国家层面建立统一的水利水电移民管理机构是可行的。

因此，从管理体制上分析，方案一是建立国家设置专职机构，统一政策和统一管理各行业建设征地涉及的相关补（赔）偿安置工作是征地制度改革的方向，但是短期内并轨难度大，不宜急于并轨；方案二提出的管理体制不同，可进一步优化管理工作。总的来说，方案二要优于方案一。

（6）征地特点不同，前期管理完全并轨必要性不大，方案二优于方案一。水利水电行业移民政策覆盖了工程建设的前期规划、项目论证、项目实施以及被征地对象的后续发展全过程；其他行业政策主要围绕落实项目征地工作，重点覆盖实施阶段。水利水电工程各阶段对征地移民工作内容、深度、流程、技术要求等规定明确，指标量化，特别是前期工作程序有着较为刚性的政策规定和刚性的要求，也配套了相关的技术规范；其他行业对征地前期工作阶段并无上述的刚性要求，工作主要放在实施阶段，通常采取“两公告一登记”的模式，基本上由政府主导实现征地和安置的工作内容。

从前期管理方面看，水利水电征地移民前期管理技术标准规范，各阶段工作要求细化，各项工作程序要求刚性且繁杂，基本保障了水利水电建设项目顺利实施；而其他行业征地前期工作较为简单，技术标准也较少，工作程序相对较少，但也保证了行业建设用地顺利开展。

因此，由于各行业征地特点不同等原因，对各行业征地移民前期管理完全并轨必要性不大。方案二优于方案一。

（7）工作任务及对象相同，实施工作管理完全并轨是可行的，方案二与方案一相当。水利水电工程实施过程中，各项目建设除了要按照国家基本建设程序规定的招投标、项目监理等制度外，还要实行移民综合监理制度和独立评估制度，对移民安置实施进行全过程的监督；实施过程变更管理程序也较完善。其他行业的征地移民实施过程则基本上由政府主导，项目按审批投资拨给政府后，由地方政府按照国家基本建设程序规定的内容组织实施，对征地及移民并无专门的变更管理规定。

从实施管理方面看，水利水电征地移民的实施管理更为规范和细化，由于各行业征地实施工作的对象和任务基本一致，统一、规范各行业征地移民实施管理是需要的也是可行的。方案一完全并轨方案和方案二部分并轨方案均具备条件，因此，方案一和方案二相当。

6.3 推荐改革方案

经过上述对比分析，在充分考虑各行业征地补偿特点的情况下，从政策体系、安置政策、后期扶持、管理体制、工作机制上看，方案二都要优于方案一；从征地移民补偿政策分析，方案一与方案二基本相当。所以推荐方案二开展完善政策研究工作，重点对现行政策体系中的补偿标准、安置方式拓展与安置政策完善、工作机制中的优化程序、实施管理中的变更设计及补偿补助动态管理、先移民后建设条件及用地合法化、后期扶持政策的完善等方面进行政策完善。

6.4 近期改革方向

根据前述的方案比较，按照先易后难的原则，近期改革思路拟从各行业政策融合度较大的政策为切入点，近期先行考虑土地两费标准、社保安置方式进行政策并轨；对地上附着物标准在统一测算方法和内容的基础上逐步并轨；对于政策体系、管理体制、工作机制等方面暂时无法并轨的政策，如逐年货币补偿、后期扶持政策等，提出政策完善建议；为了保证过渡期水利水电征地移民工作的顺利展开，从减少和化解目前工作中遇到的困难和问题为出发点，提出具体的政策完善建议。

（1）坚持国家开发性移民的方针，在现有政策体系和管理体制的基础上调整完善具体政策措施。现行大中型水利水电征地移民主要基本方针是：国家实行开发性移民方针，采取前期补偿、补助与后期扶持相结合的办法，使移民生活达到或者超过原有水平。目前的水利水电移民前期补偿实际上是兼顾国家经济承受能力而部分降低征地标准的前期补偿，由于未能实现与其他项目建设征地的同地同价，操作层面的矛盾越来越突出。降低征地补偿标准虽然在一定程度上能降低工程建设投资，但由于建设征地补偿费用主要是用于安置移民的生产和生活，采取降低移民安置补偿费用来达到降低工程建设投资的目的实际上是提高了移民安置的难度和降低了移民实际的收益水平。

结合2014年中央一号文件《关于全面深化农村改革加快推进农业现代化的若干意见》提出“加快推进征地制度改革，保障农民公平分享土地增值收益，改变对被征地农民的补偿办法，除补偿农民被征收的集体土地外，还必须对农民的住房、社保、就业培训给予合理保障。因地制宜采取留地安置、补偿等多种方式，确保被征地农民长期受益”等要求，目前的水利水电工程征地移民采取前期补偿、补助与后期扶持相结合的办法并不完全满足中央要求的“保障农民公平分享土地增值收益”的要求；也与中央要求的“必须对农民的住房、社保、就业培训给予合理保障……确保被征地农民长期受益”存在差距。目前的水库征地移民安置目标是使移民生活达到或者超过原有水平，与党的十八大要求的建成小康社会的目标也存在差异。

建议通过省级层面在逐步统一与其他行业征地补偿标准，使得与耕地补偿倍数相关联的其他农用地补偿标准的提高、生产安置平衡项目调整、移民养老保障与社会保障的接轨、逐年补偿安置方式的实施与其他如留地安置逐步探索等措施，逐步改变前期补偿标准和移民安置与其他征地移民差异的现状。在此基础上，逐步建立与其他国土征地标准完全一致、安置方式更加多元、后期保障更加合理、并能使移民分享土地增值收益的制度，应该成为移民安置条例修改中重点研究和思考的内容。

（2）移民工作原则由“原标准、原规模、恢复原功能”调整为

“同水平、同标准、同发展”。现行水库征地移民主要原则是坚持原标准、原规模、恢复原功能的“三原”原则。在执行过程中，水利和水电行业也存在差异；水利行业规范是完全遵循“三原”原则，而水电行业规范则是遵循“三原”+“行业规范强制性”。由于一般的大中型水利水电工程建设周期一般为8～10年，加上前期工作一般约为10～15年，有些实施时间甚至更长。以上述静态的规划基准年的“三原”标准，在10～15年后按照原来基准年的标准来建设，其建设的起点和标准就远不能保持移民与当地社会经济发展处于同一起跑线上。目前，四川省在毛尔盖部分移民安置采取搬迁与后期旅游产业打造相结合安置方式，广受移民群众的欢迎；但在占地指标、基础设施与公共设施、绿地绿化等方面受到规范、政策和现状标准等限制。

建议在与移民生产生活相关紧密的安置目标、安置标准、公共和公用设施配套、补偿补助标准制定等内容上，在坚持现状标准的基础上，结合社会经济的发展要求，逐步由移民区规划基准年的“三原”（原标准、原规模、恢复原功能）调整到与移民区及安置区经济社会发展相协调的“三同”（同水平、同标准、同发展），使得移民完成安置后其起点就与当地社会经济发展水平相一致或适度超前，以满足移民逐步建成小康的社会发展要求。

（3）在坚持现行移民政策原则的基础上，移民征地补偿标准与其他行业逐步衔接。《土地管理法》和《大中型水利水电工程建设征地补偿和移民安置条例》都规定了土地补偿费和安置补助费尚不能使需要安置的农民保持原有生活水平的，经省、自治区、直辖市人民政府批准，可以调整安置补助费用实施标准。为避免因水利水电征地补偿标准与其他行业征地补偿标准不一致导致的社会不稳定因素，研究水利水电征地移民的土地征收标准和地面附着物补偿标准与现行国土政策逐步衔接的可能性。

2015年中央一号文件《关于加大改革创新力度加快农业现代化建设的若干意见》提出：“……集中力量加快建设一批重大引调水工

程、重点水源工程、江河湖泊治理骨干工程，节水供水重大水利工程建设的征地补偿、耕地占补平衡实行与铁路等国家重大基础设施项目同等政策”。国土资源部、国家发改委、水利部、国家能源局联合发布《关于加大用地政策支持力度促进大中型水利水电工程建设的意见》（国土资规〔2016〕1号）指出：“三是做好水利水电建设征地补偿安置，维护被征地农民权益。一方面要足额落实征地补偿费用。水利水电项目征收农民集体所有土地，必须足额核算征地补偿费用，做到征地补偿同地同价”。

从2015年中央一号文件和2016年国土资源部四部委一号文件政策规定看，本书2014年提出的移民征地补偿标准与其他行业逐步衔接思路与中央及四部委政策规定是一致的。

（4）借鉴其他行业征地现行政策，创新移民安置方式。目前，其他行业征地主要采取以货币补偿和社会养老保险方式为主，农业安置及其他方式为辅的方式安置失地农民；其中随着国家社会保障制度改革的推进，失地农民社会养老保险安置方式将更加完善并将成为被征地农民主要的安置方式。同时，现行的水利水电移民养老保障安置方式是独立于国家社会保障系统之外的独立运行的方式，不管从农民获得的待遇还是保障的可靠性方面都较社会养老保险方式差。创新移民安置方式，建议借鉴其他行业征地现行的失地农民养老保险政策，将移民纳入社会保障体系，并研究推广逐年货币补偿、土地入股等安置方式，进一步完善移民安置体系。

（5）建立政策和补偿补助费用的动态管理机制，及时调整完善移民安置政策。水利水电建设征地涉及移民规模较大，建设周期长，随着社会经济的发展和行业部门政策调整等，水利水电征地移民政策也需要与时俱进，不断更新和完善；移民各类补偿补助费用也需要适时进行调整，因此，建议研究建立政策、补偿补助费用的动态管理机制，及时调整完善移民安置政策。

（6）进一步优化审批程序，强化实施监督管理。目前，由于各行业投资主体的多元化和项目管理的行业化格局，水利水电移民工作在国家层面存在部门职能交叉的现象；征地移民前期工作程序繁杂、审查权集中；实施过程中规划变更频繁、实施责任主体的强势，导致工作中的不作为或乱作为现象时有发生；各省移民管理机构也存在授权不足等管理体制问题。建议在遵循现行管理体制的前提下，进一步理清技术和行政管理的职责职能，适当优化实物指标调查细则、移民安置规划大纲和移民安置规划的层层审查程序；建立移民安置规划设计和变更等审查权的分级管理机制，加大实施责任主体的管控措施，优化审批程序，强化落实监督管理工作职能职责。

(7) 建立移民工作法治化的新常态，实现移民工作机制由“行政化”向“法制化”方向发展。鉴于移民工作中“三个主体”和“五个方面”利益不同，完全依靠行政管理难以切实管理和规范各方的行为活动，影响稳健推进等现实问题。建议结合贯彻落实党的十八届四中全会精神，立足推进改革提高移民工作的治理水平和能力，以问题为导向，重视加强移民立法调研工作，着力建立健全移民工作法律法规，完建移民前期规划、中期实施、后期扶持工作的法律规章，明晰各方协同推进移民工作的法律责任、法律权益、法律义务和法定工作程序，倡行遵纪守法和诚信守约，增加违法成本，做到“法不授权不可为”，严格依法移民，切实管治和规范“三个主体”“五个方面”的活动行为，建立移民工作法治化的新常态，逐步实现水利水电移民工作机制由“行政化”向“法治化”方向发展。

第 7 章　土地补偿政策新思路

我国目前涉及土地征收的建设项目主要包括：水电、火电等能源建设项目，水利建设项目，城市新建和扩建等城市建设项目，工业园区、独立工矿企业等工业建设项目，高速公路、铁路、机场、水运码头等交通建设项目等。从我国大部分省（自治区、直辖市）土地征收政策看，大中型水利水电工程建设的征地与城市建设、工业、交通等项目建设征地在政策规定和各地具体执行情况都存在差异。同时，多数大中型水利水电工程按现行政策规定计列的土地补偿费用已经不能满足移民安置的需要，加上其他行业征地直接计列的土地补偿费用较水利水电建设征地高，移民攀比心理严重，这已经影响到移民安置工作顺利推进和社会稳定。

为使水利水电建设征地土地补偿政策更加合理，减小与其他行业征地的差异，本章从土地补偿标准和用途两方面对比水利水电项目、城市建设和交通项目等其他行业的土地补偿政策和执行情况，分析水利水电建设征地与其他行业建设征地土地补偿政策的差异，结合目前大中型水利水电建设征地在土地补偿标准方面存在的问题，以四川省为基础，提出我国大中型水利水电建设征地土地补偿政策的调整建议。

7.1　各行业现行土地补偿政策规定

7.1.1　土地补偿标准

7.1.1.1　水利水电行业

水利水电行业建设征地遵循《土地管理法》（中华人民共和国主

席令第28号)、《土地管理法实施条例》(国务院令第256号)以及各省制定的土地管理法实施办法的相关规定。

1. 国家政策

根据《土地管理法》第五十一条“大中型水利、水电工程建设征收土地的补偿费标准和移民安置办法,由国务院另行规定”的要求,国家出台了水利水电建设征地移民安置行业的法律规定,主要包括《大中型水利水电工程建设征地补偿和移民安置条例》(国务院令第471号)、《国务院关于完善大中型水库移民后期扶持政策的意见》(国发〔2006〕17号)、《水利部关于印发〈大中型水利水电工程移民安置前期工作管理暂行办法〉的通知》(水规计〔2010〕33号)、《国家计委关于印发水电工程建设征地移民工作暂行管理办法的通知》(计基础〔2002〕2623号)等由国务院和相关部门出台的条例、办法和意见。

《大中型水利水电工程建设征地补偿和移民安置条例》(国务院令第471号)对大中型水利水电工程建设征地土地补偿标准做出了相关规定:

(1) 耕地的补偿政策:“大中型水利水电工程建设征收耕地的,土地补偿费和安置补助费之和为该耕地被征收前三年平均年产值的16倍。”

(2) 其他土地的补偿政策:“征收其他土地的土地补偿费和安置补助费标准,按照工程所在省、自治区、直辖市规定的标准执行。”

(3) 国有土地的补偿政策:“使用其他单位或者个人依法使用的国有耕地,参照征收耕地的补偿标准给予补偿;使用未确定给单位或者个人使用的国有未利用地,不予补偿。”

(4) 不足部分处理方式:“土地补偿费和安置补助费不能使需要安置的移民保持原有生活水平、需要提高标准的,由项目法人或者项目主管部门报项目审批或者核准部门批准。”

2. 地方政策

各省(自治区、直辖市)根据实际情况,在国务院471号令规定下结合各地的土地管理法实施办法、实施统一年产值或者区片价的规定以及各省（自治区、直辖市）的移民政策实施办法的相关政策规定执行。鉴于经济社会发展水平和水利水电行业发展情况不同，各地水利水电行业建设征地政策不同，基本可以分为两类：一是执行国务院 471 号令与其他行业征地政策相结合的政策；二是与其他行业征地政策一致。

（1）国务院 471 号令与其他行业征地政策相结合的政策。目前，全国范围内大部分省（自治区、直辖市）水利水电行业建设征地是执行国务院 471 号令与其他行业征地政策相结合的征地政策，即耕地的土地补偿费和安置补助费之和采用耕地年产值的 16 倍，其他土地的补偿政策执行各省（自治区、直辖市）土地管理法实施办法及相关征地政策的规定。按此种方式执行的主要有四川、贵州、重庆、云南、湖北、河南、西藏等省（自治区、直辖市）。其中，重庆市在两项政策的衔接程度上较其他省（自治区、直辖市）更进一步，执行耕地的土地补偿费和安置补助费不低于 16 倍。

（2）与其他行业征地政策一致。我国东部沿海经济发展水平较高以及部分西部省（自治区、直辖市）的水利水电行业建设征地是直接采用与其他行业统一的征地政策，要么直接采用土地的区片综合价，要么耕地和其他土地的土地补偿费和安置补助费的计算原则都与其他行业一致。如浙江省直接采用区片综合地价测算土地的征收补偿费用；青海省执行的耕地的土地补偿费和安置补助费为统一年产值的 20 倍；重庆市执行耕地的土地补偿费和安置补助费不低于 16 倍；福建省执行统一年产值区域的耕地土地补偿费和安置补助费为统一年产值的 25 倍，执行区片综合地价的区域则采用区片综合地价测算土地补偿费用。

3. 四川省政策

四川省结合本省的实际情况出台了《四川省〈大中型水利水电工程建设征地补偿和移民安置条例〉实施办法》（四川省人民政府令第 268 号）等水利水电移民政策。水利水电行业的征地补偿政策是执行国务院 471 号令与其他行业征地政策相结合的征地政策，即耕地的土地补偿费和安置补助费之和采用耕地年产值的 16 倍，其他土地是按《四川省〈中华人民共和国土地管理法〉实施办法（2012 年修正本）》规定执行，即“征用其他土地的土地补偿费和安置补助费，按照按征用耕地的土地补偿费、安置补助费的一半计算。”同时，耕地统一年产值是根据《四川省国土资源厅关于组织实施统一年产值标准的通知》（川国土资发〔2009〕54 号）的相关规定执行。

7.1.1.2　城市建设

1. 国家政策

我国城市建设征地主要执行《土地管理法》（中华人民共和国主席令第 28 号）、《土地管理法实施条例》（国务院令第 256 号）、《国土资源部关于切实做好征地统一年产值标准和区片综合地价公布实施工作的通知》（国土资发〔2008〕135 号）以及各省制定的具体政策和管理办法。

《土地管理法》对我国征收土地的补偿做出了相关规定：“征收土地的，按照被征收土地的原用途给予补偿。……征收耕地的土地补偿费，为该耕地被征收前三年平均年产值的六至十倍。征收耕地的安置补助费，按照需要安置的农业人口数计算。需要安置的农业人口数，按照被征收的耕地数量除以征地前被征收单位平均每人占有耕地的数量计算。每一个需要安置的农业人口的安置补助费标准，为该耕地被征收前三年平均年产值的四至六倍。但是，每公顷被征收耕地的安置补助费，最高不得超过被征收前三年平均年产值的十五倍。征收其他土地的土地补偿费和安置补助费标准，由省、自治区、直辖市参照征收耕地的土地补偿费和安置补助费的标准规定。”

另外，《土地管理法》规定：“土地补偿费和安置补助费，尚不能使需要安置的农民保持原有生活水平的，经省、自治区、直辖市人民政府批准，可以增加安置补助费。但是，土地补偿费和安置补助费的总和不得超过土地被征收前三年平均年产值的三十倍。”对土地补偿费和安置补助费的总和达到法定上限，尚不足以使被征地农民保持原有生活水平的，《国务院关于深化改革严格土地管理的决定》（国发〔2004〕28号）补充规定："当地人民政府可以用国有土地有偿使用收入予以补贴……国家重点建设项目必须将征地费用足额列入概算。"

为进一步提高土地补偿标准和公平性，国土资源部下发了《关于切实做好征地统一年产值标准和区片综合地价公布实施工作的通知》（国土资发〔2008〕135号），要求各省（自治区、直辖市）结合实际发展状况，执行全省征地统一年产值标准和区片综合地价。

2. 地方政策

各省（自治区、直辖市）根据《土地管理法》的要求，分别出台了《土地管理法》的实施办法，对征地补偿政策做了不同的规定，各类土地的土地补偿费和安置补助费的测算方法不同；部分省（自治区、直辖市）直接规定各类土地统一的补偿倍数，如青海省耕地的补偿费用按20倍计算；部分省（自治区、直辖市）规定土地补偿费的倍数、安置补助费根据测算的安置人口计算，如四川省规定的土地补偿费为10倍，安置补助费为1亩以上的按6倍计算，1亩以下的按每个安置人口6倍计算。对于其他土地的补偿倍数，各省（自治区、直辖市）规定也有差异，部分省（自治区、直辖市）是直接规定具体倍数，部分省（自治区、直辖市）是规定为耕地补偿倍数的一半计算。

同时，随着国土资源部下发了《关于切实做好征地统一年产值标准和区片综合地价公布实施工作的通知》（国土资发〔2008〕135号），各省（自治区、直辖市）根据分别发布了执行方式，部分经济发达省（自治区、直辖市）全部执行区片综合价，如浙江省；部分省（自治区、直辖市）全部执行统一年产值，如四川省；大部分省（自治区、直辖市）是在城市及周边区域执行区片综合地价，在其他区域执行统一年产值，如山东、青海、湖北、云南和贵州等。

3. 四川省政策

四川省针对土地征收补偿主要出台了《四川省人民政府办公厅

转发省国土资源厅关于调整征地补偿安置标准等有关问题的意见的通知》（川办函〔2008〕73 号）、《四川省国土资源厅关于组织实施统一年产值标准的通知》（川国土资发〔2009〕54 号）等几个主要政策。

对土地补偿倍数，川办函〔2008〕73 号规定：“征收每亩耕地的土地补偿费均按前 3 年平均年产值的 10 倍计算。安置补助费依据被征地集体经济组织人均耕地面积，按以下标准计算：人均耕地 1 亩及以上的，每亩耕地按前 3 年平均年产值 6 倍计算；人均耕地 1 亩以下的每个安置人口按前 3 年每亩平均年产值 6 倍计算。征用非耕地的土地补偿费和安置补助费按上述标准减半计算。”

对执行统一年产值，川国土资发〔2009〕54 号规定：“征地统一年产值标准从 2010 年 1 月 1 日起实施，作为征收耕地计算土地补偿费和安置补助费的年产值……目前各地实际实施的年产值标准高于公布标准的可以继续执行原标准，低于新标准的按新标准执行。土地补偿和安置补助费的倍数计算方法仍按《省政府办公厅转发省厅关于调整征地补偿安置标准等有关问题的意见的通知》（川办函〔2008〕73 号）文件规定的方式计算”。

7.1.1.3　交通行业

交通行业主要执行《土地管理法》（中华人民共和国主席令第 28 号）、《土地管理法实施条例》（国务院令第 256 号）、《关于认真贯彻执行公路铁路建设用地指标的通知》（国土资发〔2000〕186 号）、《国土资源部、交通运输部、铁道部〈关于进一步加强和改进公路、铁路项目建设用地服务和监管的通知〉》以及各省制定的相关政策和管理办法。如四川省出台的《关于转发四川省人民政府办公厅〈关于进一步做好铁路和高速公路建设用地保障工作的通知〉的通知》（川办发〔2010〕88 号）等。

从四川省的政策来看，由于铁路及高速公路线性征地特点，涉及村组较多，按照川办函〔2008〕73 号测算补偿补助倍数差异较大。一般按照《四川省人民政府办公厅关于进一步做好铁路和高速公路建设用地保障工作的通知》（川办发〔2010〕88号）的规定“铁路和高速公路项目征地拆迁补偿安置按照同地同价原则，依法补偿安置……位于同一年产值区域的，征地补偿水平应基本保持一致，做到征地补偿同地同价”执行，采取一个平均值，或参照相邻同类工程执行的统一标准。

对于临时占地，川办发〔2010〕88号文规定临时占用耕地、园地的补偿标准可参考以下标准协商确定：半年按每亩统一年产值的2倍计算，1年按2.5倍计算，1年半按3倍计算，2年按3.5倍计算（超过下限年限、不足上限年限的按上限年限计算），占用其他非耕地的补偿标准原则上减半计算。

7.1.2　土地补偿费的用途

7.1.2.1　水利水电行业

1. 国家政策

根据国务院471号令规定，土地补偿费和安置补助费是用来安置移民的，不能使需要安置的移民保持原有生活水平、需要提高标准的，由项目法人或者项目主管部门报项目审批或者核准部门批准。另外，根据《水电工程建设征地移民安置规划设计规范》（DL/T 5064—2007）的规定：“经农村移民安置规划投资平衡分析，征收土地补偿费用尚不满足农村移民生产安置规划投资的，可根据国家和省级人民政府有关规定，计列生产安置措施补助费。”征收土地的补偿费用是优先用来对移民进行生产安置的。

2. 四川省政策

目前，四川省水利水电征地土地补偿费的用途是执行国务院471号令和《水电工程建设征地移民安置规划设计规范》（DL/T 5064—2007）的相关要求和规定。征收耕地和其他农用地的土地补偿费和安置补助费是全部用来对移民进行生产安置，不足部分通过计列生产安置措施补助费解决；对有剩余的，按《关于我省大中型水电工程移民政策有关问题的通知》（川发改能源〔2008〕722号）

的要求“被征占土地的集体经济组织，其征占用土地补偿费、安置补偿费在满足安置规划后，其余部分交由该村集体经济组织或者村民委员会讨论决定，报经县人民政府批准后使用（包括以货币形式兑付到户）”执行。

7.1.2.2　其他行业

1. 国家政策

《土地管理法实施条例》第二十六条规定：“土地补偿费归农村集体经济组织所有；地上附着物及青苗补偿费归地上附着物及青苗的所有者所有。征收土地的安置补助费必须专款专用，不得挪作他用。需要安置的人员由农村集体经济组织安置的，安置补助费支付给农村集体经济组织，由农村集体经济组织管理和使用；由其他单位安置的，安置补助费支付给安置单位；不需要统一安置的，安置补助费发放给被安置人员个人或者征得被安置人员同意后用于支付被安置人员的保险费用。”

另外，《关于印发〈关于完善征地补偿安置制度的指导意见〉的通知》（国土资发〔2004〕238 号）规定“按照土地补偿费主要用于被征地农户的原则，土地补偿费应在农村集体经济组织内部合理分配。具体分配办法由省级人民政府制定。”

2. 四川省政策

《四川省人民政府办公厅转发省农业厅关于加强农村集体经济组织征地补偿费监督管理的意见的通知》（川办函〔2005〕92 号）规定：“土地补偿费归农村集体经济组织所有，是对被征地农户和农村集体经济组织的补偿……土地补偿费中，直接补偿给被征地农户的部分不能低于 80%，由农户自主安排使用。留归农村集体经济组织的土地补偿费属农民集体资产，应当用于发展生产、增加积累、集体福利、公益事业等方面……安置补助费必须专款专用，不得挪作他用。”

《四川省人民政府办公厅关于进一步做好被征地农民社会保障工作的通知》（川办发〔2008〕15 号）规定：“被征地农民社会保障所

需资金，原则上由农民个人、农村集体、当地政府共同承担。被征地农民社会保障所需资金的个人缴费部分，从其所得的安置补助费中直接缴纳，安置被征地农民所需的个人缴费不足部分及其余社会保障资金，按城镇批次实施土地征收的由当地政府从国有土地有偿使用收入中解决，城镇规划区外按建设项目办理土地征收的列入划拨和出让土地成本。”从目前四川省执行文件看出，其他行业征地的土地补偿费是直接交给集体按规定进行使用或者分配，安置补助费是优先用以交纳购买养老保险的费用或者一次性补偿给农民用作货币或调地安置。

7.2 各行业土地补偿政策执行情况

本节重点以四川省为基础，分析水利水电行业、城市建设行业及交通行业等几类的征地补偿的执行情况。

7.2.1 典型案例

分析水利水电行业和其他行业征地政策的具体执行情况和特点，拟选择四川省主要大型水利水电工程以及主要市（州）的城市建设和交通工程作为典型案例，分析各类征地在实施过程中的土地补偿政策执行情况。

7.2.1.1 水利水电工程

据初步统计，目前四川省大中型水利水电工程共有526座，其中已建189座，在建180座（大型28座），规划拟建157座。以下从四川省近期的新建和在建项目中选取建设征地范围大、涉及耕地面积大，以及在土地补偿政策执行方面有代表性的大型水利水电工程作为典型案例。

水电工程主要选取在建的瀑布沟、溪洛渡、锦屏一级、猴子岩，新建的双江口和两河口等6个大型水电工程；水利工程主要选取在建的亭子口、毗河、武都引水（二期）和小井沟等4个大型水利工程。从各项目的基本情况，耕地年产值的取值方式、采用标准，主要农用地的规定补偿倍数，费用不足部分的处理方式、增列投资和倍数，实际的补偿倍数，以及土地补偿费用的用途等几个方面分析了各项目的具体情况，详见表7.1和表7.2。

7.2.1.2　其他行业

选择了成都市的新都区，绵阳市的江油市和三台县，巴中市的南江县、巴州区和通江县，眉山市的东坡区和彭山县等4个市的8个县（区）的城市建设、工业区等建设项目作为城市建设项目的典型案例，从耕地年产值、现状人均耕地、规定补偿倍数、实际安置标准和土地补偿倍数、土地补偿费用的使用方式等几个方面分析其他行业建设征地的执行情况，详见表7.3和表7.4。

另外，对四川省建设的雅康高速公路、宜遂高速公路、广南高速公路、巴达高速等几条近年修建的高速公路的征地补偿执行情况进行了分析。雅康高速公路的耕地补偿标准为40750元/亩，补偿倍数为25倍；宜遂高速翠屏区段参照乐宜高速，耕地补偿倍数为22倍；广元苍溪的广南高速公路与兰渝铁路耕地补偿倍数采用相同标准52360元/亩，补偿倍数约28倍；巴达高速平昌段耕地补偿倍数采用16倍，德阳成德南中江段补偿倍数采用21倍。

7.2.2　土地补偿标准

7.2.2.1　水利水电行业

1. 耕地年产值

从典型案例及近年来四川省大中型水利水电项目建设征地土地补偿政策的执行情况看，耕地统一年产值确定方式主要分为两种类型，在不同类型中各电站根据自身情况还有所不同。

（1）2010年1月1日前，自行测算。《四川省国土资源厅关于组织实施统一年产值标准的通知》（川国土资发〔2009〕54号）尚未公布实施，各水利水电工程建设征地采用的耕地年产值是根据《土

表 7.1　　典型水电工程建设征收土地补偿情况表

序号	项目	水电工程						备注
		瀑布沟	溪洛渡（四川）	锦屏一级	双江口	两河口	猴子岩	
1	阶段	实施阶段	实施阶段	实施阶段	可研阶段	可研阶段	可研阶段	
2	成果及审批年限	实施规划报告，2013 年	实施规划报告送审稿	实施规划报告，2013 年	可研报告，2011 年	可研报告，2012 年	2009 年	
3	耕地年产值							
3.1	取值方式	自行测算	自行测算	枢纽区自行测算，库区执行统一年产值标准	执行统一年产值标准，同库就高	执行统一年产值标准，耕地同库就高，林地分乡取值	自行测算	猴子岩于 2014 年将耕地年产值调整为执行统一年产值，同库就高 1870 元
3.2	标准/（元/亩）	1659	1367	枢纽区（水田 846 元/亩、旱地 382 元/亩）、库区（1330 元/亩）	1450	1580	1500	
4	补偿倍数							
4.1	规定倍数							
	耕园地/倍	16	16	16	16	16	16	
	林地/倍	8	8	8	8	8	8	

续表

序号	项目	水电工程						备注
		瀑布沟	溪洛渡（四川）	锦屏一级	双江口	两河口	猴子岩	
4.2	不足部分处理							
	提高方式	计列生产安置措施费	计列生产安置措施费	计列生产安置措施费	计列生产安置措施费	采用逐年货币补偿，概算中仅按规定倍数16倍计列，后续不足部分由项目业主筹措	计列生产安置措施费	
	增补费用/亿元	3.83	0.31	5.46	1.19		0.24	
	提高倍数/倍	7.13	16.85	6.1	2		2.34	
4.3	实际倍数/倍	23.13	32.85	22.1	18		18.34	
5	土地两费用途	用于移民安置，将农用地的征收补偿费用全部进行全县生产安置投资平衡，不足部分增列生产安置措施补助费	用于移民安置，将农用地的征收补偿费用全部进行全县生产安置投资平衡，不足部分增列生产安置措施补助费	用于移民安置，将农用地的征收补偿费用全部进行全县生产安置投资平衡，不足部分增列生产安置措施补助费	用于移民安置，将农用地的征收补偿费用全部进行分村的生产安置投资平衡，不足部分增列生产安置措施补助费，剩余部分由各村民按规定使用	用于移民安置，将耕（园）地的征收补偿费用进行分村的生产安置投资平衡，林地等其他农用地的补偿费用分由各村民按规定使用	用于移民安置，将农用地的征收补偿费用全部进行分村的生产安置投资平衡，不足部分增列生产安置措施补助费，剩余部分由各村民按规定使用	

表 7.2　典型水利工程建设征收土地补偿情况表

序号	项目	水利工程				备注
		亭子口	毗河	武都引水（二期）	小井沟	
1	阶段	初步设计	初步设计	可研	初步设计	
2	成果及审批年限	初步设计报告，2009 年	初步设计报告，2013 年	可研报告，2011 年	初步设计报告，2010 年	
3	耕地年产值					
3.1	取值方式	自行测算	执行统一年产值标准，分乡采用	执行统一年产值标准，同库就高	执行统一年产值标准	
3.2	标准/（元/亩）	1667（水田）	各乡不同	1576	1450	
4	补偿倍数					
4.1	规定倍数					
	耕园地/倍	16	16	16	16	
	林地/倍	8	8	8	8	
4.2	不足部分处理					
	提高方式	计列生产安置增补费	计列生产安置增补费	计列生产安置增补费	计列生产安置增补费	
	增补费用/亿元	0.2	0.31	0.04	0.14	
	提高倍数/倍	8.92	1.25～7.45	0.15	1.44	
4.3	实际倍数/倍	24.92	17.25～23.45	16.15	17.44	
5	土地补偿费用的用途	用于移民安置，将农用地的征收补偿费用全部进行分组的生产安置投资平衡，不足部分增列生产安置措施补助费，剩余部分由各村民按规定使用	用于移民安置，将农用地的征收补偿费用全部进行分组的生产安置投资平衡，不足部分增列生产安置措施补助费，剩余部分由各村民按规定使用	用于移民安置，将农用地的征收补偿费用全部进行分组的生产安置投资平衡，不足部分增列生产安置措施补助费，剩余部分由各村民按规定使用	用于移民安置，将农用地的征收补偿费用全部进行分组的生产安置投资平衡，不足部分增列生产安置措施补助费，剩余部分由各村民按规定使用	

表 7.3　　典型城市建设项目征收土地补偿情况表

序号	所在地区		工程名称	耕地年产值/(元/亩)	现状人均耕地面积/(亩/人)			规定补偿倍数/倍	人均安置标准/(元/人)			实际补偿倍数/倍	土地补偿费用的用途	备注
	市(州)	县(区)			最低	最高	平均		农业安置	养老保险	其他			
1	成都	新都	重汽项目	2695			0.79	18		115700		19	土地补偿费发放到户，安置补助费优先用以购买养老保险；投资平衡到户	
2			通信团	3440			0.85	17		140000		19	土地补偿费发放到户，安置补助费优先用以购买养老保险；投资平衡到户	
3	眉山	彭山	恒大三期	1580	1.6	1.6	1.6	16		82550		16	土地补偿费发放到户，安置补助费优先用以购买养老保险；投资平衡到户	
4		东坡	川师大眉山校区	1870	1	1.8	1.2	16		41000	商业用房 $10m^2$/人	18	土地补偿费发放到户，安置补助费优先用以购买养老保险；投资平衡到户	

续表

序号	所在地区		工程名称	耕地年产值/(元/亩)	现状人均耕地面积/(亩/人)			规定补偿倍数/倍	人均安置标准/(元/人)			实际补偿倍数/倍	土地补偿费用的用途	备注
	市(州)	县(区)			最低	最高	平均		农业安置	养老保险	其他			
5	绵阳	江油	外国语学校	1870	0.485	0.635	0.512	22	20307	68000		38	土地补偿费发放到户，安置补助费优先用以购买养老保险；投资平衡到户	
6	绵阳	江油	华达能源	1580	0.14	0.53	0.52	22	17380	68000		41	土地补偿费发放到户，安置补助费优先用以购买养老保险；投资平衡到户	
7	绵阳	三台	凤凰山建设	1580	0.3	0.82	0.53	21	31600			30	用以安置失地农民，剩余部分发放到户	
8	巴中	南江	光雾山温泉酒店	1720	0.5	1.1	0.8	18			750000	30	土地补偿费和安置补助费直接发放到户，投资平衡到户	
9	巴中	通江	春在乡工业园区	1580	0.32	1.39	1.18	16		50000	78214	28.7	安置补助费优先购买养老保险，剩余部分和土地补偿费发放到户；投资平衡到户	
10	平均						0.8	18	24307	73047		22		

表 7.4　　各市（州）其他行业征地典型工程土地补偿倍数统计表

序号	工程所在地区		工程名称	永久征收土地面积/亩		耕地年产值/(元/亩)	征地前人均耕地面积/(亩/人)			征地土地两费倍数	备注
	市（州）	县（区）		耕园地	其他土地		最低	最高	平均		
1	巴中	南江	光雾山温泉酒店	60		1720	0.5	1.1	0.8	30	
2	巴中	巴州	巴中市第二水厂			1870				23	
3	巴中	通江	春在乡工业园区	117.52	116.35	1580	0.32	1.39	1.18	28.7	
4	巴中	平昌	巴达高速	2192.29	1705.54	1580～1720	0.05	1.34	0.71	16	
5	成都	新都	重汽项目	100	21.5	2695			0.79	19	2011年
6	成都	新都	通信团	340	30.82	3440			0.85	19	2013年
7	德阳市	中江	成德南高速	2067	840	1720	0.3	1.1	0.7	21	
8	乐山市	五通桥	乐山港进港大道	1840	576.8	1720	0.3	1.1	0.6	20	
9	眉山	彭山	恒大三期	833.875	207.876	1580	1.6	1.6	1.6	16	
10	眉山	东坡	岷东新区							30	
11	眉山	东坡	川师大眉山校区	550	450	1870	1	1.8	1.2	18	
12	眉山	青神	高铁建设			1500				16	
13	雅安	宝兴	城市征地							16	
14	阿坝州	松潘	松潘县工业园区							30	
15	绵阳	江油	外国语学校	99.324	5.6715	1870	0.485	0.635	0.512	38	
16	绵阳	江油	太白公园							16	
17	绵阳	江油	华达能源	22.263	27.757	1580	0.14	0.53	0.52	41	

续表

序号	工程所在地区		工程名称	永久征收土地面积/亩		耕地年产值/(元/亩)	征地前人均耕地面积/(亩/人)			征地土地两费倍数	备注
	市（州）	县（区）		耕园地	其他土地		最低	最高	平均		
18	绵阳	三台	凤凰山建设	1100		1580	0.3	0.82	0.53	30	
19			潘家坝工业园							30	
20			马望路建设	192.6		1200	0.3	0.9	0.6	30	
21	资阳	乐至	成安渝高速			1450	0.76	1.38	1.07	10	
22		雁江	S106 线排水涵洞							17.29	
23			东福小区							22.78	
24			九曲河生态段							73.16	
25	南充	阆中	兰渝铁路阆中段	960	420	1580	0.38	1.27	0.69	16～30	
26		西充	北部新城	3000	200	1330	0.8	1.49	1.15	25	
27			南广高速							16	
28			工业园区							17	
29	遂宁	安居	凤凰山森林公园							16	
30	攀枝花	西区	丽攀高速 2 标段							14	
31	泸州	合江	合江县城西扩							16	
32		古蔺	鱼化乡城镇开发							22	
33		叙永	江门场镇征地							30	

续表

序号	工程所在地区		工程名称	永久征收土地面积/亩		耕地年产值/(元/亩)	征地前人均耕地面积/(亩/人)			征地土地两费倍数	备注
	市(州)	县(区)		耕园地	其他土地		最低	最高	平均		
34	广安市	广安	巴广渝高速路							16	
35	广安市	广安	工业园区							16	
36	达州	宣汉	柳池工业园区							16～30	2012年
37	达州	宣汉	城市建设用地							30	
38	达州	万源	达陕高速							30	
39	宜宾	兴文	国土征地							30	
40	宜宾	长宁	所有土地							16	不分地类
41	宜宾	翠屏	宜遂高速							22	
42	广元	苍溪	兰渝铁路							28	
43	广元	苍溪	广南高速							28	
44	凉山州	雷波								16～34	
45	自贡	大安	成自泸高速							16	
平均										24	

地管理法》的规定采用该耕地前三年的平均年产值确定，具体测算方法是依据水电行业和水利行业的相关规程规范要求，依据主要农副产品价格和亩产量，按照全产值法进行测算。例如，瀑布沟水电站在2005年测算确定的耕地综合年产值为1659元/亩；溪洛渡水电站是2005年测算的耕地综合年产值1377元/亩；锦屏一级水电站枢纽区和围堰区采用的是可研阶段自行测算单价，水田846元/亩，旱地382元/亩；亭子口水利工程2009年初步设计阶段确定的耕地年产值也是测算确定的，为水田1667元/亩。

（2）2010年1月1日后，执行统一年产值。《四川省国土资源厅关于组织实施统一年产值标准的通知》（川国土资发〔2009〕54号）公布实施后，四川省大中型水利水电工程建设征地耕（园）地亩产值基本与省国土资源厅颁布的各区域的耕地统一年产值进行了有效衔接；鉴于公布的统一年产值是以乡（镇）为单位的标准，各乡（镇）之间存在差异，因此，从大中型水利水电工程建设征地的特殊性考虑，一般是采用在公布的统一年产值基础上采用“同库同策、流域平衡、就高不就低”的原则确定各水利水电项目的耕地年产值。具体有以下几类方式：

1）采用“同库同策，就高不就低”的方式执行统一年产值，即执行统一年产值规定，但取本项目建设征地范围内涉及乡中公布产值最高的乡的产值作为整个项目耕地年产值标准，不分乡执行统一年产值。这种方式是近几年来四川省内大中型水利水电工程建设征地的一般做法，如双江口水电站、大岗山水电站、猴子岩水电站等。

2）耕地采用“就高不就低”的方式，其他土地执行分乡标准。主要是耕地的产值采用“就高不就低”的原则，执行本项目建设征地范围内涉及乡中公布产值最高的乡的产值作为整个项目耕地年产值标准，而其他土地补偿费的计算则以公布的分乡的耕地统一年产值为计算基础。如两河口水电站耕地年产值采用建设征地区统一亩产值高限即1580元/亩。征收、征用林地及其他土地费用计算时，年产值按建设征地涉及各乡年产值（1450元/亩、990元/亩、1210

元/亩、1580 元/亩）分别计算。

3）采用流域平衡与“就高不就低”相结合的原则，即基本采用电站涉及各个乡的高值作为整个项目建设征地的统一年产值，但在同一个乡涉及上下游两个电站采用亩产值不一致的情况下，考虑到同一个乡采用不同产值标准可能引起的不平衡和矛盾，协商后采用其他涉及乡镇就高不就低，涉及两个电站的乡镇统一按同一个电站的标准执行。如大渡河中游的长河坝电站和猴子岩电站，同时涉及康定县的孔玉乡；在 2014 年进行的耕地年产值调整工作中，确定猴子岩电站采取就高不就低，全部乡的耕地产值取 1870 元/亩，而长河坝电站中孔玉乡取 1870 元/亩，其他乡取 2200 元/亩。

4）采用分乡执行公布的产值，即耕地和其他土地都直接按照公布的各个乡的产值执行。如毗河水库、小井沟等大型水库和部分中型水利水电工程。

2. 规定补偿倍数

近年来四川省大中型水利水电工程建设征计算的土地补偿倍数是按照国务院 471 号令的规定，即征收耕（园）地的土地补偿费和安置补助费之和为该耕地被征收前三年平均年产值的 16 倍，其他土地补偿倍数为耕地的一半，即采用 8 倍。

在国务院 471 号令颁布后核（批）准的大中型水利水电工程均按以上政策执行，如双江口、两河口、猴子岩、大岗山、毗河、小井沟等水利水电项目。国务院 471 号令颁布实施前核（批）准的在建大中型水利水电工程，如瀑布沟、溪洛渡、向家坝、锦屏一级等，在实施过程中，也按以上政策进行了调整，与国务院 471 号令相衔接，即耕地征收的补偿倍数按 16 倍计列，其他土地按 8 倍计列。

3. 不足部分的处理方式

四川省在实际执行中，对征收土地“两费”（土地补偿费、安置补助费）不足以安置移民，需提高标准的，未按照条例规定直接提高土地“两费”倍数，而是执行《水电工程建设征地移民安置规划设计规范》（DL/T 5064—2007）规定的“经农村移民安置规划投资平衡分析，征收土地补偿费和安置补助费之和尚不满足农村移民生产安置规划投资的，可根据国家和省级人民政府有关规定，计列生产安置措施补助费”，不足部分全部纳入了移民概算。

例如，亭子口水利枢纽工程计列的生产安置措施费（生产安置增补费）达0.20亿元，毗河水利枢纽工程计列的生产安置措施费（生产安置增补费）达0.31亿元，瀑布沟水电站实施报告中计列的生产安置措施费达3.83亿元，溪洛渡水电站实施规划中计列的生产安置措施费达0.31亿元，双江口水电站达1.19亿元，猴子岩水电站达0.24亿元，锦屏一级水电站为5.46元，两河口水电站耕园地采用逐年货币补偿未计列生产安置措施费。详见表7.1中典型工程的生产措施费。

4. 实际补偿倍数

从典型案例分析中可以看出，水利水电工程耕园地补偿费用在计入生产安置措施费（生产安置增补费）后，其补偿费用要高于16倍，如瀑布沟水电站达到23.13倍，溪洛渡（四川库区）水电站达到32.85倍，亭子口水利枢纽工程达到24.92倍，毗河水利枢纽工程达到17.25～23.45倍。从分析结果可以得出，水利水电工程建设征收耕（园）地的补偿包括显性的补偿和隐形补偿两个部分，即政策规定计算的产值的16倍，以及因生产安置费用不足增列的生产安置措施补助费。考虑两类补偿费用后，水利水电工程建设征地耕地补偿的实际倍数超过规定的16倍，达到30倍，甚至超过30倍。如溪洛渡（四川库区）水电站达到32.85倍，大渡河中游的黄金坪水电站达到49.52倍。

7.2.2.2 城市建设行业

根据《国土资源部关于切实做好征地统一年产值标准和区片综合地价公布实施工作的通知》（国土资发〔2008〕135号）的要求，各省（自治区、直辖市）根据分别发布了执行方式，部分经济发达省（自治区、直辖市）全部执行区片综合价，如浙江省；部分省（自治区、直辖市）全部执行统一年产值，如四川省；大部分省（自治区、直辖市）是在城市及周边区域执行区片综合地价，在其他区域执行统一年产值，如山东、青海、湖北、云南和贵州等。以下对四川省城市建设征地的补偿政策执行情况进行分析。

1. 耕地年产值

根据《四川省国土资源厅关于组织实施统一年产值标准的通知》（川国土资发〔2009〕54 号），四川省城市建设等征地补偿仍然采用的是统一年产值，没有采用区片综合地价。各区域的耕地年产值均根据文件规定按各地的公布统一亩产值执行，其他土地的补偿也是根据公布的耕地年产值确定，其中各个乡执行各自不同的标准。

2. 补偿倍数

四川省城市建设的征地补偿倍数是根据《四川省人民政府办公厅转发省国土资源厅关于调整征地补偿安置标准等有关问题的意见的通知》（川办函〔2008〕73 号）的文件执行。但在具体项目的执行过程中，全省各地在补偿倍数上，不同地区、不同项目有所差异，主要可归纳为以下几种情况。

（1）完全执行川办函〔2008〕73 号文和《土地管理法》规定的 30 倍上限。如广元市、达州通川区，宜宾屏山县、翠屏区、兴文县、宜宾县，遂宁市，绵阳三台县等大部分地区属此类。

（2）执行川办函〔2008〕73 号文，未执行《土地管理法》规定的 30 倍上限。完全根据人均耕地面积计算倍数，土地补偿费和安置补助费的补偿倍数之和均大于 16 倍，对部分人均耕地面积非常小的区域，甚至超过 30 倍，如凉山州雷波县最高达到 34 倍。

（3）未执行川办函〔2008〕73 号文。如宜宾县对补偿费和安置补助费计算方式进行了调整，以人均耕地 0.8 亩为基数，0.8 亩以上的按 16 倍计算，每减少 0.1 亩增加 3 倍；长宁县则不分地类，统一按 16 倍计算。

（4）未执行川办函〔2008〕73 号文，耕地的土地补偿费和安置补助费补偿倍数之和直接采用高限 30 倍计算。如成都市金堂县、宜宾市兴文县以及巴中市南江县光雾山温泉酒店项目。

通过对全省21个市（州）和32个县（区）的典型调查，城市建设征地耕地“两费”在年产值的16～30倍之间，平均约为24倍，且在实施中倍数还在逐年提高，一般而言城市规划区内普遍高于城市规划区外。在城市规划区内和人均耕地小于1亩的地区，耕地“两费”均大于16倍，一般在30倍左右；城市规划区外和人均耕地大于1亩的，基本与移民征地耕地“两费”16倍一致，详见表7.4。

3. 不足部分的处理方式

四川省城市建设征地补偿费用不足以安置失地农民的情况主要是指按川办函〔2008〕73号文的规定计算的倍数不足以安置失地农民的情况，主要为购买养老保险增加的费用。一般情况是通过直接提高安置补助费的补偿倍数来解决。从表7.3的典型案例分析可以看出，按各典型案例的人均耕地计算的补偿倍数为16～22倍，平均为18倍；而实际安置后的补偿倍数提高为16～38倍，平均为22倍，平均提高了4倍。

7.2.2.3 交通行业

1. 耕地年产值

同城市建设一样，四川省交通建设征地补偿主要执行川国土资发〔2009〕54号规定的统一年产值标准。

2. 补偿倍数

在补偿倍数方面，交通建设征地基本同城市建设一致。

同时，由于铁路及高速公路线性征地涉及村组较多，按照川办函〔2008〕73号测算补偿补助倍数差异较大。一般按照《四川省人民政府办公厅关于进一步做好铁路和高速公路建设用地保障工作的通知》（川办发〔2010〕88号）规定“铁路和高速公路项目征地拆迁补偿安置按照同地同价原则，依法补偿安置……位于同一年产值区域的，征地补偿水平应基本保持一致，做到征地补偿同地同价”执行，采取一个平均值，或参照相邻同类工程执行的统一标准，如宜遂高速翠屏区段参照乐宜高速22倍标准；涉及广元苍溪的广南高速公路与兰渝铁路采用相同标准52360元/亩，约合28倍；巴达高速平昌段采用 16 倍，德阳成德南中江段为 21 倍。

7.2.3　土地补偿费的用途

7.2.3.1　水利水电行业

四川省水利水电征地土地补偿费的用途是执行国务院第 471 号令和《水电工程建设征地移民安置规划设计规范》（DL/T 5064—2007）的相关要求和规定。征收耕地和其他农用地的土地补偿费和安置补助费是全部用来对移民进行生产安置，不足部分通过计列生产安置措施补助费解决；对有剩余的，按《关于我省大中型水电工程移民政策有关问题的通知》（川发改能源〔2008〕722 号）》的要求："被征占土地的集体经济组织，其征占用土地补偿费、安置补偿费在满足安置规划后，其余部分交由该村集体经济组织或者村民委员会讨论决定，报经县人民政府批准后使用（包括以货币形式兑付到户）"。

从近年来四川省大中型水利水电工程建设征地的实施情况看，土地补偿费用的主要用途是基本全部用来对移民进行生产安置，对不足部分通过计列生产安置措施补助费解决，对有剩余的部分通过相关程序后由集体经济组织支配。但不同时期的项目有不同的具体资金平衡方式，主要分为以下几类。

（1）以县为平衡单元，集体所有的耕地及其他农用地土地补偿费用参与平衡。《水电工程建设征地移民安置规划设计规范》（DL/T 5064—2007）颁布实施以前，四川省大中型水利水电工程建设征地生产安置投资平衡分析是以县为单元进行平衡，参与平衡的土地补偿费用包括集体所有的耕地及其他农用地的土地补偿费和安置补助费之和。例如，瀑布沟水电站、溪洛渡水电站（四川库区）、锦屏一级水电站均是以县为单元进行投资平衡，采用集体所有的耕地及其他农用地的土地补偿费和安置补助费之和与生产安置规划投资进行平衡；投资平衡分析后，土地的补偿费用不足以安置移民，分别计列了 3.83 亿元、0.31 亿元、5.46 亿元的生产安置措施补助费。

（2）以最小集体经济组织为单元，集体所有的耕地及其他农用地土地补偿费用参与平衡。《水电工程建设征地移民安置规划设计规范》（DL/T 5064—2007）颁布实施以后，四川省大型水利水电工程和部分中型水利水电工程建设征地生产安置投资平衡分析是以最小集体经济组织为单元进行平衡，参与平衡的土地补偿费用包括集体所有的耕地及其他农用地的土地补偿费和安置补助费之和。例如，双江口和猴子岩所涉及区域的最小集体经济组织为村，其生产安置投资平衡以村为单元进行平衡，采用集体所有的耕地及其他农用地的土地补偿费和安置补助费之和与生产安置规划投资进行平衡；投资平衡分析后，分别计列了1.19亿元和0.24亿元的生产安置措施补助费。亭子口、毗河、武都引水二期、小井沟等水利工程涉及区域的最小集体经济组织为村民小组，其生产安置投资平衡以村为单元进行平衡，采用集体所有的耕地及其他农用地的土地补偿费和安置补助费之和与生产安置规划投资进行平衡；投资平衡分析后，分别计列了0.2亿元、0.31亿元、0.04亿元、0.14亿元的生产安置措施补助费。

（3）以最小集体经济组织为单元，集体所有的耕地或部分林地的土地补偿费用参与平衡。近年来四川省规定中型水利水电建设征地生产安置投资平衡以最小集体经济组织为单元，参与平衡的土地补偿费用为该集体的耕（园）地土地补偿费和安置补助费，以及一半林地面积的土地补偿费和安置补助费，例如东风水库等。同时，雅砻江的两河口水电站采用的是以村民小组为平衡单元，耕地的土地补偿费和安置补助费参与生产安置投资平衡，林地等其他农用地的土地补偿费和安置补助费不参与平衡，由各集体组织按规定使用。

7.2.3.2　其他行业征地

四川省城市建设、交通等行业工程建设征地土地补偿费用的用途和方式各地具体操作不完全一致，但总体上是将土地补偿费和安置补助费对付到集体经济组织，由集体经济组织决定两费分配及使用，基本是按照《四川省人民政府办公厅转发省农业厅关于加强农村集体经济组织征地补偿费监督管理的意见的通知》（川办函〔2005〕92 号）的要求，根据土地承包权兑付到户。各类安置方式的执行情况不同，具体如下。

1. 农业安置

对城市建设和交通工程建设征地涉及的被征地农民，可以根据自己的意愿和集体经济组织的资源状况，选择农业安置方式。选择农业安置方式的，由政府将土地补偿费和安置补助费都支付给集体经济组织，由集体经济组织负责调剂土地以安置被征地农民，支付的土地补偿费和安置补助费由集体经济组织按照相关程序讨论决定分配方案，例如，眉山市的恒大三期房地产建设项目。从实际操作中看，各集体的操作方式不同，部分集体是根据被征地的面积发放给被征地农户由其自行支付调剂土地的费用；部分集体是将原剩余的集体土地分配给被征地农户，将土地补偿费和安置补助费分配给集体经济组织内的所有农户；部分集体是将土地补偿费和安置补助费用以进行集体经济组织的公共设施和基础设施建设等。

2. 货币安置

对不愿选择农业安置，达不到参保年龄，或不愿参加社保安置的被征地农民，可以选择货币安置。大多将土地补偿费和安置补助费通过集体经济组织或直接发放到农户，由其自行安置。如眉山东坡区川师大眉山小区项目、巴中的光雾山温泉酒店、春在乡工业园区、巴达高速，成都的重汽、通信团等项目多采取该安置方式。

3. 社保安置

四川省对城市建设、交通工程等行业建设征地涉及 16 周岁以上的被征地农民，基本都按照川办发〔2008〕15 号文和川办函〔2009〕302 号文要求，全部建立了相应的城镇职工基本养老保险和城镇居民（或城镇职工）医疗保险制度，部分地区建立了失业保险制度。由于各项目征地时间不同，参保人员年龄结构不同，所缴纳的基本养老保险费用和医疗保险费用也有所差别，但全省执行的政策基本一致。

根据四川省各市（州）的操作情况看，对一次性缴纳社会基本养老保险费用的资金来源，基本上执行政府承担60%、个人承担40%。个人承担部分各市州的操作情况不完全一致：一是由安置补助费出资，不足部分由政府或者建设项目业主出资，土地补偿费兑付给集体经济组织。例如，成都、绵阳、广元、遂宁等市。二是由土地补偿费和安置补助费出资，不足部分由政府或者建设项目业主出资。例如，宜宾、凉山、达州等市（州）。三是由土地补偿费和安置补助费出资，不足部分由个人自行承担。这种情况非常少，目前仅雷波县按此操作。

对于土地资源较多的农户，购买社保缴费后剩余的土地补偿费和安置补助费则一般是经集体组织讨论后，以户为单位发放给农户。

7.3 各行业土地补偿政策差异分析

7.3.1 土地补偿标准

7.3.1.1 耕地年产值

从四川省大中型水利水电行业与其他行业征地补偿的政策规定和操作来看，在实施征地统一年产值前，水利水电工程和其他工程一样都是根据建设征地区的实际情况分别测算耕地年产值，但各地各项目差异较大。2010年1月1日实施统一年产值后，四川全省大中型水利水电工程建设征地耕地年产值与颁布的同区域耕地统一年产值进行了有效衔接，是以颁布产值为基础，采用“同库同价、流域平衡、就高不就低”等原则确定各项目采用的耕地年产值，具体操作方式不同项目有差异，主要执行情况是“一个工程采用一个价”。

城市建设征地则完全按照颁布的统一年产值分区域执行不同的标准，“一个工程采用多个价”。

交通工程征地按照“位于同一年产值区域的，征地补偿水平应基本保持一致，做到征地补偿同地同价”的规定执行，采取一个平均值，或参照相邻同类工程执行的统一标准。在耕地亩产值的取值上居于水利水电建设和城市建设之间。

从耕地亩产值看，四川省大中型水利水电行业与城市建设和交通建设等其他行业是基本执行同一个政策，但从其按“就高不就低”的标准看，总体来说是相对较高的。

7.3.1.2　补偿倍数

从政策规定倍数看，大中型水利水电征地补偿倍数为 16 倍，其他行业征地根据人均耕地测算，倍数为 16～30 倍。

从实际补偿倍数看，大中型水利水电征地补偿实际上是按需进行补偿，按照移民安置所需资金计列投资。对不足部分是通过计列生产安置措施补助费计入投资概算。从典型项目的计算来看，水利水电土地补偿倍数在 16.2～32.85 之间（表 7.5）。城市建设和交通工程基本都执行川办函〔2008〕73 号，是按照政策规定计列投资，对部分因购买社保不足部分是通过计列投资和政府补助兜底的形式解决。从全省 21 个市（州）和 32 个县（区）的典型调查案统计，实际补偿倍数高于 16 倍的有 27 个案例，占典型总数的 60%；等于 16 倍的 16 个典型案例，约占典型总数的 35.6%，低于 16 倍的 2 个，约占典型总数的 4.4%。从选取的部分典型项目看，其实际补偿倍数一般在 16～30 倍之间，少部分项目超过 30 倍。

从实际补偿倍数看，四川省大中型水利水电行业与城市建设和交通工程等其他行业差别不大，基本在 16～30 倍之间，少部分项目超过 30 倍。

7.3.1.3　不足部分处理方式

四川省大中型水利水电工程对于对征收土地“两费”不足以安置移民，计列生产安置措施费，用以平衡生产安置规划投资。总体来说，水利水电行业是按需计列投资。

城市建设和交通工程对于对征收土地补偿费不足以安置移民的，是通过提供补偿倍数实现，或者由政府和业主筹措资金。主要是被征地农民土地补偿费用不足以购买社保的，由政府或者业主兜底购买社保。

表7.5　　水利水电与其他行业征地补偿对比表

序号	项目	水利水电	城市建设	交通工程
1	取值方式	2010年前自行测算	统一年产值	统一年产值
2		2010年后统一年产值		
3	补偿倍数/倍	16.2～32.9	16～30	16～30
4	补足部分处理	计列生产措施费（生产安置增补费）	提高补偿倍数或政府、业主筹措	
5	不同标准处理	同库同策，就高	执行各行政区标准	同一年产值区域保持一致

7.3.2 土地补偿费的用途

从四川省大中型水利水电行业与其他行业建设征地土地补偿政策及执行情况分析，水利水电工程建设征地土地补偿费用的主要用途是基本全部用来对移民进行生产安置，对不足部分通过计列生产安置措施补助费解决，对有剩余的部分通过相关程序后由集体经济组织支配。而城市建设和交通工程征地是将土地补偿费和安置补助费对付到集体经济组织，由集体经济组织决定两费分配及使用。主要差异如下：

（1）主要用途基本一致，使用方向有差异。水利水电行业和其他行业征地的土地补偿费用主要的用途都是用来安置被征地的农民，但是主要使用方向有所不同。水利水电行业征地的土地补偿费用是用来对集体经济组织的生产安置人口的安置，主要用来平衡生产安置规划投资，用在调剂土地、生产开发等工程投资中。除采用逐年补偿、自主安置等方式的，基本上不会将土地补偿费兑付给移民个人。而其他行业征地的土地补偿费对农业安置和货币安置的，基本上都是将费用兑付给集体，一般情况是会按照承包土地面积分配给被征地农户；对参加养老保险安置的农民，其土地补偿费也基本上是兑付给集体，由集体分配给农户。从而造成了水利水电行业征地移民个人直接获得的补偿资金较其他行业低的表象。

（2）资金平衡的单元不一致，与土地的承包经营权的关联度不同。按目前的安置方式，水利水电行业的生产安置投资平衡的单元是最小集体经济组织，集体经济组织内部是一个大平均的原则，没有跟每户的土地承包权挂钩；而其他行业征地虽然是将资金兑付给集体经济组织，但从实际操作情况看，大部分是将资金兑付给被征地的农户，与土地的承包权挂钩。

综上所述，从四川省各地区的执行情况看，耕地亩产值的取值水利水电行业一般高于其他行业，政策规定的土地补偿倍数水利水电行业低于其他行业，实际的土地补偿倍数水利水电行业与其他行业有高有低，总体相当；但在使用方式上存在差异，其他行业被征地农民直接获得的经济效益较水利水电行业高，特别是参加社会保障方式安置的农民。

7.4　水利水电行业土地补偿政策调整研究

从上述关于对各行业土地补偿政策、执行情况及行业间的差异分析，可以看出全国大部分省（自治区、直辖市）水利水电建设征地土地补偿政策与其他行业建设征地土地补偿政策是不一致的，从土地补偿标准、不足部分的处理方式、土地补偿费的使用方式等方面都存在差异；同时，东部经济发达的省（自治区、直辖市）和部分西部省（自治区、直辖市）将水利水电建设征地土地补偿政策与其他行业建设征地土地补偿政策衔接一致，减少了因政策差异造成的征地矛盾。为缓解水利水电建设征地土地补偿政策与其他行业不一致造成的矛盾，同时解决目前水利水电建设征地土地补偿政策存在的问题，需研究对水利水电建设征地土地补偿政策进行调整。

本节重点以四川省为基础研究水利水电建设征地土地补偿政策调整的必要性、可行性和调整方案及建议。

7.4.1 调整背景

7.4.1.1 全国各省（自治区、直辖市）两项政策衔接实践情况

1. 全国两项政策衔接总体情况

目前，全国各省（自治区、直辖市）的水利水电建设征地移民政策与其他行业征地政策之间的衔接程度是不完全一致的，基本上是根据实际情况，在国务院第471号令规定下结合各地的土地管理法实施办法、实施统一年产值或者区片价的规定以及各省（自治区、直辖市）的移民政策实施办法的相关政策规定执行。

由于经济社会发展水平和水利水电行业发展情况不同，各地水利水电行业建设征地政策不同，与其他行业征地土地补偿政策的衔接程度不同。基本可以分为两类：一是部分衔接，执行国务院第471号令与其他行业征地政策相结合的政策；二是完全衔接，执行与其他行业征地一致的政策。

（1）部分衔接，执行国务院第471号令与其他行业征地政策相结合的政策。目前，全国范围内大部分省（自治区、直辖市）水利水电行业建设征地是执行国务院第471号令与其他行业征地政策相结合的征地政策，即耕地的土地补偿费和安置补助费之和采用耕地年产值的16倍，其他土地的补偿政策执行各省（自治区、直辖市）土地管理法实施办法及相关征地政策的规定。按此种方式执行的主要有四川、贵州、重庆、云南、湖北、河南、西藏等省（自治区、直辖市）。其中，重庆市在两项政策的衔接程度上较其他省（自治区、直辖市）更进一步，执行耕地的土地补偿费和安置补助费不低于16倍。

（2）完全衔接，执行与其他行业征地一致的政策。我国东部沿海经济发展水平较高以及部分西部省（自治区、直辖市）的水利水电行业建设征地是直接采用与其他行业统一的征地政策，要么直接采用土地的区片综合价，要么耕地和其他土地的土地补偿费和安置补助费的计算原则都与其他行业一致。如浙江省直接采用区片综合

地价测算土地的征收补偿费用；青海省执行的耕地的土地补偿费和安置补助费为统一年产值的20倍；福建省执行统一年产值区域的耕地土地补偿费和安置补助费为统一年产值的25倍，执行区片综合地价的区域则采用区片综合地价测算土地补偿费用。

2. 重庆市政策衔接实践

重庆市人民政府在《关于贯彻〈大中型水利水电工程建设征地补偿和移民安置条例〉有关问题的补充通知》（渝府发〔2008〕128号）中规定："大中型水利水电工程建设征收耕地的土地补偿费为该耕地被征收前3年平均年产值的8～10倍，安置补助费为该耕地被征收前3年平均年产值的6～8倍。土地补偿费和安置补助费之和应不低于该耕地被征收前3年平均年产值的16倍。上述土地补偿费和安置补助费不能使征地移民保持原有生活水平或明显低于被征耕地相邻地段国家或市级其他重点建设项目补偿补助标准的，在编制移民安置规划前，项目法人或者项目主管部门报项目审批或者核准部门批准后，可适当提高土地补偿费和安置补助费标准，但不得高于相邻地段其他建设用地的补偿补助标准。"

对其他行业的征地土地补偿政策，重庆市发布了《重庆市人民政府关于调整征地补偿安置政策有关事项的通知》（渝府发〔2008〕45号）和《重庆市人民政府关于进一步调整征地补偿安置标准有关事项的通知》（渝府发〔2013〕58号），征地补偿标准进一步提高，明确规定主城区的土地补偿费和安置补助费的标准。渝府发〔2013〕58号文规定主城区的土地补偿标准为："土地补偿费不分地类、不分地区，按批准征收土地总面积计算，标准为每亩18000元。安置补助费按转非安置的农业人口数计算，每个转非安置的农业人口的安置补助费标准为38000元。""主城区以外的其他区县（自治县）人民政府要参照本通知精神，结合本地实际，相应调整征地补偿安置标准并制定具体政策，报市人民政府备案后生效。"

从重庆市的水利水电工程建设征地和其他行业建设征地的土地补偿政策看，重庆市的水利水电工程建设征地土地补偿政策在执行国务院471号令政策基础上，稍有突破，与其他行业征地土地补偿政策在逐步衔接。这种处理方式既减小了水利水电工程建设征地土地补偿政策与其他行业征地土地补偿政策之间的差异，也基本执行了国务院471号令的规定，对缓解因两项政策差异造成的矛盾起到了积极作用。

3. 青海省政策衔接经验

对大中型水利水电建设征地土地补偿，青海省2007年以《青海省人民政府办公厅转发省国土资源厅关于青海省黄河上游大中型水电站工程建设征地补偿暂行标准的通知》（青政办〔2007〕46号）文件规定：对黄河上游青海省境内在建和待建尚未实施征地的水电站工程占地区、水库淹没区、移民安置区及与水电站建设相关迁改工程用地，征收耕地的土地补偿费和安置补助费之和按该耕地统一年产值标准的20倍计算；征收菜地或大棚菜地的，土地补偿费和安置补助费按该地区同等条件耕地统一年产值标准的20倍计算；果园地按该地区同等条件耕地的补偿标准给予补偿；林地补偿费和安置补助费按该地区同等条件耕地统一年产值的6倍计算；鱼塘土地补偿费和安置补助费之和按水电站拟征收耕地统一年产值标准的10倍计算；草原的土地补偿费和安置补助费之和按该草原的统一年产值标准的9倍计算。

对其他行业的征地土地补偿政策，青海省2010年出台了《青海省征地统一年产值标准和区片综合地价（试行）》（青政〔2010〕26号），对其他行业建设征地的统一年产值或区片总价做了规定，也对土地补偿倍数做出了规定："耕地补偿标准为该地区对应征地统一年产值的20倍，征地后以行政村为单位人均耕地不足0.3亩的按30倍计算；牧草地补偿标准为该地区对应征地统一年产值的11倍；菜地、园地视同同等条件的耕地；林地按该地区同等条件耕地的征地统一年产值6倍计算；未利用地按邻近地类统一年产值1倍计算；建设用地按邻近地类标准补偿；征用国有农用地的参照上述标准执行；涉及收回国有建设用地土地使用权的，对国有土地使用权人应予以合理经济补偿，具体办法由省政府另行制定。”2013年，青海省人民政府办公厅以《关于土地征收时缴纳被征地农民养老保险的通知》（青政办〔2013〕23号）文件，明确自2013年1月1日起，境内征收土地一律按《青海省征地统一年产值标准和区片综合地价（试行）》（青政〔2010〕26号）为基数缴纳被征地农民社会保险，专账存储，指定用于个人缴费和政府补贴资金的支付。其中，实行征地统一年产值的，在年产值标准的基础上，缴纳50%的被征地农民社保费，实行综合地价的，在区片价基础上，一级区、二级区缴纳30%，三级区缴纳50%社保费。因此，实行统一年产值的地区，征收耕地的补偿补助总费用，实际达到年产值的30倍。

从青海省的水利水电工程建设征地和其他行业建设征地的土地补偿政策看，青海省大中型水利水电工程建设征地土地补偿政策基本与其他行业征地土地补偿政策衔接一致，除牧草地的补偿倍数有调整外，其他地类的产值和补偿倍数均一致。在执行过程中，随着2010年《青海省征地统一年产值标准和区片综合地价（试行）》（青政〔2010〕26号）文件的颁布实施，大中型水利水电工程建设征地在执行统一年产值和牧草地补偿政策上也逐步调整并执行青政〔2010〕26号文。这种处理方式缓解了水利水电工程建设征地土地补偿政策与其他行业征地土地补偿政策差异造成的矛盾，完全没有执行国务院471号令规定的耕地按产值的16倍进行补偿的规定，其他土地的补偿政策是符合国务院471号令的要求。

4. 浙江省政策衔接经验

浙江省于2014年5月发布了《浙江省人民政府关于调整完善征地补偿安置政策的通知》（浙政发〔2014〕19号），文件要求自2014年7月1日起，全省征收农村集体土地全面实行区片综合价补偿，全省范围内的所有建设项目征收农村集体土地的均执行此文件和文件规定的土地补偿政策，包括大中型水利水电工程建设征地。通知做出以下规定：

征地区片综合价由土地补偿费和安置补助费组成，青苗和地上附着物补偿费另行计算。全省征地补偿最低区片综合价按以下标准执行：征收耕地、其他农用地（除林地以外）和建设用地，一类地区不低于5.4万元/亩、二类地区不低于4.5万元/亩、三类地区不低于3.7万元/亩；征收林地、未利用地，一类地区不低于2.8万元/亩、二类地区不低于2.3万元/亩、三类地区不低于1.9万元/亩。全省征地补偿最低区片综合价标准和地区划分见附件。各市、县（市、区）政府要按照适度提高、与当地经济社会发展水平相适应的原则，依据有关规定，全面开展征地补偿标准调整、公布和实施工作。调整后的征地补偿标准不得低于省政府规定的征地补偿最低区片综合价标准和当地现行的征地补偿标准，并明确土地补偿费和安置补助费的构成比例。2012年以来已对征地补偿标准进行调整的市、县（市、区），如征地补偿标准符合本通知要求的，可不做调整，但需重新进行公布。2014年7月1日起实施的国务院或省政府批准的土地征收方案，按照新的征地补偿标准执行。各市、县（市、区）政府要建立动态调整机制，根据经济发展水平、当地居民人均收入增长幅度等情况，适时调整征地补偿标准。

由此可见，浙江省的大中型水利水电工程建设征地土地补偿政策与其他行业建设征地土地补偿政策完全一致，直接采用区片综合地价测算土地的征收补偿费用。浙江省没有单独制定大中型水利水电建设征地土地补偿政策和标准，在耕地补偿标准方面与国务院471号令有差异。这种处理方式缓解了水利水电工程建设征地土地补偿政策与其他行业征地土地补偿政策差异造成的矛盾，在东部沿海经济较发达区域将两项政策完全衔接是完全适应当地经济社会发展特点的，有利于促进水利水电建设征地移民工作的开展和其他行业建设征地的顺利推进。

5. 其他省（自治区、直辖市）实践情况

东部沿海的福建、广东等省（自治区、直辖市）的大中型水利水电建设征地土地补偿政策基本上是完全与其他行业建设征地土地补偿政策相衔接，保持一致的标准和处理方式。为减小两项政策不衔接造成的影响，在政策层面尚未将两项政策完全衔接的部分省（自治区、直辖市）在执行过程中也逐步通过调整亩产值的方式缩小土地补偿标准的差异。从全国大中型水利水电工程建设征地土地补偿政策执行情况看，部分省（自治区、直辖市）已经完全与其他行业建设征地土地补偿政策衔接，且执行效果较好；部分省（自治区、直辖市）已经逐步与其他行业建设征地土地补偿政策衔接。因此，水利水电建设征地和其他行业建设征地的土地补偿政策的衔接是由实践基础和经验的。

7.4.1.2　相关研究工作

2013年8月，水利部水库移民开发局为做好《大中型水利水电工程建设征地补偿和移民安置条例》（以下简称《移民条例》）修订的前期研究工作，为《移民条例》的修订提供技术支撑，开展了大中型水利水电工程建设征收耕地补偿标准及税费测算研究工作。

为做好研究工作，水利部水库移民开发局安排有关水利水电工程勘测规划设计研究院，在全国范围内选取了43个大中型水库、水电站和河道堤防、中小河流治理等在建工程和列入水利、水电“十二五”规划的拟建工程，对大中型水利水电工程建设征地补偿补助标准和耕地开垦费、耕地占用税、社会保障费、森林植被恢复开展深入细致的调查研究和分析测算工作，进行不同方案的对比测算。在所选择的43个典型项目中包括水利工程23个（其中水库15个，线性工程8个），水电站20个（其中抽水蓄能电站3个，航电枢纽2个）；在建工程20个，拟建工程22个，已建工程1个；涉及四川、西藏、云南、河南、陕西、山西、安徽、江苏、广西、黑龙江、内蒙古、新疆、河北、山东、福建、湖南、青海、贵州共18个省（自治区）。

该研究拟定了三种方案进行测算：方案一是按国务院第471号令规定的标准（16倍）测算；方案二是按统一年产值或区片地价根据地方政策测算；方案三是按统一年产值或区片地价“就高不就低”

的标准根据地方政策分别测算征地补偿补助费用。

根据目前的研究成果，所选取的43个典型案例中的32个工程是完全采用了拟定的3个方案进行了测算。经分析，按统一年产值或区片地价、统一年产值或区片地价（就高不就低）的标准测算的土地补偿补助费用与按国务院471号令相比，增幅分别在0～181.37%、0～273.72%。个别工程测算的土地补偿补助费用与按国务院471号令相比，呈现减少情况，如龙溪口水利枢纽、入海水道二期工程、龙盘水电站、观音岩水电站等4个工程。若只考虑征地补偿补助标准单方面的因素，采用同地同价法（含就高不就低方案）与采用国务院471号令测算的相比，征地补偿补助费总体增长分别约22%、46%。各种地类补偿标准均有所增长，其中耕地补偿补助费的增幅与国务院471号令相比，区片地价方案增长率为11%、就高就低方案增长率为41%，移民总投资增长分别约6%、13%。与国务院471号令相比，区片地价方案测算的征地补偿补助费用占移民总投资的比例均有不同程度的增长，但总体来说增幅并不大。

经分析后，该研究提出了相关政策调整建议：一是各地应坚持以《土地管理法》为依据，结合实际情况制定统一的年产值、补偿标准政策和缴费项目政策等；二是国家在修改完善《土地管理法》的前提下，制定统一的耕地年产值或区片综合地价的政策，使同一地区，不同类型工程征地的土地补偿政策和标准基本一致，达到“同地同价”的目的。

7.4.2　调整必要性和可行性

7.4.2.1　必要性

（1）缓解水利水电建设征地土地补偿政策与其他行业不一致造成的矛盾。目前，全国大部分省（自治区、直辖市）水利水电建设征地土地补偿政策与其他行业建设征地土地补偿政策是不一致的，从土地补偿标准、不足部分的处理方式、土地补偿费的使用方式等方面都存在差异。从四川省各地区的执行情况看，耕地亩产值的取值水利水电行业一般高于其他行业，政策规定的土地补偿倍数水利水电行业低于其他行业，实际的土地补偿倍数水利水电行业与其他行业有高有低，总体相当；但在使用方式上存在差异，其他行业被征地农民直接获得的经济效益较水利水电行业高，特别是参加社会保障方式安置的农民。随着经济社会的发展，同一个地区涉及水利水电、城市建设和交通等多种建设项目的情况越来越多，各类项目执行的政策不同，农民获得的利益有差异，特别是移民个人直接获得的土地补偿费用较其他行业失地农民的低，这导致了征地矛盾突出，影响到移民安置工作的顺利推进和社会稳定。

（2）解决现行《移民条例》规定的土地补偿倍数已不满足实际需要的问题。根据《移民条例》的规定，我国大中型水利水电工程建设征地补偿征收耕地的土地补偿费和安置补助费之和为该耕地前三年平均亩产值的 16 倍。在实际执行过程中，大部分水利水电项目按 16 倍计算的土地补偿费用已不能满足移民安置工作的需要，基本上都需要通过增列生产安置措施补助费费来解决；实际的土地补偿倍数超过 16 倍，例如，典型工程的实际土地补偿倍数在 16.2～32.85 倍之间，甚至有的达到 49.52 倍。由此可见，现行《移民条例》规定的耕地的土地补偿倍数为 16 倍，已不满足实际需要，需研究调整。

（3）响应国家土地政策改革精神，推行“同地同价”政策。党的十八届三中全会精神土地征收制度改革的最终目的是要求赋予农民完全的土地财产权，保障农民公平分享土地增值收益；主要途径是对必须征收为国有的土地参照市场价协商补偿标准和补偿方式，对可以不征收的农村集体建设用地则按同地同价原则，执行与国有土地同等的价格。在土地征收过程中，也坚持要执行“同地同价”的原则，相同区域、相同性质和条件的土地应该具有同等的价值；对被征地农民来说，同一区域、同样性质的土地获得的补偿费用和经济效益应该基本相同。但是，目前由于水利水电行业建设征地土地补偿政策与其他行业不同，土地补偿标准和个人获得的直接经济效益的差异客观存在。为响应国家土地政策改革精神，推行“同地同价”政策，应进一步研究水利水电行业建设征地土地补偿政策与其他行业征地土地补偿政策的有机衔接。

7.4.2.2 可行性

（1）具有政策依据，符合国家大政方针精神。《移民条例》规定：“土地补偿费和安置补助费不能使需要安置的移民保持原有生活水平、需要提高标准的，由项目法人或者项目主管部门报项目审批或者核准部门批准。”因此根据实际安置需要提高补偿补助标准符合条例要求。同时，党的十八届三中全会提出“赋予农民更多财产权利，推进城乡要素平等交换和公共资源均衡配置”，国家且正在从提高土地征收标准，保障农民公平收益等方面推进土地征收制度的全面改革。因此，提出水利水电行业建设征地与其他行业建设征地土地补偿政策相互衔接、逐步并轨的调整思路是具有政策依据，符合国家大政方针精神的。

（2）符合移民意愿，有利于缓解两项政策差异引起的矛盾。调整土地补偿补助标准，与其他建设征地政策衔接，符合广大移民群众诉求和多数地方政府意愿，切合客观工作实际，利于移民工作推行，也有利于缓解两项政策差异引起的矛盾。

（3）部分地方已有调整先例，具有可借鉴的经验。对土地补偿费用不能使移民保持原有生活水平或明显低于被征耕地相邻地段国家或市级其他重点建设项目标准的，重庆市允许适当提高土地两费标准，与其他行业征地补偿标准靠近；青海、浙江、福建等省（自治区、直辖市）已经基本将水利水电行业建设征地土地补偿政策与其他行业征地政策衔接一致，直接执行统一土地补偿政策。

（4）国家相关改革正在推进，《移民条例》修订工作已启动。国家能源局、水利部已经安排对条例实施情况进行评估，正组织有关方面和专家开展相关调整论证工作。同时，专题开展了大中型水利水电工程建设征收耕地补偿标准及税费测算研究工作，提出了调整大中型水利水电工程建设征收耕地补偿标准与其他行业相衔接的思路。

7.4.3 调整原则和思路

7.4.3.1 原则

（1）坚持实事求是，尊重现实的原则。坚持实事求是，在对全国目前两项政策差异以及造成的矛盾进行充分认识的基础上开展水利水电行业建设征地土地补偿政策调整研究。

（2）坚持以人为本，公平合理的原则。坚持以人为本，保障和维护移民和被征地农民群众的合法权益；坚持公平合理，同样的区域、同样的土地，被征地群众应该获得相同的利益。

（3）坚持统筹兼顾、平稳衔接的原则。应坚持统筹兼顾、平稳衔接的原则，综合考虑全国各省、水利水电和其他建设项目之间的衔接，同时考虑已建、在建和新建项目之间的平稳过渡和衔接。

7.4.3.2 思路

依据现有国土政策和移民政策，在对全国各省（自治区、直辖市）两项政策衔接实践情况以及相关研究成果的基础上，提出水利水电行业建设征地与其他行业建设征地土地补偿政策相互衔接、逐步并轨的调整思路。

7.4.4 调整方案

根据对现行水利水电行业和其他行业建设征地土地补偿政策从政策规定、执行情况及差异分析等的分析，结合目前各行业土地补偿工作因政策差异导致的问题，在全国各省（自治区、直辖市）两项政策衔接实践及相关研究成果的基础上，按照提出的水利水电行业建设征地土地补偿政策与其他行业建设征地土地补偿政策相衔接的调整思路，以四川省为例，拟定水利水电工程建设征地土地补偿政策具体调整方案。

7.4.4.1 调整范围

此次土地补偿政策调整的适用范围，考虑仅适用新建工程，在建和已建工程仍按原批准和实施的政策执行。

7.4.4.2　耕地年产值

对于耕地年产值的采用方式，根据大中型水利水电工程的特殊性和近年来的执行情况，拟定以下两个耕地年产值的确定方案。

(1) 方案一：耕地年产值采用《四川省国土资源厅关于组织实施统一年产值标准的通知》（川国土资发〔2009〕54号）公布标准，涉及各乡分别采用各乡公布的标准，与文件规定完全一致；同时，随着四川省国土资源厅对公布标准和政策的调整相应调整采用标准。

方案一与城市建设、交通工程等其他行业完全衔接，直接采用公布产值，有政策依据，也更有利于各行业的统一，减少因政策不一致造成的矛盾。另外，四川省国土资源厅根据经济发展状况和物价上涨情况，会定期动态调整各地的统一年产值标准，或者对部分城市周边区域实施区片综合地价；对此，该方案要求水利水电行业建设征地土地补偿费用的测算完全按照省国土资源厅出台的关于征地补偿标准的政策执行，与其他行业完全衔接。

这种完全衔接的操作方式已经有实践的案例。例如，浙江、青海、福建、广东等省（自治区）的水利水电行业和其他行业政策土地补偿政策已经完全衔接，采用的统一年产值或者区片综合地价已经协调一致；四川省内近年来审批的毗河、小井沟等大型水利工程以及大部分中型水利水电工程已经完全按方案一执行，耕地年产值采用公布的各乡标准。

(2) 方案二：耕地年产值在《四川省国土资源厅关于组织实施统一年产值标准的通知》（川国土资发〔2009〕54号）公布标准的基础上，采用“同库同策、流域平衡、就高不就低”的原则确定各水利水电项目的耕地年产值。

方案二与城市建设、交通工程等其他行业政策部分衔接，在采用公布产值的基础上，按照“同库同策、流域平衡、就高不就低”的原则协调确定水利水电工程的产值。这种方式是目前四川省在大型水利水电工程确定耕地年产值常用的方法，一个工程采用一个统一标准对减少本工程移民的攀比，便于实际操作方面起到较好的作用。结合目前四川省的实施情况，该方案具体可分为如下三种方式：

1）采用“同库同策，就高不就低”的方式执行统一年产值，即执行统一年产值规定，但取本项目建设征地范围内涉及乡中公布产值最高的乡的产值作为整个项目耕地年产值标准，不分乡执行统一年产值。例如，大渡河流域的双江口水电站、大岗山水电站、猴子岩水电站等采用这种操作方式。

2）耕地采用“就高不就低”的方式，其他土地执行分乡标准。主要是耕地的产值采用“就高不就低”的原则，执行本项目建设征地范围内涉及乡中公布产值最高的乡的产值作为整个项目耕地年产值标准，而其他土地补偿费的计算则以公布的分乡的耕地统一年产值为计算基础。例如，雅砻江流域的两河口水电站采用这种操作方式。

3）采用流域平衡与“就高不就低”相结合的原则，即基本采用电站涉及各个乡的高值作为整个项目建设征地的统一年产值，但在同一个乡涉及上下游两个电站采用亩产值不一致的情况下，考虑到同一个乡采用不同产值标准可能引起的不平衡和矛盾，协商后采用其他涉及乡镇就高不就低，涉及两个电站的乡镇统一按同一个电站的标准执行。例如，大渡河流域的长河坝水电站采用这种操作方式。

从如上几类操作方式看，方案二侧重于从水利水电工程建设征地范围大、涉及移民量大的特点出发，为减小本工程内部移民攀比和因政策、标准不一致造成的矛盾，根据各工程涉及区域的具体情况协调确定工程统一采用的标准。该方案有一定的政策依据，减小了工程内部矛盾，但与其他行业的政策衔接不完全，外部矛盾依然存在。同时，四川省国土资源厅根据经济发展状况和物价上涨情况，会定期动态调整各地的统一年产值标准，或者对部分城市周边区域实施区片综合地价；水利水电工程分析采用耕地年产值需与四川省国土资源厅最新公布的征地补偿标准政策衔接。

(3) 方案比选。

1) 方案一与城市建设、交通工程等其他行业完全衔接，直接采用公布产值，有政策依据，也更有利于各行业的统一，减少因政策不一致造成的矛盾；另外投资与方案二差异较小。

2) 方案二侧重从水利水电工程建设征地范围大、涉及移民量大的特点出发，为减小本工程内部移民攀比和因政策、标准不一致造成的矛盾，根据各工程涉及区域的具体情况协调确定工程统一采用的标准。该方案有一定的政策依据，减小了工程内部矛盾，但与其他行业的政策衔接不完全，外部矛盾依然存在。

从有利于缓解因水利水电行业与其他行业的建设征地土地补偿政策差异造成的矛盾，以及便于各行业管理方面出发，推荐方案一，即耕地年产值直接采用省国土资源厅公布的分乡标准，与其他行业完全衔接一致。

7.4.4.3 土地补偿倍数

1. 调整方案

对于土地补偿倍数的确定，要求与其他行业建设征地政策完全衔接，即按现行的《四川省人民政府办公厅转发省国土资源厅关于调整征地补偿安置标准等有关问题的意见的通知》(川办函〔2008〕73号) 要求执行；同时，若省内统一的征地补偿政策进行调整，那么水利水电工程建设征地土地补偿倍数或者计算方法进行相应的衔接和调整。从四川省现行的政策看，土地补偿倍数是确定是与各个集体经济组织的人均耕地标准挂钩的，征收耕地的土地补偿费按10倍计算，安置补助费人均耕地1亩及以上的按6倍计算，1亩以下的，按每个安置人口6倍计算；征用非耕地的土地补偿费和安置补助费按上述标准减半计算。

2. 可行性分析

(1) 基本符合《移民条例》规定。《移民条例》规定耕地的土地补偿倍数为16倍，但同时规定“土地补偿费和安置补助费不能使需要安置的移民保持原有生活水平、需要提高标准的，由项目法人或者项目主管部门报项目审批或者核准部门批准”，因此，根据各集体经济组织的实际安置需要，提高补偿补助标准是符合《移民条例》要求的。

(2) 实际土地补偿倍数与其他行业基本一致。根据各行业土地补偿倍数的实际执行情况分析成果，从政策规定倍数看，大中型水利水电工程征地补偿倍数为16倍，其他行业征地根据人均耕地测算，倍数为16～30倍。从实际补偿倍数看，大中型水利水电征地补偿实际上是按需进行补偿，按照移民安置所需资金计列投资，对不足部分是通过计列生产安置措施补助费计入投资概算。从实际土地补偿倍数看，四川省大中型水利水电行业与城市建设和交通工程等其他行业差别不大，基本在16～30倍之间，少部分项目超过30倍。

(3) 部分省（自治区、直辖市）已有实施先例。根据各地实际情况，全国各省的大中型水利水电工程建设征地土地补偿政策在遵从《移民条例》的基础上，进行了适当的完善。例如，重庆市对土地补偿费用不能使移民保持原有生活水平或明显低于被征耕地相邻地段国家或市级其他重点建设项目标准的，允许适当提高土地两费标准，与其他行业征地补偿标准靠近；青海、浙江、福建等省（自治区、直辖市）已经基本将水利水电行业建设征地土地补偿政策与其他行业征地政策衔接一致，直接执行统一土地补偿政策。

综上，将水利水电工程建设征地土地补偿倍数与其他行业建设征地政策完全衔接，符合法律法规要求，也符合客观实际，具备衔接的条件。

7.4.4.4　土地补偿费用的用途

水利水电工程建设征地土地补偿费用的主要用途是基本全部用来对移民进行生产安置；生产安置资金平衡后，不足部分足额纳入概算，剩余部分由集体经济组织按相关程序使用。

1. 资金平衡单元

涉及安置标准是否分组的问题，安置按原有人均标准制定安置标准后按分组平衡。

新建大中型水利水电工程建设征地生产安置投资平衡分析以最小集体经济组织为单元进行平衡；实施社会养老保险安置方式后，涉及参保人员利用个人安置补助费进行参保，不足部分纳入概算问题，因此，对有参加社会养老保险方式的集体经济组织其参保人员的生产安置资金需平衡到个人。

该平衡单元的要求是符合《水电工程建设征地移民安置规划设计规范》(DL/T 5064—2007)、《关于我省大中型水电工程移民政策有关问题的通知》(川发改能源〔2008〕722号）的相关规定，并与目前四川省实施的失地农民社会保障安置政策相衔接的。

2. 资金平衡范围

新建大中型水利水电工程建设征地参与生产安置投资平衡的土地补偿费用的范围应根据各项目计算生产安置移民任务采用的基础和移民安置标准综合确定。对于以耕（园）地为主要收入来源，生产安置任务和安置标准均以人均耕（园）地为基础的项目，将集体所有的耕地、园地的土地补偿费和安置补助费纳入生产安置规划投资平衡范围，对于林地、草地等其他农用地的土地补偿费和安置补助费应支付给集体经济组织，由集体经济组织按规定使用。

该平衡范围以土地承包经营和使用权为基础，按保障集体经济组织的合法权益为原则，响应了十八届三中全会提出的赋予农民更多财产权利，保障农民公平收益的精神，是符合相关法律法规和客观实际的。

3. 不足部分的处理方式

经生产安置平衡分析后，对不足部分资金通过提高相应集体经济组织的土地补偿倍数解决，对超过国家规定倍数上限的则通过计列生产安置措施补助费纳入概算解决。

根据《土地管理法》中“土地补偿费和安置补助费，尚不能使需要安置的农民保持原有生活水平的，经省、自治区、直辖市人民政府批准，可以增加安置补助费。但是，土地补偿费和安置补助费的总和不得超过土地被征收前三年平均年产值的三十倍”的规定，以及《国务院关于深化改革严格土地管理的决定》（国发〔2004〕28号）中“对土地补偿费和安置补助费的总和达到法定上限，尚不足以使被征地农民保持原有生活水平的，当地人民政府可以用国有土地有偿使用收入予以补贴……国家重点建设项目必须将征地费用足额列入概算”的规定，对生产安置资金平衡后不足部分资金应首先通过提高相应集体经济组织的土地补偿倍数解决，对超过国家规定倍数上限的再通过计列生产安置措施补助费解决。该方式符合国家相关法律法规的规定，也同其他行业征地的处理方式相衔接，有利于促进水利水电移民工作的顺利推进。

7.4.4.5　剩余资金的使用

对生产安置资金平衡后剩余部分资金，按相关程序兑付给集体经济组织，由集体经济组织按相关程序确定资金使用和分配方案，报经县人民政府批准后使用（包括以货币形式兑付到户）。

根据《土地管理法实施条例》第二十六条：“土地补偿费归农村集体经济组织所有；地上附着物及青苗补偿费归地上附着物及青苗的所有者所有。征收土地的安置补助费必须专款专用，不得挪作他用。需要安置的人员由农村集体经济组织安置的，安置补助费支付给农村集体经济组织，由农村集体经济组织管理和使用；由其他单位安置的，安置补助费支付给安置单位；不需要统一安置的，安置补助费发放给被安置人员个人或者征得被安置人员同意后用于支付被安置人员的保险费用。”以及《关于印发〈关于完善征地补偿安置制度的指导意见〉的通知》（国土资发〔2004〕238号）中“按照土地补偿费主要用于被征地农户的原则，土地补偿费应在农村集体经济组织内部合理分配。具体分配办法由省级人民政府制定。”的规定，对水利水电建设征地生产安置资金平衡后剩余部分资金，按相关程序兑付给集体经济组织，由集体经济组织按相关程序确定使用方式和分配方案。该处理方式符合相关法律法规的要求，也同其他行业征地的处理方式相衔接，有利于促进水利水电移民工作的顺利推进。

7.4.5　典型工程分析

结合拟定的两套调整方案，选择四川省的两个新建工程A、B和在建工程C作为典型工程按耕地补偿倍数16倍的原审定方案、调整方案一（产值分乡）和调整方案二（产值就高）这三个方案测算征收的土地补偿费，分析各方案间的差异，以及对移民投资和工程投资的影响。

7.4.5.1　A水电站

1. 概况

A水电站位于雅砻江中游河段，正常蓄水位为2865.00m，坝址处多年平均流量670m^3/s，正常蓄水位以下库容101.54亿m^3；水电站装机容量300万kW，多年平均年发电量约114.91亿kW·h。

A水电站建设征地共涉及各类土地187090.29亩，其中永久征收占用各类土地181441.9亩，临时征用各类土地5648.4亩，人口6287人，房屋1250280.23m^2。直接淹没集镇6座、寺院4座，6个小水电站共965kW，移动基站11座，三级公路1.28km，四级公路190.19km。至规划水平年共有生产安置人口5953人；根据移民意愿调查成果可纳入逐年补偿计算的耕（园）地面积为4781.14亩，相应生产安置人口5520人，自主安置401人，调剂土地安置32人。共有搬迁安置人口6874人，其中分散安置4754人，集中居民点安置563人，进入集镇安置1503人，自主安置54人。水库淹没普巴绒集镇、瓦多集镇、下拖集镇、亚卓集镇、红顶集镇、仲尼集镇6座集镇均规划复建。抬高复建三级公路5.85km。复建四级路179km，通村、通乡道路96.14km，驿道16.98km。涉及6座水电站均按一次性补偿处理。涉及寺院4座采用基础设施统一规划，建构筑物一次性补偿方案。

2. 土地补偿费用测算

(1) 按产值16倍计算（规划审定方案)。根据《四川省国土资源厅关于组织实施征地统一年产值标准的通知》（川国土资发〔2009〕54号)，A水电站建设征地区统一产值最高为1580元/亩，根据地方政府及项目业主协商意见，计算耕地土地补偿费和安置补助费时统一采用1580元/亩。

经计算，A水电站土地补偿费为188897.67万元，占移民安置补偿投资的13.89%，移民安置补偿静态投资为136.00亿元，工程总投资（静态）为481.12亿元，移民安置补偿投资占工程总投资的28.27%。

(2) 调整方案一：产值按各乡统一年产值，倍数按川办函〔2008〕73号文。根据《四川省国土资源厅关于组织实施征地统一年产值标准的通知》(川国土资发〔2009〕54号)，A水电站建设征地区涉及雅江县各乡统一年产值为1580元/亩，涉及理塘县各乡统一年产值为1450元/亩，涉及道孚县各乡统一年产值为1210元/亩，涉及新龙县各乡统一年产值为990元/亩。

根据《四川省人民政府办公厅转发省国土资源厅关于调整征地补偿安置标准等有关问题的意见的通知》（川办函〔2008〕73号）对于土地补偿费和安置补助费计算的要求，经计算，A水电站土地补偿费为200966.96万元，占移民安置补偿投资的14.63%，移民安置补偿静态投资为137.39亿元，工程总投资（静态）为482.51亿元，移民安置补偿投资占工程总投资的28.47%。

(3) 调整方案二：产值就高，倍数按川办函〔2008〕73号文。根据《四川省国土资源厅关于组织实施征地统一年产值标准的通知》(川国土资发〔2009〕54号)，A水电站建设征地区统一产值最高为雅江县1580元/亩，根据地方政府及项目业主协商意见，计算耕地土地补偿费和安置补助费时统一采用1580元/亩。

根据《四川省人民政府办公厅转发省国土资源厅关于调整征地补偿安置标准等有关问题的意见的通知》（川办函〔2008〕73号）

对于土地补偿费和安置补助费计算的要求，经计算，A水电站土地补偿费为211825.53万元，占移民安置补偿投资的15.28%，移民安置补偿静态投资为138.65亿元，工程总投资（静态）为483.77亿元，移民安置补偿投资占工程总投资的28.66%。

3. 对比分析

通过分析可见，产值按各乡统一年产值，耕地补偿费和安置补助费按（川办函〔2008〕73号）要求计算，比审定方案多增加移民投资1.39亿元，增加值占移民投资的1.02%。

产值按建设征地区涉及各乡的最高年产值，耕地补偿费和安置补助费按川办函〔2008〕73号要求计算，比审定方案多增加移民投资2.65亿元，增加值占移民投资的1.95%。

从以上数据可以看出，由于A水电站建设征地区部分村组人均耕地面积小于1亩，按川办函〔2008〕73号计算征地补偿费和安置补助费后，移民投资较原方案有所增加。但从总体来看，调整方案二增加投资大于调整方案一，两个调整方案增加的移民投资幅度较小，对工程总投资影响也相对较小。

7.4.5.2 B水电站

1. 概况

B水电站坝址位于大渡河上游，水库正常蓄水位2500.00m，相应库容27.32亿m^3，水电站装机200万kW，多年平均年发电量71.23亿kW·h。B水电站建设征地涉及马尔康县和金川县2个县10个乡35个村，涉及土地面积76591.89亩，其中耕地8148.98亩，园地3688.93亩，林地48007.14亩，牧草地256.73亩，其他农用地1031.06亩，建设用地1806.23亩，未利用地13652.83亩；涉及人口5617人，其中农业人口4164人；房屋总面积60.55万m^2，零星树木326058株（丛）；农村微型电站7座，装机容量423.8kW，三级公路69.06km，四级公路46.61km，大中型桥梁6座；110kV输电线10.9km，35kV输电线110.5km，10kV输电线191.6km；小型水电站4座，装机容量20200kW，通信光缆253.07km，电缆

27.26km，淹没马尔康县白湾和脚木足 2 座集镇。B 水电站征收耕园地 10435.88 亩，需要生产安置 4525 人，搬迁安置 5940 人，其中农业人口 4420 人，企事业单位人口 1520 人。共形成 26 个集中安置点安置 4252 人，占搬迁总人口的 96.2%，9 个分散安置点安置 168 人，占搬迁总人口的 3.8%；在充分考虑集镇区域政治文化、商品物流、行政管理、基础设施恢复条件、安全等因素的基础上，后靠迁建白湾和脚木足 2 座集镇。

2. 土地补偿费用测算

(1) 方案一：按产值 16 倍计算（规划审定方案）。方案一为可研审批标准，耕地亩产值参照《四川省国土资源厅关于组织实施征地统一年产值标准的通知》（川国土资发〔2009〕54 号）文件标准，B 水电站耕地亩产值采用建设征地区统一亩产值高限即 1450 元/亩。耕（园）地、养殖水面补偿补助费按片区耕地亩产值的 16 倍补偿（包括集体土地和国有土地），即补偿补助费为 2.32 万元/亩。经测算，B 水电站土地补偿补助费用为 53914.19 万元。移民总投资为 64.09 亿元，工程总投资为 283.01 亿元，移民投资占工程总投资的 22.65%。

(2) 调整方案一：产值按各乡统一年产值，倍数按川办函〔2008〕73 号文确定。耕地亩产值的取值参照四川省国土资源厅发布的各乡亩产值，B 水电站涉及的各乡亩产值最高 1450 元，最低 1210 元。

征收土地补偿费和安置补助费的计算倍数按照《四川省人民政府办公厅转发省国土资源厅关于调整征地补偿安置标准等有关问题的意见的通知》（川办函〔2008〕73 号）规定，征收每亩耕地的土地补偿费均按前 3 年平均年产值的 10 倍计算。安置补助费依据被征地集体经济组织人均耕地面积，人均耕地 1 亩及以上的，每亩耕地按前 3 年平均年产值 6 倍计算；人均耕地 1 亩以下的每个安置人口按前 3 年每亩平均年产值 6 倍计算。征用非耕地的土地补偿费和安置补助费按上述标准减半计算。B 水电站涉及的村中，人均耕园地 1

亩以下的只有年克村（0.78 亩）和松岗村（0.68 亩）。

经测算，B 水电站土地补偿补助费用为 57814.89 万元。移民总投资为 68.67 亿元，工程总投资为 282.58 亿元，移民投资占工程总投资的 24.30%。

（3）调整方案二：产值就高，倍数按川办函〔2008〕73 号文确定。亩产值采用建设征地区统一亩产值高限即 1450 元/亩。征收土地补偿费和安置补助费的计算倍数按照分集体经济组织计算。经测算，B 水电站土地补偿补助费用为 60719.89 万元。移民总投资为 69.13 亿元，工程总投资为 283.04 亿元，移民投资占工程总投资的 24.42%。

3. 对比分析

通过以上三种方案分别测算的结果，可以看出调整方案一较方案一征地补偿费减少 0.28 亿元、移民投资减少 0.43 亿元、工程总投资减少 0.43 亿元；调整方案二较方案一征地补偿费增加 0.01 亿元、移民投资增加 0.03 亿元、工程总投资增加 0.03 亿元。总体来看，调整方案二增加投资大于调整方案一，两个调整方案增加的移民投资幅度较小，对工程总投资影响也相对较小，详见表 7.6。

表 7.6　　B 水电站各方案投资分析表　　单位：亿元

方案	征地补偿费	移民投资	工程总投资
方案一	6.06	69.10	283.01
调整方案一	5.78	68.67	282.58
调整方案二	6.07	69.13	283.04

7.4.5.3 C 水电站

1. 概况

C 水电站是大渡河干流水电站，正常蓄水位为 1842.00m，回水长度约 46.2km，正常蓄水位下库容 6.62 亿 m^3，属高山峡谷河道型水库，电站装机容量 1700MW（425MW×4 台）。

电站建设征地涉及康定、丹巴和小金三县 4 个乡 18 个村，共征占土地 18.55km^2（其中陆地面积 14.26km^2，水域面积 4.29km^2）。建设征地涉及人口 412 户 1937 人（农业人口 1886 人，非农业人口 51 人）；各类结构房屋 16.53 万 m^2；耕地 279.24 亩，园地 2687.96 亩，林地 13905.95 亩；各类零星林木 35343 株/丛；涉及学校 2 所，工矿企业 11 家，省道 S211 公路 44.06km，索桥 13 座，涉及通信光缆 161.08km，电信公司通信电缆 10.97km，10kV 输电线 44.5km，35kV 输电线路 3.1km，变电站 1 座。C 水电站建设征地涉及康定、丹巴和小金三县 4 个乡 18 个村，规划生产安置 1679 人，搬迁安置 2094 人。

2. 土地补偿费用测算

（1）方案：按产值 16 倍计算（规划审定方案）。方案一为规划审定方案，耕地亩产值在各县域内以计算单元为单位计算后取平均值，整个建设征地区耕地亩产值以各县涉及耕地面积所占权重计算，C 水电站耕地亩产值采用建设征地区统一亩产值为 1500 元/亩。耕（园）地、养殖水面补偿补助费按片区耕地亩产值的 16 倍补偿（包括集体和国有），即补偿补助费为 2.4 万元/亩。经测算，C 水电站土地补偿补助费用为 23913.92 万元。移民总投资为 31.67 亿元，工程总投资为 192.63 亿元，移民投资占工程总投资的 16.44%。

（2）调整方案一：产值按各乡统一年产值，倍数按川办函〔2008〕73 号文确定。根据《四川省国土资源厅关于组织实施征地统一年产值标准的通知》（川国土资发〔2009〕54 号），C 水电站建设征地区涉及康定县孔玉乡统一年产值为 1870 元/亩，涉及丹巴县梭坡乡统一年产值为 1870 元/亩、丹巴县格宗乡为 1720 元/亩，涉及小金县潘安乡统一年产值为 990 元/亩。

征收土地补偿费和安置补助费的计算倍数按照《川省人民政府办公厅转发省国土资源厅关于调整征地补偿安置标准等有关问题的意见的通知》（川办函〔2008〕73 号）规定，征收每亩耕地的土地补偿费均按前 3 年平均年产值的 10 倍计算。安置补助费依据被征地集体经济组织人均耕地面积，人均耕地 1 亩及以上的，每亩耕地按前 3 年平均年产值 6 倍计算；人均耕地 1 亩以下的每个安置人口按前 3 年每亩平均年产值 6 倍计算。征用非耕地的土地补偿费和安置补助费按上述标准减半计算。C 水电站涉及各村人均耕园地面积表。

经测算，C 水电站土地补偿补助费用为 28744.88 万元。移民总投资为 32.35 亿元，工程总投资为 193.31 亿元，移民投资占工程总投资的 16.7%。

（3）调整方案二：产值就高，倍数按川办函〔2008〕73 号文确定。亩产值采用建设征地区统一亩产值高限即 1870 元/亩。征收土地补偿费和安置补助费的计算倍数按照分集体经济组织计算。经测算，C 水电站土地补偿补助费用为 30009.87 万元。移民总投资为 32.49 亿元，工程总投资为 193.45 亿元，移民投资占工程总投资的 16.8%。

3. 对比分析

通过以上三种方案分别测算的结果，可以看出调整方案一较方案一征地补偿费增加 0.48 亿元、移民投资增加 0.68 亿元、工程总投资增加 0.68 亿元；调整方案二较方案一征地补偿费增加 0.61 亿元、移民投资增加 0.82 亿元、工程总投资增加 0.82 亿元。总体来看，调整方案二增加投资大于调整方案一，两个调整方案增加的移民投资幅度较小，对工程总投资影响也相对较小，详见表 7.7。

表 7.7　C 水电站各方案投资分析表　单位：亿元

方案	征地补偿费	移民投资	工程总投资
方案一	2.39	31.67	192.63
调整方案一	2.87	32.35	193.31
调整方案二	3.00	32.49	193.45

7.4.6　调整方案利弊分析

7.4.6.1　有利方面

（1）有利于缩小水利水电行业与其他行业建设征地土地补偿政

策的差异，缓解因政策不一致造成的矛盾。目前四川省及全国大部分省（自治区、直辖市）水利水电建设征地土地补偿政策与其他行业建设征地土地补偿政策不一致，在同一个地区涉及水利水电、城市建设和交通等多种建设项目的情况下，因各类项目执行政策不同，导致被征地农民获得利益和处理方式有差异，引起了征地矛盾，影响到移民安置工作的顺利推进和社会稳定。将水利水电行业与其他行业建设征地土地补偿政策完全衔接一致，有利于缩小水利水电行业与其他行业建设征地土地补偿政策的差异，缓解因政策不一致造成的矛盾。

（2）有利于解决现行《移民条例》规定的土地补偿倍数不满足实际需要的问题。根据《移民条例》的规定，我国大中型水利水电工程建设征地补偿征收耕地的土地补偿费和安置补助费之和为该耕地前三年平均亩产值的 16 倍。在实际执行过程中，大部分水利水电项目按 16 倍计算的土地补偿费用已不能满足移民安置工作的需要，基本上都需要通过增列生产安置措施补助费费来解决，实际的土地补偿倍数超过 16 倍，且各集体经济组织的实际倍数基本与人均耕地的多少关联。调整方案直接将安置补助费的倍数与人均耕地挂钩，将隐形的倍数直接显现，不仅可以直接解决土地补偿倍数不满足实际需要的问题，也可以与其他行业建设征地政策衔接，减少被征地农民之间的矛盾。

（3）有利于“同地同价”政策的执行，推动我国土地制度改革。目前我国水利水电行业与其他行业建设征地土地补偿政策不同，土地补偿标准和个人获得的直接经济效益存在差异，没有完全符合国家提出的“同地同价”的原则。将水利水电行业与其他行业建设征地土地补偿政策衔接一致，有利于“同地同价”政策的执行，推动我国土地制度改革。

7.4.6.2　不利方面

（1）较现行政策调整大，各方接受难度较大。将水利水电行业建设征地土地补偿政策与其他行业衔接一致，将库区耕地年产值由

“库区执行统一产值”调整为“库区各乡执行不同产值”，土地补偿倍数由“耕地全库统一16倍”调整为“各集体经济组织以16倍为基础，倍数不同”。调整方案与现行政策从耕地年产值和土地补偿倍数差异较大；而现行政策执行多年，各方已经适应现有政策的操作方式；对调整较大的新政策，各方均需要较长一段时间的适应，接受和适应难度可能较大。

(2) 从“库区执行统一标准”调整为“库区执行多个标准”，可能引起本工程移民之间的攀比。将库区耕地年产值由“库区执行统一产值”调整为“库区各乡执行不同产值”，土地补偿倍数由“耕地全库统一16倍”调整为“各集体经济组织以16倍为基础，倍数不同”。从土地补偿标准看，实质上是从“库区执行统一标准”调整为“库区执行多个标准”，在移民均适应一库一个标准的现状下，同一个库区执行不同的标准可能会引起本工程移民之间的攀比。这需要地方政府加强政策宣传和解释工作。

7.5 结论和建议

为缓解水利水电建设征地土地补偿政策与其他行业不一致造成的矛盾，同时解决目前水利水电建设征地土地补偿政策存在的问题，根据对现行水利水电行业和其他行业建设征地土地补偿政策从政策规定、执行情况及差异分析等分析，结合目前各行业土地补偿工作因政策差异导致的问题，在全国各省（自治区、直辖市）两项政策衔接实践及相关研究成果的基础上，建议我国新建的大中型水利水电实施与其他行业一致的建设征地土地补偿政策，即实施“同地同价政策”，在建和已建工程按原政策执行。

对于四川省的政策来说，具体如下：

(1) 耕地年产值采用《四川省国土资源厅关于组织实施统一年产值标准的通知》（川国土资发〔2009〕54号）公布的标准，涉及各乡分别采用各乡公布的标准，与文件规定完全一致；且随着省国土资源厅对公布标准和政策的调整相应调整采用标准。

（2）土地补偿倍数与其他行业完全衔接一致，即按现行的《四川省人民政府办公厅转发省国土资源厅关于调整征地补偿安置标准等有关问题的意见的通知》（川办函〔2008〕73 号）要求执行，且随着省内政策相应调整。

（3）土地补偿费用的主要用途是对移民进行生产安置，并进行生产安置资金平衡。新建大中型水利水电工程建设征地生产安置投资平衡分析以最小集体经济组织为单元进行平衡，实施社会养老保险安置方式后，对有参加社会养老保险方式的集体经济组织其参保人员的生产安置资金需平衡到个人；参与生产安置投资平衡的土地补偿费用的范围根据各项目计算生产安置移民任务采用的基础和移民安置标准综合确定。生产安置平衡后，对不足部分资金通过提高相应集体经济组织的土地补偿倍数解决，对超过国家规定倍数上限的则通过计列生产安置措施补助费纳入概算解决；剩余部分由集体经济组织按相关程序使用。

第 8 章　地上附着物补偿政策新思路

征地补偿行为牵扯多方利益，其中交织着各种复杂的利益关系，由此引发的各种利益诉求和纠纷甚至过激行为并不鲜见，矛盾日益凸显，制约着各类工程建设的顺利进行，甚至带来社会稳定风险，已成为近年来社会各界关注的焦点与热点问题。

征地补偿包括土地本身价值的补偿和地上附着物补偿，地上附着物是被征地个人利益的重要载体之一，与征占土地本身补偿便于做出统一规定不同，地上附着物因构成复杂而补偿标准难以做出统一规定，一直都是征地拆迁过程中的难点问题。正是由于各地情况差别大，难以在国家层面做出明确统一的规定，只提出了“依法给予拆迁补偿”的原则要求而由各级政府自行制定补偿标准，造成了各地审批权限管理混乱，各种地域间、行业间的补偿差异多年来长期存在，各自为政，形成“两张皮”甚至“多张皮”，导致征地工作推进不顺。为解决不同行业补偿政策执行的刚性和标准体系难以无缝衔接之间的矛盾，需要在详细分析两类补偿体系特点、异同、整合利弊、整合可行性等的基础上提出一套统一的补偿体系，促进两套体系之间的整合，消除比较产生的矛盾，是征地地上附着物补偿需要探索的新思路。

8.1　行业整合的必要性

大中型水利水电工程建设将征占、淹没大片土地，其本身也存在城集镇迁建、交通设施复建等移民工程建设问题，涉及大量地上附着物补偿，但因涉及面广、情况复杂、社会关注度高，水利水电工程建设征地补偿长期以来都作为一个独立体系发展着；与此同时，城市拆迁、园区建设、基础设施建设等其他行业的征地拆迁补偿政策改革与水利水电移民补偿体系的发展并没有在同一个轨道进行，从而产生较大的不同。随着社会经济的快速发展，各地城市拆迁、各项基础设施建设改造步伐也在加快，同县、同乡甚至同村同时涉及水利水电和其他工程建设，两体系标准不可避免地发生了直接碰撞，客观上造成了多政策多标准叠加的负面影响，需要发挥征地拆迁从业者的主观能动性逐步改变这种局面，避免碰撞产生后果进一步加剧。

（1）一方面由于利益攸关者“不患寡而患不均”心态的普遍存在，对同为建设征地但地上附着物补偿存在差异感到不理解、不公平；另一方面从人的本位逐利性（追求更大利益的期望或行为）角度出发，要求执行更高补偿标准也是希望推动标准统一的一种表现形式。

（2）由于水利水电工程建设征地补偿体系的特殊性，跟进社会经济发展的步伐滞后于其他工程，造成了同地域同为建设征地但水利水电移民的现实收益远低于其他工程农民的现状，而这难以从政策技术层面给予合理解释，或解释苍白无力，使得水利水电工程建设征地工作推进十分困难，征地难度远大于其他工程建设。

从社会经济发展改革的大环境看，水利水电工程与其他工程建设征地地上附着物补偿标准的整合是一种必然趋势，但不能为了征地工作的顺利进行而采取简单执行高值的方式，如此两个行业间的差异将始终存在，政策执行的刚性无法得到保障，无益于问题的根本解决。因此，研究地上附着物补偿标准行业整合的问题对于改善当前水利水电工程建设征地难的局面具有重大意义。

8.2　不同补偿体系及优劣体现

8.2.1　水利水电工程建设征地

8.2.1.1　补偿体系

水利水电工程地上附着物补偿实行按原有结构和类型重置价补

偿的原则，补偿费用标准主要由设计单位测算，经各级政府及相关方协商平衡后报由国家审查确认。以水利水电工程和其他工程补偿体系差异最明显的房屋、零星树木、成片林木补偿标准为例，具体方法和步骤如下。

1. 房屋补偿标准

（1）根据实物指标调查成果，列出实物指标中各类房屋结构类型，如钢混结构、砖混结构、砖木结构、土木结构、木结构、砖窑、土窑和其他结构等，规定各类房屋主要结构内容。

（2）对每一类房屋结构，选择1座或多座典型房屋，按照新建房屋的要求进行设计。选择的典型房屋应在实物指标中有广布性和代表性。

（3）根据本标准“工程建设费用”的规定、安置地的建筑工程造价依据和办法编制典型房屋设计概算，推算每平方米房屋造价即相应房屋结构的补偿费用单价，单价中应包括其他费用部分。同一结构进行了多种典型房屋设计的，可取加权平均值。安置地条件差别悬殊的，可取加权平均值。

（4）测算结果提交相关方讨论协商，协商一致后提交国家审批。房屋补偿费根据各类结构房屋单价（元/m^2）×房屋数量（m^2）求和确定，补偿标准可视物价变化实时进行调整，但遵循只调增不调减的调整原则。

（5）其他与房屋有关的补偿。除房屋本身重置价补偿外，水利水电行业还考虑了装修补助、基础设施费，视项目不同还有房屋风貌补助、深基础处理等费用。

其中装修补助采用与房屋单价测算类似的办法，计算每平方米的装修单价；基础设施费根据选择典型，通过设计工程量计算投资；房屋风貌由于规格标准样式的不确定性，采取计列一定比例费用的方式纳入概算；深基础处理在设计工程量的基础上计算投资。

2. 零星树木补偿标准

零星树木补偿标准主要采用典型测产计算，结合地方有关文件制订。测算结果经各级政府及相关方协商平衡后报由国家审批。

（1）根据实物指标调查成果，列出实物指标中各类零星树木的主要种类，如核桃树、花椒树、苹果树等。以前调查时较常采用简化的分类办法如只分为成树、幼树；后来逐步细化为按照各种零星树木的不同规格（地径：＜5cm、5～20cm、20～40cm 等，或生长周期幼苗、幼树、初果、盛果、衰果等）进行调查，视项目实际情况而定。

（2）选择样本，即针对各种不同规格零星树木选择一定数量进行实地测量或调查，了解单株产量和价格等信息。选择的样本应具有广布性和代表性。

（3）对了解的单株产量和价格信息进行多途径分析修正（结果应得到相关方一致认可），根据修正产量和价格计算每个样本单株年产值，如同种规格选择有多个样本，可取算术平均值作为该种零星树木的单株年产值。零星树木的补偿标准按单株年产值的两倍计算，补偿费用根据各类零星树木补偿标准（元/株）×数量（株）求和确定。

3. 成片林木补偿标准

成片林木补偿标准主要根据国家造林规程确定成片林木单位面积栽种树木的合理设计株数，将对应零星树木补偿单价与设计株数的乘积作为成片林木的补偿标准，补偿费用根据各类成片林木补偿标准（元/亩）×数量（亩）求和确定。

8.2.1.2　优缺点分析

1. 优点分析

从补偿标准制定方法和流程可以看出，水利水电行业地上附着物补偿标准制定以切实体现实物价值为基础，考虑全面，方法科学严谨，注重技术合理，讲究客观，满足水利水电移民安置的原则要求。

（1）考虑全面。对于移民房屋建设有关的费用项目除了房屋本身的重置价外，还考虑了装修补助、基础设施费、房屋风貌补助、深基础处理等费用，最大限度地保障了移民生活水平的恢复提高。

(2) 方法科学严谨。对于各项标准费用，均是采用经长期检验证明可行的技术方法进行计算，结果经得起推敲。

(3) 注重相关补偿项目标准间的技术合理性和可行性。举例来讲，成片林木是由一定数量的零星树木组成的，而两者都有相应的标准，为了避免人为的利益倾向影响工作开展，需要从技术上阻断这种利益倾向途径而更好地表现出客观。水利水电工程建设涉及零星树木补偿标准和对应成片林木补偿标准都具有一定的价值关系，可有效避免前述不良影响。

2. 缺点分析

(1) 补偿标准制定技术性虽然较强但屡受移民利益诉求等影响而不能完全体现技术性，这是由补偿标准的社会性所决定的，即要确保执行必须进行一定的妥协。

(2) 还应进一步加强与邻近区域国土行业地上附着物补偿标准的相互衔接。

(3) 因出资主体和实施主体分离，以及补偿标准制定的技术主体为水利水电工程主体设计单位而非地方政府，因此其行政执行力相对较弱。

8.2.2 其他行业建设征地

8.2.2.1 补偿体系

1. 相关政策文件要求

早在2004年3月，为贯彻落实四川省委、省政府《关于做好失地无业农民安置工作的通知》(川委发〔2004〕1号) 精神，切实保护被征地农民的合法权益，《四川省政府办公厅转发省国土资源厅关于规范和调整征地补偿安置标准有关问题的意见的通知》(川办函〔2004〕39号) 要求青苗及附着物补偿标准每5年修订一次，由各市（州）政府报省政府审核批准后执行。

2008年4月，《四川省人民政府办公厅转发省国土资源厅〈关于调整征地补偿安置标准等有关问题的意见〉的通知》（川办函〔2008〕73 号），特别指出对除大中型水利水电项目建设外的征地补偿安置标准等有关问题提出了更进一步的意见要求，统一制定明确了青苗及附着物补偿标准，并规定由各市（州）人民政府每 3 年修订一次并报省人民政府批准后执行，同时停止执行《四川省政府办公厅转发省国土资源厅关于规范和调整征地补偿安置标准有关问题的意见的通知》（川办函〔2004〕39 号）。

2011 年，为进一步加强和改进征地补偿工作，规范征地补偿行为，按照《四川省人民政府办公厅关于开展青苗和地上附着物补偿标准修订工作的通知》（川办函〔2011〕116 号），各市（州）人民政府根据通知要求开展了标准修订上报工作。从修订结果看，新的标准比原标准提高 20%以上。

2012 年，各市（州）地上附着物补偿标准修订工作陆续完成并得到审批。

之后，随着各项管理制度的不断完善，政策执行的刚性将继续得到强化，对地上附着物补偿标准的技术要求、动态调整管理、审批管理只会加强不会削弱。

2. 标准制定办法、流程

地上附着物补偿标准的制定或修订主要按照省人民政府相关文件要求，由各县、市（州）国土部门组织发改、城建、农业、林业等部门根据发展水平、人均收入增长等因素对房屋等地上建（构）筑物补偿、其他附属设施补偿、零星林木补偿、园地林地林木补偿等进行分析，制定出不低于原水平的相应标准，同时开展标准制定（修订）合法性、合规性、合理性、可行性和可控性评估工作并得出明显结论，然后逐级上报省国土资源厅审查，审查通过后报由省人民政府批准执行。

(1) 补偿标准制定流程。

1) 补偿标准制定工作由各县、市（州）人民政府负总责，国土资源部门在发改委、住建、农业、林业、水利、扶贫移民、统计等相关部门密切配合下具体组织实施。市（州）国土资源局负责指导各县修订补偿标准。

2）补偿标准需经县人民政府审查、可行性评估论证后由当地国土资源部门报送市国土资源局，市国土资源局在相关部门配合下，对各县上报的补偿标准汇总并形成全市统一的补偿标准上报市人民政府初审。初审成果报省国土资源厅复审后，由市（州）人民政府组织各县人民政府和市（州）级相关部门根据复审意见完成对成果的修改完善。

3）修改完善后的补偿标准由各县人民政府报送市（州）政府，抄送市（州）国土资源局。市（州）人民政府组织国土、发改、住建、农业、林业、水利、统计、扶贫移民等部门对全市（州）统一的补偿标准进行修改完善后报省国土资源厅审查验收。

4）省国土资源厅向省人民政府报送验收成果并提交审批。

5）经省人民政府批准后发布实施。

（2）补偿标准制定办法。

1）房屋补偿。房屋补偿分为国有土地上的房屋补偿和集体土地上的房屋补偿。国有土地上房屋补偿主要采用市场评估价、商品房交易均价和重置价，根据实际情况分别选用或结合使用，集体土地上房屋补偿主要采用重置价。

2）零星树木补偿。一般按照市场价格计算补偿标准，即选取各种典型的不同规格品种树，调查产量和市场价格，再按照相应公式计算，结合其他因素经综合分析后确定。

3）成片林木补偿。一般按照市场价格计算补偿标准，即选取各类典型的成片园地，调查产品产量和市场价格，再按照相应公式计算，结合其他因素经综合分析后确定。

3. 其他情况

除以上根据省级有关文件规定由各县制订补偿标准并按程序逐级报批的情况外，部分县、市（州）还根据自身社会经济发展情况另行制定《农村征地拆迁补偿安置暂行规定》等，作为本行政区域范围内工程建设征地补偿的依据，且一般要做出“大中型水利水电开发建设工程及国家、省政府的重点建设工程项目对征收土地补偿和安置标准等另有办法的，从其办法”等类似规定。

8.2.2.2　优缺点分析

1. 优点分析

（1）标准制定与征地实施同体，确保了标准执行力。地上附着物补偿标准由各地自行确定后上报省政府批准后执行，省级有关职能部门在此过程中基本不会干预，自行制定标准必然要确保其能顺利实施，从这个方面看，其他行业地上附着物补偿标准执行力较强。

（2）各地自行制订标准并负责标准的实施，避免了标准实施过程中各地间的标准攀比，利于标准实施。

2. 缺点分析

从补偿标准制定方法和流程可以看出，其他行业地上附着物补偿标准制定虽然部分体现了实物价值，但考虑不够全面，方法不够严谨，技术性注重不够，主观性较强，部分补偿标准欠客观合理。

（1）考虑不够全面。其他行业对于地上房屋的补偿仅限于房屋本身的价值补偿，没有考虑或没有明显体现出装修补助、基础设施费、房屋风貌补助、深基础处理等必要费用，与水利水电行业征地补偿标准相比，至少从表象上看是偏低的。

（2）标准制定的方法不够科学严谨。对于各项标准费用，均是由各地根据自身社会经济发展情况，或基于其他因素综合考虑后确定补偿标准，带有强烈的主观性，标准计算过程和结果难以解释清楚。

（3）相关补偿项目标准间缺乏技术相关性和合理性。举例来讲，成片林木是由一定数量的零星树木组成的，而地方公布的零星树木与对应成片林木补偿标准之间缺乏基本的逻辑关系，如省政府批复的雅江县核桃（中）标准为 2000 元/株，但对应核桃园地补偿标准仅为 5800 元/亩，也即约 3 株同规格的补偿费用即可和 1 亩核桃园地的补偿费用相同，难以真实反映两者价值的客观差距，这实际给予了征地农民利益寻租的空间。

水利水电行业与其他行业地上附着物补偿体系优劣分析见表8.1。

表8.1 两行业地上附着物补偿体系优劣分析表

<table>
<tr><th colspan="2" rowspan="2">项目</th><th colspan="2">补偿体系</th></tr>
<tr><th>水利水电建设征地</th><th>其他行业征地</th></tr>
<tr><td rowspan="2">优劣分析</td><td>优点</td><td>（1）房屋建设相关补偿考虑全面；
（2）标准制定方法科学严谨；
（3）注重相关补偿项目标准间的技术合理性和可行性</td><td>（1）行政执行力强；
（2）自行制定避免攀比</td></tr>
<tr><td>缺点</td><td>（1）不能完全体现技术性；
（2）与邻近区域国土行业有待衔接；
（3）行政执行力相对较弱</td><td>（1）房屋建设相关补偿不够全面；
（2）标准制定方法科学不够严谨；
（3）相关补偿项目标准间缺乏技术合理性和可行性</td></tr>
</table>

8.3 补偿体系整合利弊分析

8.3.1 有利影响分析

（1）有利于体现补偿标准的公平公正，提高标准的接受度。无论何种工程建设征地行为，补偿标准的制定应体现公平公正的原则。公平公正的涵义很宽泛，但简单讲是指对比后的感知和感受。抛开人的追逐更高标准补偿的期望不论，进行何种性质的征地或工程建设与被征地农民的关系并不大，他们只认同涉及同质补偿对象的标准应该一致的观点，否则补偿标准接受度将大幅降低。而现有两种补偿体系标准不一，针对的项目不同，适用范围也限于各自规定范围，难以深刻体现公平公正原则而接受度不高，容易滋生拒绝征地、阻挠征地、阻工等过激行为。因此，两行业地上附着物补偿标准整合有利于体现补偿的公平公正，提高标准的接受度，从而有利于推进征地工作。

（2）有利于促进标准制定的规范统一，减少质疑空间。地上附着物补偿是被征地农民利益的重要载体，其标准主要根据事物的特性，结合外部环境因素综合制定。补偿标准公告是征地工作的一项重要关键环节，在征地过程中对于补偿标准制定的由来需要给出合理的具有说服力的解释以保障被征地人的知情权和质疑权，然而对于具有相同或相近特性的事物补偿标准来说出现“两张皮”甚至“多张皮”的情况无疑加大了说服难度和被征地人的质疑空间，除非社会发展时期、物价水平等外部环境决定因素不同，否则补偿标准应该一致。对两行业补偿标准进行有效整合将可促进同质补偿对象标准的规范统一，减少被征地人的质疑空间。

如大渡河某电站某生产安置区需要调剂集体园地整治后安置移民，但该生产安置区所在地（同村地域范围内）同时期也在进行着公路改造工程，涉及征占同类园地附着物的补偿标准采用县政府公布的标准，高出水电移民审定的标准和省政府批准的标准较多，也即同一个地方对同样的补偿对象出现了三种标准。在与村民协调沟通的过程中，除了强调水电移民政策和地方标准各有其适用范围不能就高执行这一点之外，无法解释同类园地补偿标准存在差异的本质原因，因难以说服村民而引起广泛质疑。

（3）有利于维护补偿标准政策刚性和执行力，降低变通操作空间。在水利水电工程和其他工程补偿体系难以在短时间内整合的情况下，为推动征地工作的进行，不排除妥协于移民追求更高标准的要求而采取变通手段，而这显然不利于维护政策执行的刚性和完整性（因标准差异的存在，仅要求执行利己的补偿标准而不管是否为同一体系的补偿政策），还可能造成一种诉求抵制越强烈，得到利益就越大的不利于工作推动和社会稳定的错误的认知氛围。两体系标准整合后同质补偿对象标准将不存在高低之分，更有利于维护补偿政策执行的刚性，降低政策变通空间。

(4) 可以促进两行业补偿标准的优势互补、劣势互勉。水利水电行业和其他行业征地补偿标准体系经过各自长时间的发展，都存在另外一方所不具备的优势和缺点，通过两体系的有效整合，可以充分规避不足、发扬优势，促进征地拆迁补偿标准体系的良性发展。

(5) 将减少水利水电移民安置变数。对于城市拆迁、基础设施建设等其他工程，在实物指标丈量、清点前补偿标准便已确定公布，充分保障了被征地人的知情权，利于其做出安置方式决定。相较于当前水利水电工程补偿标准在项目核准后才可公布的做法，两行业整合后移民可提前知晓相关补偿标准，移民可据此计算各项补偿费用，利于移民根据自身情况尽早做出安置决定，尽早实施安置，减少移民安置变数。

8.3.2　不利影响分析

水利水电工程和其他工程地上附着物补偿标准整合无疑在体现标准的公平公正、促进标准的规范统一、维护政策的执行刚性、推动征地工作的顺利进行等方面具有相当优势，但同时也应认识到整合可能会对现有行业补偿标准体系形成冲击，应结合实际做好试点、实践和风险评估工作，根据实施效果进行整合的持续改进。

(1) 补偿标准体系整合可能会对各自补偿体系产生冲击，建议进行风险评估。行业标准整合必然对原有补偿体系，特别是补偿标准产生冲击。这种冲击能否采取有效措施化解，化解效果几何，会否产生社会影响等都需要通过评估来识别，为制定风险处置方案提供依据。

(2) 行业补偿标准的规范统一必然造成原有标准的变化。行业标准体系整合并不是简单的单向衔接，而是双方相互借鉴、互通有无，是对各自做法的进一步改进，以形成一套规范统一的补偿标准体系，这必然会产生新的补偿标准，原有补偿标准会不同程度的进行调整。

(3) 行业补偿体系整合需要考虑各自特性，对统一标准的发布单元和执行方式带来新的挑战。大中型水利水电工程建设具有跨乡(镇)、跨县、跨市(州)甚至跨省的特性，点状、线状、面状事物均有涉及，基于同库标准一致、同流域标准应协调统一的常规做法，制定补偿标准要考虑各方面平衡，既要体现差距也不能差距过大；而其他城市拆迁、交通工程建设则不同，涉及范围特性相对简单，或只涉及点状事物，或只涉及线状事物，或只涉及面状事物，或只少量交叉，各地在制定标准时需要考虑的因素相对不多，以县为单元公布标准可行性较强。若进行两行业补偿标准体系的整合，自然不能只考虑自身特性制定，而是需要统筹考虑，对统一标准的发布单元、统一标准的执行方式需要谨慎研究。

8.4　补偿体系行业整合新思路

8.4.1　整合目标和原则

“补偿标准制定科学合理、实现补偿标准的规范统一，不断促进公平公正”是建设征地地上附着物补偿工作追求的目标，推动不同行业补偿体系整合是实现该目标的有效途径。行业补偿体系整合新思路即是将不同补偿体系合并为一套，实现标准制定技术主体、方法、程序到公布的规范统一，促进征地地上附着物补偿的顺利进行。

由于征地地上附着物补偿的社会性、特殊性、敏感性，应遵循以下原则进行整合：

(1) 科学合理，以风险评估为基础的原则。坚持科学合理细化分类标准的整合原则，以整合的合法性、合规性、合理性、可行性和可控性评估结论为基础进行整合。

(2) 公开透明，相关方共同参与的原则。注重发挥现有各标准管理机构、行业技术机构等单位的作用，拓宽参与渠道和范围，及时、主动公开标准整合情况，广泛听取意见，保障利益攸关方的知情权和监督权。

（3）相互借鉴创新结合的原则。坚持相互借鉴、互通有无、适当创新的原则。两种体系得以长期并存共行必然有其优势所在，应在标准体系整合过程中相互借鉴成功做法、互通有无，并结合社会经济发展等外部条件进行适当创新。

（4）不降低现有补偿标准，有序提高的原则。社会经济不断发展，补偿标准不应因整合而降低相反应适当提高，避免逆社会经济发展趋势而行，人为增加标准施行阻力。

8.4.2　整合依据

水利水电工程和其他工程建设征地地上附着物补偿标准的整合主要根据以下条例、法规、规程规范和办法：

（1）《土地管理法》（2004 年修订）。

（2）《国有土地上房屋征收与补偿条例》（国务院令第 590 号）。

（3）《水利水电工程建设征地移民实物调查规范》（SL 442—2009）。

（4）《水利水电工程建设征地移民安置规划设计规范》（SL 290—2009）。

（5）《水电工程建设征地实物指标调查规范》（DL/T 5377—2007）。

（6）《水电工程建设征地移民安置补偿费用概（估）算编制规范》（DL/T 5382—2007）。

（7）《四川省人民政府办公厅转发省国土资源厅〈关于调整征地补偿安置标准等有关问题的意见〉的通知》（川办函〔2008〕73 号）。

（8）《四川省人民政府办公厅关于开展青苗和地上附着物补偿标准修订工作的通知》（川办函〔2011〕116 号）。

（9）四川省人民政府关于同意各市（州）征地青苗和地上附着物补偿标准的相关批复。

（10）其他有关标准测算技术方案等文件。

8.4.3　整合方案选择

行业补偿体系整合顾名思义就是将水利水电行业和其他行业补偿体系合并为一套，按照补偿体系单向整合、相互借鉴整合的思路拟定整合方案：

（1）水利水电行业参照其他行业做法的单向整合方案。

（2）其他行业参照水利水电行业做法的单向整合方案。

（3）水利水电行业和其他行业相互借鉴的整合方案。

前述已有大量篇幅分析了水利水电行业和其他行业地上附着物补偿体系各自的做法、优缺点，可见单纯地以水利水电行业或其他行业补偿体系为基础进行整合的方案均不能达到整合的目标要求，必须采用水利水电行业和其他行业相互借鉴的整合方案才能达到“科学合理制定补偿标准、实现补偿标准的规范统一，不断促进公平公正”的整合目标。

8.4.4　整合可行性分析

通过对水利水电工程和其他工程建设征地涉及地上附着物的构成分析，将与个人利益关系最大、矛盾诉求最多，同时也是水利水电工程和其他工程补偿体系差异最明显的房屋、零星树木、成片林木补偿标准作为行业整合研究的对象进行整合可行性分析。

8.4.4.1　房屋补偿

房屋拆迁补偿根据土地性质可以分为国有土地上的房屋拆迁补偿和集体土地上的房屋拆迁补偿两种。2011 年颁布的《国有土地上房屋征收与补偿条例》（国务院令第 590 号）适用于国有土地上的房屋征收，对于集体土地上的房屋拆迁仍然依据现行《土地管理法》，但正根据社会经济发展进行修改。

1. 国有土地上房屋拆迁补偿

根据 2011 年颁布的《国有土地上房屋征收与补偿条例》（国务院令第 590 号），国有土地上房屋征收与补偿可采取货币补偿、产权置换和两者相结合的方式。

（1）货币补偿。根据市场评估价、商品房交易均价和重置价确定补偿费用。

1）市场评估价。由符合规定的专业估价机构，根据估价目的，遵循估价原则，按照估价程序，选用适宜的估价方法，并在综合分析影响房地产价格因素的基础上，对房地产在估价时点的客观合理价格或价值进行估算和判定的价格作为房屋补偿价格。

2）商品房交易均价。根据相关部门每季度定期汇总测定并公布的同区域同类型普通住宅商品房交易平均价格作为房屋补偿标准。

3）重置价。由估价机构采用估价时点的建筑材料和建筑技术，按估价时点的价格水平，判定出重新建造与估价对象具有同等功能效用的全新状态的建筑物的正常价格，作为房屋补偿标准。

具体采用何种计价方式根据实际情况确定。房屋拆迁货币补偿价格＝合法拥有房产评估价格＋房屋装修装饰商定补偿金额（或经评估确定的房屋装修装饰补偿金额）。

（2）产权置换。根据评估方法不同，有价值标准和面积标准两种置换方式。价值标准产权置换指的是依照法定程序，通过对被拆迁人房屋的产权价值进行评估，之后再以新建房屋的产权予以价值的等价置换；面积标准产权置换指的是以房屋建筑面积为基础，在应安置面积内不结算差价的异地产权房屋调换。

因此产权置换补偿所反映的是房屋实物补偿和价差补偿。房屋拆迁补偿差价＝合法拥有房产评估价格＋房屋装修装饰商定补偿金额（或经评估确定的房屋装修装饰补偿金额）－被拆迁人获得调换产权的房屋的评估价格。

（3）货币补偿和产权置换相结合补偿。顾名思义，这种补偿方式就是指既给货币补偿又给产权置换，不再赘述。

据上分析，城市拆迁涉及国有土地市场已趋成熟，房屋交易量大，其价格（价值）能得到合理体现，补偿具有明确的执行依据，且一般结构规范、权属人构成简单，房屋成新易识别、用途易把握、结构易判定，与同区域同类型房屋构成基本一致可予参照，且在国有土地上突击建房、装修的行为可控，也即满足评估所需的主要技术要素和要求，评估结果准确度高，具有较强的实施可操作性。

但是，由于水利水电工程和城市拆迁等其他行业建设区位不同、涉及范围不同、情况复杂程度不同、长期遵循的补偿原则和做法不同，实践证明对水利水电建设征地涉及国有土地上房屋进行市场评估是行不通的，当前采用的重置价补偿标准更有利于实施，建议不宜采用市场评估方式确定房屋补偿价值，仍采用重置价方法确定补偿标准。

2. 集体土地上房屋拆迁补偿

大中型水利水电工程多建在地理位置较偏远的地区，多以征占集体土地为主。相对于国有土地上房屋补偿具有明确的执行依据，集体土地上的房屋拆迁补偿可依据的法规和文件、交易案例稀少，且鉴于一定地域范围内集体土地上房屋的相似特性、与国有土地上房屋的巨大差异性，难以参照国有土地上房屋评估的补偿方式。主要表现如下：

（1）政策依据缺乏，技术障碍难以逾越，无法进行市场评估。对集体土地的征收实则为先征地后征房，但由于集体土地市场还未形成，其上房屋正常交易量稀少，没有经过市场检验，价格（价值）难以定位，因此对于集体土地上房屋的补偿无法采用市场价格进行评估；另外，市场评估所需的技术指标将受到较多因素的干扰且难有准确判定的途径和资料，如房屋成新、用途、结构等的判定工作无法与国有土地上房屋对等进行，评估结果极易发生偏差，准度难以保证。此外，突击抢建房屋问题也是影响评估结果的准确度的因素。

集体土地上房屋建设相对来说是无序的，不具有所有权证和集体土地使用权证是很普遍的现象，这会导致以下问题的产生，给准确评估带来障碍。

1）建成年份无法确定。由于缺少证明材料，在评估时房屋所有人从自身利益出发一般会回避和谎报建成年份，这对判定房屋成新度影响很大，而成新度是房屋评估价值的重要影响因素。

2）构成及用途复杂。拆迁房屋可能是半生活半生产用房或者杂房，或者临时搭建的简易棚等，材料各异，砖混和土坯房混建，评估技术难度极大。

3）房屋结构复杂多样。同一栋房屋主体为砖混但非承重部位为其他结构，或房屋下部为混合结构上部为木结构等，评估时简单以砖混或其他结构都会使结果发生偏差。

4）抢建房屋问题。被拆迁人往往为了争取更大利益，会在房屋处置前突击抢建房屋（按规定这类房屋不予调查补偿，但为了征地工作的开展，有时也存在妥协退让给予调查补偿的情况），或用新料或新旧料结合，即便此类房屋可能有相关批准建房文件，但简单据此判定房屋成新度也是存在偏差的。

（2）无法采用商品房交易均价。如前所述，因集体土地上的房屋情况复杂，同区域同类型普通住宅商品房结构简单，手续齐备，与其相比不具有相似性和广泛代表性，因此采用商品房交易均价同样不适用于集体土地上房屋的补偿。

因此，采用市场评估价虽然考虑的因素较为全面，但大中型水利水电工程主要为国家投资，立项需经过层层审批，过程繁杂，且建设征地范围广、涉及房屋数量多，每栋房屋情况或许都不一样，情况复杂，若采用市场评估价作为房屋补偿费用，不但评估量大、难度大，而且评估结果的接受度不可预知。在这样的情况下，一个简化明确的补偿标准才是有效促进征地补偿工作的顺利进行的关键，因此采用市场评估方法确定集体土地上房屋补偿价格的可操作性不强。

集体土地上房屋在当前法律法规条件下只能采用重置价的补偿方式。重置价考虑了房屋的现状功能质量和目前市场价值，因此被包括水利水电工程在内的各行业广泛用于测算集体土地上房屋的补偿标准。

综合分析来看，无论是水利水电工程还是其他工程建设涉及集体土地上的房屋拆迁补偿都仅适用于重置价法，基于价格评估的产权置换法也是不适用的。而从实际操作情况看，水利水电工程和其他工程建设涉及集体土地上房屋补偿均是采用重置价，且执行效果较好，建议进行行业“标准”整合。

8.4.4.2　零星树木

零星树木一般由各地根据市场价格自行计算补偿，国家层面没有做出统一规定。因各地零星树木补偿标准近年实行严格的由省政府批准统一发布的审批流程，之前水利水电项目零星树木的调查、补偿标准制定均是按照行业规范自行制定，在规格分类等方面与其存在很大差别。因此，需要以省政府批准统一发布实施的时点分为之前调查已完成或正在进行、之后计划开展调查的水利水电项目，分别分析与其他工程零星树木补偿标准的整合可行性。

(1) 之前调查已完成或正在进行的项目与地方标准的相互整合。之前调查已完成或正在进行的项目是指在地方标准文件发布前零星树木调查已完成或者正在开展的水利水电项目。由于地方标准发布前的各水利水电项目零星树木的规格分类与地方公布标准差别很大，如按成、幼规格调查，或采用与地方标准迥异的分类方法调查，导致调查成果无法与地方公布标准一一对应而不能直接采用，解决办法如下：

1) 按地方文件规定重新调查。如果按照地方文件零星树木规格重新调查，由于现状已不同程度遭到破坏，调查准度无法保证，无法真实反映当时状况，基本没有可行性。

2) 结合地方文件规定重新确定。主要分以下三种情况分别分析整合的可行性。

第一种情况：针对已调查零星树木规格、标准与地方文件规定能够全部对应的情况。可根据地方文件不同规格零星树木和对应标准，对比已调查零星树木所处的规格区间，对应的补偿标准便作为整合后的标准。

第二种情况：针对已调查零星树木划分规格与地方文件规定不同且审定标准仅有一种的情况（如只调查为成、幼树且只按成树标准补偿）。可根据地方文件中的不同零星树木规格，实地选择各类规格样本若干（参照统计学规定确定样本数量），先计算每种规格样本数在总样本数中的比例，再根据地方文件中各种不同规格对应的标准，采取加权平均值法确定唯一补偿标准。

第三种情况：针对已调查零星树木划分规格与地方文件规定部分可对应部分不能对应的情况。其中可对应的零星树木补偿标准可根据整合方法一确定，不能对应的可参照整合方法二（不再选取可对应的规格样本）计算确定其他规格零星树木补偿标准。

综合分析来看，在第一种情况下的整合效果最好，可行性强；第二种情况由于分类规格差距太大，难以有效整合，只能采取理论上的统计学办法硬生生地进行整合，仍然表现为虽然是多种规格但补偿标准却一致，难以体现公平公正；第三种情况由于无法整体整合，会带来操作上的困难。因此，对于地方标准文件出台前调查已完成或正在进行的项目与地方文件规定标准的整合只能视情况有限进行，即只有第一种情况可以进行“标准”的完全整合，第二种和第三种情况都无法整合。

（2）之后计划开展调查的项目与地方标准的相互整合。之后计划开展调查的项目是指地方标准文件发布后计划开展调查的水利水电项目。在该类项目开展调查前，可以结合项目实际情况，在地方标准文件发布的基础上对零星树木规格进行分类确保能够一一对应，如此便可实现两行业补偿标准的完全整合，可行性强。

8.4.4.3 成片林木

成片林木一般由各地根据市场价格自行计算补偿，省政府批复各市（州）成片林木补偿标准除甘孜州直接以林木种类（如苹果、梨、核桃、花椒园地等）分类制定补偿标准外，其他市（州）均是按林木生长期如幼苗、幼树、产果期（初果、盛果、衰果）分类制定补偿标准。因此，甘孜州境内水利水电工程与其他工程易于整合，可行性强；而其他市（州）成片林木补偿整合则与零星树木类似，因此两行业标准整合在各种情况下的可行性也基本相同，即甘孜州无论在任何情况下都可以进行标准的完全整合，其他市（州）视情况可以完全整合、部分整合或完全不能整合。

8.4.5　整合方法

水利水电工程和城市拆迁、交通设施建设地上附着物补偿体系的整合经分析来看是一种必然趋势，为此一方面要解决两行业补偿标准如何整合的问题；另一方面鉴于两行业的不同特性，还要解决统一标准的发布单元和执行方式问题才能确保两行业地上附着物补偿标准的完全整合。

8.4.5.1　补偿标准整合

1. 地上房屋的补偿整合

（1）国有土地上房屋。基于不同所有制土地上房屋补偿整合的可行性分析，对水利水电工程建设征地涉及国有土地上房屋与其他工程一样采用评估的方式确定房屋补偿价格（价值）是行不通的，建议对于国有土地上房屋两行业补偿做法不予整合，即水利水电工程仍采用重置价法确定补偿标准，城市拆迁、交通设施建设行业采用市场评估法确定补偿价格（价值），并按照各自行业规定实施。

（2）集体土地上房屋。鉴于水利水电工程和其他工程建设征地涉及集体土地上房屋补偿都采用重置价，且考虑到水利水电工程房屋补偿标准制定体系完备，因此建议参照其做法进行补偿标准制定方法的整合，实现补偿“标准”的规范统一，即由两行业补偿标准制定方根据水利水电工程房屋补偿标准制定方法联合开展标准制定、报批工作，经省政府批准后，无论水利水电还是其他行业均按批准公布的标准执行。

2. 零星树木、成片林木的补偿整合

首先应统一零星树木与成片林木补偿标准之间的关系。水利水电工程成片林木补偿标准根据对应零星树木补偿标准和设计株数确定，而城市拆迁、交通设施建设征地则两者之间缺乏技术相关性和合理性。相较而言，水利水电工程零星树木和对应成片林木补偿标准技术相关性和合理性则较为科学，建议城市拆迁、交通设施建设涉及零星树木和成片林木补偿也建立类似的关系。在此基础上两行业相关部门共同制定补偿标准，上报省政府批准，无论水利水电还是其他行业均按批准公布的标准执行。

在统一零星树木与成片林木补偿标准之间的关系的基础上，以统一发布的地上附着物补偿标准时间为节点分为以下两种情况：

(1) 统一标准发布之前调查已完成或正在进行的项目。通过对水利水电工程涉及零星树木、成片林木调查结果的分析，判定调查分类、规格与其他工程的融合度，能够完全处于省政府批准的统一的各市（州）零星树木、成片林木对应规格区间的则直接采用相对应的补偿标准，调查规格无法完全对应的建议放弃整合而根据其他价值影响因素（如价格水平）进行分析调整。

(2) 统一标准发布之后计划开展调查的项目。编制的调查细则应根据省政府批准的统一的各市（州）零星树木、成片林木的分类、规格区间，在实际了解的基础上进行调查分类、制定规格区间，保障分类、规格的协调统一，确保直接采用政府公布标准的基础牢靠。

8.4.5.2　发布单元和执行方式整合

1. 发布单元的确定

大中型水利水电工程建设具有跨乡（镇）、跨县、跨市（州）甚至跨省的特性，地上附着物补偿标准执行全库区统一标准；而其他行业以县为单元公布地上附着物补偿标准，任何工程建设均应严格执行之。

分析来看，其他行业目前以县为单元公布地上附着物补偿标准有其原因，县级地方政府作为征地拆迁工作的“三个主体”，在标准制定上报过程中上级主管部门基本未干涉，尊重了县政府征地拆迁“三个主体”角色，这样做能最大限度地推动标准实施和征地拆迁工作的进行。因此，建议在两行业整合后标准统一发布仍以县为单元公布，确保标准的行政执行力。

2. 统一标准执行方式分析

其他行业地上附着物补偿标准不分项目均严格按公布单元执行，从目前情况看并无特别突出的问题，但对于大中型水利水电工程来讲，如何在以县为单元公布标准和执行全库区统一标准的传统做法之间寻求平衡是需要研究解决的问题。为此提出以下建议：

（1）制定行业统一标准时注重相邻县、同流域标准之间的协调。实践表明，补偿标准差距大小与执行难度呈正相关关系，因此在统一制定地上附着物补偿标准时，为最大限度减轻县与县之间标准差异带来的执行难问题，建议进行相邻县、同流域间标准的协调，做到既体现差距又不使差距过大。

（2）参照征地统一年产值严格执行各乡（镇）的做法，地上附着物补偿也执行各县公布标准。在考虑相邻县、同流域平衡后，补偿标准差距将在可控范围内，在此前提下，建议参照征地统一年产值严格执行各乡（镇）的做法，地上附着物补偿同样执行以县为单元公布的统一标准。

8.5　结论和建议

水利水电工程和其他工程建设一样都面临着征地拆迁难的问题。实践证明，由于地上附着物关系到被征地方的切身利益，随着人们维权意识的提高，对于征地拆迁补偿长期以来的政出多门造成多政策多标准叠加的局面多有不满，征地拆迁补偿已成为征地拆迁安置过程中矛盾最多、诉求最多、引发各种社会问题最多的阶段。因此，研究推动行业征地拆迁补偿的有机整合，进一步做好补偿制度设计、完善补偿体系，是减少矛盾诉求、保障各行业征地拆迁顺利进行的关键一环，将在促进补偿公平公正、标准规范统一，减少矛盾诉求等方面发挥重要作用。

（1）建议水利水电和其他行业共同建立统一的补偿体系。大中型水利水电工程建设征地和其他行业地上附着物补偿体系存在的差异已严重阻碍征地工作的顺利开展，并由此产生了同结构不同价、同对象不同标准等一系列问题。为从根源上解决类似问题的产生，建议两行业共同建立统一的地上附着物补偿体系，规范补偿标准计算方法、统一补偿标准，经由国土、移民相关主管部门共同审核，经省政府批准统一发布后共同遵守。如此，一方面可进一步体现补偿的公正公平；另一方面可兼顾平衡水利水电与其他工程建设征地涉及各方利益，减轻补偿执行阻力，化解矛盾。

（2）建议明确整合的管理机制和流程。省级人民政府每隔3年将统一修订发布新的集体土地地上附着物补偿标准，建议在行业整合的基础上，建立水利水电工程建设征地与之联动调整的动态调整更新管理机制，按照移民变更处理程序及时上报变更并审批实施。

（3）建议不同行业整合从源头抓起，确保补偿整合的基础统一。建议不同行业在实物指标的分类、规格，调查准度控制、调查方法和流程，指标确认、公示（公告）复核、指标固定等方面的做法、深度等方面做出统一要求，确保补偿按照省政府统一发布的集体土地地上附着物补偿指标、规格和标准执行的基础一致、牢靠，从源头上消除征地补偿的执行阻力。

第 9 章　移民保障安置新思路

养老保障政策是针对水利水电工程建设征地涉及老年移民的一种生产安置方式。该项政策创立于四川省，目前也只在四川省运行，运行时间已达 11 年。与重庆市及部分沿海发达省（自治区、直辖市）水利水电工程移民社会保障已基本与当地被征地农民的社会保障政策衔接相比，四川省水利水电工程建设征地养老保障政策一直独立于被征地农民社会保障政策和体系之外，实行单建统筹。因此本章主要基于四川省现行水利水电移民养老保障政策，探讨如何有效与被征地农民社会养老保险政策有效衔接，最终实现并轨。

9.1　现行政策实施情况及差异分析

9.1.1　移民养老保障政策及实施情况

9.1.1.1　政策沿革

2005 年 4 月 2 日，四川省人民政府办公厅以《四川省人民政府办公厅关于印发〈瀑布沟水电站农村移民养老保障安置试行办法〉的通知》（川府办发电〔2005〕26 号）发布了《瀑布沟水电站农村移民养老保障安置试行办法》，四川省首次提出了一种新型移民安置方式——养老保障安置，养老金发放标准为 160 元/（人·月），计发 10 年，取整后养老保障安置移民人口所需缴费资金 20000 元/人，全额纳入移民安置投资概算。从移民办好养老保障安置手续次月起，随后期扶持资金发放渠道按月发给 160 元/人养老保障金，直至终身。养老保障安置方式在瀑布沟水电站试行后，妥善地解决了老年移民的安置问题，取得了良好的社会效果，因而逐步在整个四川省大中型水利水电工程征地移民安置开始推广。

2008 年，为有效缓解农村移民有土安置压力，规范和完善四川省水电工程移民养老保障安置方式，四川省发展和改革委、省移民办联合制定的《关于我省大中型水电工程移民政策有关问题的通知》（川发改能源〔2008〕722 号），明确规定："各电站到相应移民规划水平年前男满 60 周岁、女满 55 周岁的农村移民可以自愿选择养老保障，不再调配土地，土地'两费'用于养老金统筹。养老金标准从 2009 年 1 月起每人每月从 160 元调整为 190 元，期限从搬迁之日起至死亡之日止，土地'两费'不足以发放养老保障补助的，在库区基金和其他财政性资金中解决。移民在土地'两费'发放完毕之前死亡的，应将'两费'余额一次性发给其合法继承人"。该文件细化明确了移民养老保障安置的条件、标准和相关要求，对指导搞好四川省农村老年移民安置工作发挥了积极的促进作用。

2013 年，为进一步保障老年移民合法权益，结合社会经济发展情况，四川省扶贫移民局、四川省发展和改革委联合出台了《关于调整全省大中型水利水电工程移民养老保障安置政策有关问题的通知》（川扶贫移民发〔2013〕439 号），文件规定：从 2014 年 1 月起，全省已建、在建大中型水利水电工程继续执行既定的养老保障安置政策，使用范围、条件和管理方式不变，每人每月养老保障金发放标准由现行的 190 元提高到 310 元。并明确此次调整政策标准后，移民养老保障金发放标准实行年度动态调整机制，除特殊情况外，原则上每两年调整一次。在每个调整年的上一年年底之前，省扶贫移民局根据每年全省城市居民最低生活平均保障水平，结合物价变化和农村居民人均年纯收入增长情况，综合研究提出次年移民养老保障金调整和发放标准。标准调整后的资金缺口，在建大中型水利水电工程由项目法人负责，已建工程在库区基金和其他财政性资金中解决。这次调整，不仅仅结合社会经济发展状况，对养老金发放标准进行了调整，更重要的是提出了未来养老金发放标准动态调整的要求和方法，一定程度上弥补了养老保障安置方式存在的不足。

2016 年，四川省扶贫移民局、省发展和改革委、省财政厅联合出台了《关于调整全省大中型水利水电工程移民养老保障金发放标准的通知》（川扶贫移民发〔2016〕129 号），文件规定：从 2016 年 1 月起，每人每月养老保障金发放标准由现行的 310 元提高到 360 元。

至此，水利水电工程移民养老保障安置方式已运行 11 年左右，养老金发放标准从每人每月 160 元，调整至 360 元，调整幅度为 225%。

9.1.1.2　实施情况

据不完全统计，目前四川省已采用农村移民养老保障安置方式的水利水电工程共 44 个，其中：在建工程 39 个，已建工程 5 个，涉及 16 个市（州）。规划农村移民养老保障安置 15976 人，其中瀑布沟水电站 7986 人，约占 50%。目前，已实施养老保障安置的人数共计 9991 人，其中瀑布沟水电站 8563 人，占 86%，实施养老保障安置的人口占实施生产安置总人数 139340 人的 7%。据统计，养老保障安置规划总投资 40562.99 万元（其中瀑布沟水电站 15972 万元），目前剩余 27243.47 万元（其中瀑布沟水电站 5605.06 万元，水利工程 8643.46 万元）。养老保障安置资金在社会养老保险体系外单建统筹，是由县级移民部门统一管理，按照既定标准定期发放养老保障安置金。

移民养老保障安置方式自瀑布沟水电站实行以来，在各地政府的宣传解释和积极推动下，移民群众对养老保障安置方式有了全面的了解，认可度较高。2008 年左右的水利水电工程中满足养老保障条件的农村移民，大多不再选择有土安置，转为选择养老保障安置。移民养老保障安置方式的实施，从根本上解决了老年移民生活来源问题，有效缓解了移民有土安置容量压力，为移民安置工作的顺利开展和维护移民稳定起到了积极的作用。

但是，移民养老保障政策施行后的几年中，特别是近年来随着四川省经济社会的不断发展和物价水平的不断提高，移民养老保障既定的标准无法保障现阶段移民日益提高的物质和精神生活的需要，已不适应新形势下确保移民生活水平不降低的要求，政策的不足逐渐显现，主要表现如下：

（1）安置标准较低。享受养老保障安置的人口大多是年岁已高、体弱多病，务工既无体力也无技能的群体，除每月310元的养老金和50元后期扶持费以外，基本上没有其他收入来源。而被征地农民一次性缴纳15年城镇职工养老保险，达到退休年龄后，按2013年物价水平，初始每月可领取700元左右，同时每年享受国家调待政策。如瀑布沟水电站移民张名学，2013年64岁，2006年由汉源县大树镇迁入五通桥区冠英镇挖断山村9组。2008年乐宜高速征地，该户（家庭人口5人）被占地0.63亩，按照人均土地入社保（9组人均0.63），张名学符合条件进入社保。2009年，张名学年满60岁，开始享受养老金406元/月。养老金随着物价水平逐年递增，2013年，张名学养老金领取标准为834元/月，但2013年瀑布沟电站养老保障安置移民领取的养老金为190元/月。可以看出，被征地农民养老保险金领取标准远高于水电移民养老保障现行标准。

尽管从2014年1月1日起，全省大中型水利水电工程养老保障安置发放保准由每人每月190元调整为310元，但各市（州），特别是接纳瀑布沟水电站移民外迁安置的5个市均反映，目前选择养老保障安置的移民以各种形式向政府反映现行的养老保障安置方式领取的养老金标准较社会养老保险金低，差距大，要求纳入社会养老保险体系。这也是养老保障安置政策现在面临的最大问题，因此改革完善现行移民养老保障安置政策势在必行、极为紧迫。

（2）缺乏抵御风险的作用。在当前市场化改革背景下，货币补偿安置政策的实施使得水利水电工程移民在得到生产安置费后，就被永久地推向了市场机制不健全、就业信息零碎失真、简单劳动力卖方竞争过度的劳动力市场；与此同时，移民养老保障安置政策并未与社会保障制度实现同步衔接，保障方式单一，标准偏低，从制度上给移民安置的后续生活带来不确定性，给社会稳定留下隐患。

因此，这种方式缺乏应有的、有效防御风险的作用，对移民、业主和政府都存在较大的隐患。

（3）规避或减轻了政府责任。养老保障安置这种安置方式名义上是为移民提供了货币补贴，实际上是将原本就属于补偿权范围的一定数额的货币补偿与原本应由政府向公民提供的一定数额的、用以保障公民基本生活的货币补贴混为一谈，规避或减轻了政府责任。而保障公民的基本生活和老有所养是政府的主要职责之一，政府作为国家的代理者负有向公民提供基本保障的义务，理应为公民打造基本的“安全网”。

（4）动态调整机制不完善。水利水电工程养老保障安置的关键在于安置标准，但在制定其标准时，未能及时地与市场经济发展相协调，最初并没有形成动态调整机制。2014 年之前，移民养老保障金发放标准一直处于较低水平，养老金待遇水平长期没有上调，在信访激增、各方呼吁的情况下，2013 年年底对养老保障金发放标准再次进行了调整，时隔 8 年，尽管调整幅度较大，亦明确每两年调整一次的动态机制，但由于其单一的保障方式、独立的循环体系、较低的保障水平，并未完全达到保障老年移民老有所养、逐步提高生活水平等目的，同时也未与国家养老保险调整政策挂钩，因此调整机制的合理性和科学性有待进一步完善。

9.1.2　被征地农民社会保障政策及实施情况

9.1.2.1　实施政策

四川省被征地农民社会保障方案的保障对象主要指因政府统一征收农村集体土地而导致失去全部或大部分土地，而且在征地时享有农村集体土地承包权的在册农业人口。

总体上，四川省被征地农民社会保障内容主要包括养老保险、医疗保险、失业保险以及最低生活保障和医疗救助四个方面内容。其中按城镇安置的被征地农民纳入城镇职工养老保险、城乡居民或城镇职工医疗保险、失业保险以及相应的城市最低生活保障、医疗救助；按农业人口安置的被征地农民纳入新型农村社会养老保险、新型农村合作医疗保险以及相应的农村最低生活保障、医疗救助。其具体政策如下：

（1）城镇建设规划区内被征地农民以及在城镇建设规划区外按照建设项目征地需要在城镇安置的被征地农民社会保障方案。

1）养老保险。批准征地时年满16周岁的被征地农民应参加城镇企业职工基本养老保险。以上一年全省在岗职工平均工资为缴费基数，按28%的缴费比例（其中被征地农民个人负担不高于8%），根据批准征地时被征地农民的实际年龄，按照从16周岁开始实际年龄每增加2周岁增加1年缴费年限的办法，一次性缴纳基本养老保险费，缴费年限最多不超过15年。被征地农民在男年满60周岁、女年满55周岁时，按规定领取基本养老金并享受国家规定的基本养老金调整政策。2008年，四川省政府办公厅根据四川省实际情况，为统筹解决新老征地移民问题，出台《关于被征地农转非人员参加基本养老保险有关问题的通知》（川办函〔2009〕302号），将被征地农民参加城镇企业职工基本养老保险缴费比例调整为20%，其中由被征地农民个人负担部分不得超过8%，老征地农转非人员可以向户籍所在地社保经办机构自愿申请参加基本养老保险。超过法定退休年龄的老征地农转非人员可以2007年全省在岗职工平均工资的60%为缴费基数，以20%的缴费比例，一次性缴纳15年的基本养老保险费，并在办理参保手续的下月按规定领取基本养老金，统筹解决了老征地农转非人员的养老保险问题。

2）医疗保险。批准征地时男年满60周岁、女年满55周岁的被征地农民，参加城镇居民基本医疗保险，享受居民基本医疗保险待遇。每年由当地政府按照政策规定缴纳居民基本医疗保险费，本人不缴费，其个人应缴纳的部分从政府土地收益中列支。

尚未开展城镇居民基本医疗保险的地区，则将其暂纳入城镇职工基本医疗保险，享受住院和门诊大病基本医疗保险待遇；当地开展城镇居民基本医疗保险后，及时转入城镇居民基本医疗保险；参加城镇职工基本医疗保险统筹所需资金从政府土地收益中解决。

批准征地时男未满 60 周岁、女未满 55 周岁的被征地农民，重新在城镇就业的，随用人单位参加城镇职工基本医疗保险；以灵活方式就业的按照统筹地区灵活就业人员参保规定参加城镇职工基本医疗保险；没有就业的参加城镇居民基本医疗保险。

3）失业保险。被征地农民参加失业保险的范围和失业保险费的筹集办法、比例按《中共四川省委　四川省人民政府关于做好失地农民安置工作的通知》（川委发〔2004〕1 号），将符合条件的被征地无业农民纳入失业保险范围，在批准征地时一次性缴纳失业保险费，及时足额发放失业保险金，提供职业介绍和职业培训服务并给予相应补贴。

4）最低生活保障和医疗救助制度。对家庭确有生活困难，符合当地城市居民最低生活保障的被征地农民，纳入当地城市居民最低生活保障范围，做到“应保尽保”。对符合城市医疗救助条件的纳入城市医疗救助范围。

（2）农业人口安置的被征地农民社会保障方案。

1）养老保险。开展了新型农村社会养老保险试点工作的地方，要将被征地农民纳入新型农村社会养老保险参保范围。未开展新型农村社会养老保险试点工作的地方，要按照新型农村社会养老保险试点地方的标准，将被征地农民纳入新型农村社会养老保险参保范围。

2）医疗保险。积极支持被征地农民参加新型农村合作医疗制度。

3）最低生活保障制度和医疗救助制度。对家庭确有生活困难，符合当地农村居民最低生活保障的被征地农民，要将其纳入当地农村居民最低生活保障范围，逐步做到“应保尽保”。对符合农村医疗救助条件的，纳入农村医疗救助范围。

9.1.2.2　实施情况

目前四川省实施国土一般征地项目，被征地农民社会保险政策在各市（州）、县（区）具体操作方式存在一定差异。

（1）待遇领取年龄的差异。四川省《关于进一步做好被征地农民社会保障工作的通知》（川办发〔2008〕15号）、《关于被征地农转非人员参加基本养老保险有关问题的通知》（川办函〔2009〕302号）等文件，均明确被征地农民领取基本养老保险的年龄为男满60周岁，女满55周岁，但实际上四川省被征地农民领取养老保险金年龄，除乐山、南充、广安等四个市是男满60周岁、女满55周岁外，其他17个市（州）被征地农民领取基本养老保险的年龄为男满60周岁、女满50周岁，在养老金领取年龄上存在一定差异。

（2）具体参保政策的执行差异。乐山市国土被征地农民社会保障安置政策与四川省总体政策框架基本一致，但在具体实施方案上存在差异。养老保险方面，乐山市对征地时年满16周岁确定为参保对象的被征地农民，不论年龄均一次性缴纳15年基本养老保险费用，没有严格执行每2岁增加1年缴费的政策。失业保险方面，未建立被征地农民失业保险基金，而是由征地单位一次性支付每人5000元的补助金，用于失地无业农民参加失业保险，由本人参照城镇企业失业单位失业保险的规定缴纳失业保险费。

四川成都市被征地农民的城镇企业职工基本养老保险按全省在岗职工平均工资的80%～100%为缴费基数，其中五城区按平均工资的100%为缴费基数，其他县（区）按平均工资的80%为缴费基数，均高于全省60%的比例。

（3）资金来源差异。根据川办发〔2008〕15号文规定，被征地农民社会保障所需资金的个人缴费部分，从其所得的安置补助费中直接缴纳，安置被征地农民所需的个人缴费不足部分及其余社会保障资金，由当地政府或征地单位解决。

实际四川省各市（州）在具体实施过程中，资金具体组成和来源各有不同。宜宾市仅将被征地农民社会保障所需资金的40%用土地补偿费和安置补助费进行缴纳，不足部分征地单位解决，多余部分留给集体经济组织；乐山市将征收土地的土地补偿费和安置补助费统筹用于被征地农民社会保障所需资金的缴纳；部分市（州）仅将安置补助费用于被征地农民社会保障所需资金的缴纳，不足部分均有征地单位承担。

9.1.3　政策差异分析

9.1.3.1　实施过程

（1）养老保障。对规划水平年男年满 60 岁，女年满 55 岁的农民移民选择养老保障安置的，由县级人民政府根据批准的移民安置规划报告中确定的养老保障安置人数，在实施过程中对接到人，养老保障安置中需进行搬迁安置的，纳入搬迁安置规划，统一规划调整宅基地用于建房。达到规划水平年后，县级移民管理部门按月核定养老保障资金的发放人数，按每人每月 310 元的养老保障金发放至移民个人。移民在养老保障金发放完毕之前死亡的，死亡次月，将养老保障金余额一次性发给其合法继承人。养老金的管理和运行由县移民管理部门进行。

（2）被征地农转非人员社会保障。被征地人员在完成农转非手续后，纳入城镇职工基本养老保险，同时参加城镇职工或城乡居民医疗保险、劳动年龄段参加失业保险，不再在集体经济组织分配宅基地，社会保险经办机构在参保人完成社会养老保险金一次性缴纳后，对达到法定退休年龄的参保人员进行养老保险待遇计算、审核，从次月起发放基本养老金，死亡参保人员从次月起停发基本养老金，养老金的发放由社保经办机构委托银行、邮局等机构实施，养老金的领取和标准的调整由国家社保机构统一管理、统一运行。

9.1.3.2　缴费和领取标准

（1）养老保障。缴费标准分为两种：①以规划的生产安置费为基础计算；②采用 310 元/（人·月）×12 个月×15＝55800（元/人）。

领取标准为：①川扶贫移民发〔2014〕439 号文实施前，四川省水利水电工程按照 190 元/（人·月）领取；②川扶贫移民发

〔2014〕439号文实施后，四川省水利水电工程按照310元/（人·月）领取。

（2）被征地农转非人员基本养老保险。批准征地时年满16周岁的，按照从16岁开始实际年龄每增加2周岁增加1年缴费年限的办法，以上一年全省在岗职工平均工资的60%为缴费基数，以20%的缴费比例，一次性缴纳基本养老保险费，缴费年限最多不超过15年。被征地农民在达到领取基本养老金条件前，应按照规定继续参保缴费。2014年，四川省被征地农转非人员一次性缴纳15年保险费的平均水平为49018×0.6×0.2×15=88232元，医疗保险一次性缴费15年平均费用约6000元，失业保险缴纳约26000元。

领取标准：①按2013年全省平均工资水平，被征地农转非人员达到退休年龄后第一月领取的养老金约700元/（人·月）左右，之后随经济社会发展，逐年变化；②按照城镇职工或城乡居民医疗保险政策逐年享受医疗保险；③享有两年失业保险待遇。

9.1.3.3 资金渠道

（1）养老保障。一般将规划土地“两费”与川扶贫移民发〔2014〕439号文实施以来明确的55800元/人两个数据的大值，计入大中型水利水电工程建设征地移民投资概算，由项目法人承担。

（2）被征地农转非人员基本养老保险。根据《四川省人民政府办公厅关于进一步做好被征地农民社会保障工作的通知》（川办发〔2008〕15号），被征地农民社会保障所需资金，原则上由农民个人、农村集体、当地政府共同承担。被征地农民社会保障所需资金个人缴费部分，从其所得的安置补助费中直接缴纳，安置被征地农民所需的个人缴费补足部分及其余社会保障资金，按城镇批次实施土地征收的由当地政府从国有土地有偿使用收入中解决。据调查了解，目前四川省各市（州）养老保险参保缴费方式有两种：①除老征地农转非人员以外的被征地农转非人员，由征地单位为其一次性缴纳15年的养老保险费，个人未达到领取基本养老金条件的，个人应按规定继续参保缴费；②老征地农转非人员，由征地单位为其一次性缴纳15年的养老保险费。

9.1.3.4　适用范围及对象

（1）养老保障。适用于四川省大中型水利水电工程建设征地涉及的农村移民中需进行生产安置的人口，并满足推算至移民安置规划水平年男满60周岁、女满55周岁的条件。

（2）被征地农转非人员基本养老保险。适用于四川省因政府统一征收农村集体土地而导致失去全部或大部分土地，且在征地时享有农村集体土地承包权的在册农业人口，批准征地时年满16周岁的被征地农民均应参保。

9.1.3.5　死亡后剩余资金处理

（1）养老保障。川扶贫移民发〔2014〕439号文规定移民养老保障金发放完毕之前死亡的，其合法继承人的余额仍按原审定的土地“两费”标准计算，不得计列调整标准后增加资金（由每人每月190元上调为310元）。在土地“两费”发放完毕之前死亡的，应将“两费”余额一次性发给其合法继承人。

（2）被征地农转非人员基本养老保险。根据《四川省劳动和社会保障厅关于印发〈四川省完善企业职工基本养老保险制度实施办法的实施细则〉的通知》（川劳社发〔2006〕18号）和《四川省劳动和社会保障厅、四川省财政厅关于印发〈四川省完善企业职工基本养老保险制度实施办法〉的通知》（川劳社发〔2006〕17号）规定，投保人死亡后剩余资金可分为三部分：①丧葬补助费，标准为按其死亡上一年全省在岗职工平均工资的4个月计发；②一次性抚恤金，标准为按其死亡时本人基本养老金的8个月计发；③参保人员领取基本养老金后死亡继承金额，计算公式为：参保人员领取基本养老金后死亡继承金额＝死亡时个人账户全部余额×（退休时个人账户中个人缴费的累计储存额÷退休时个人账户的累计储存额）。按照四川省人社厅提供的资料和介绍的情况，2013年四川省失地农民投保参加社会养老保险，丧葬补助费约为1.6万元，一次性抚恤金约为8000元。

9.1.3.6 政策差异及评价

以上两项政策在缴费和领取标准、资金渠道、适用范围对象等方面都有较大差异，针对上述分析评价如下：

（1）缴费标准。养老保障安置一次性缴费用较少，而征地农转非人员缴纳相对较多，按现状来比较，征地农转非人员按全省平均水平较养老保障安置移民一次性至少多交3.5万元左右，但在领取标准方面，移民养老保障安置领取标准固定，为310元/（人·月），移民在土地“两费”发放完毕之前死亡的，应将原审定的“两费”余额一次性发给其合法继承人。而征地农转非人员按全省平均水平现初始每月至少可领取700元左右，并随着经济社会发展，按国家政策逐年变化。投保人死亡后，剩余个人缴纳部分发放给继承人、并可领取丧葬费和一次性抚恤金。从每月领取标准比较，征地农转非人员较养老保障安置移民每月多领取约390元左右，其死亡后一次性领取标准各市州征地农转非人员较养老保障安置移民高。

（2）资金渠道。养老保障安置所需资金计入水利水电工程建设征地移民补偿费用概算，由项目法人承担，移民个人不缴费。被征地农民社会养老保险则分两种情况：老征地农转非人员和超龄人员，由征地单位为其一次性缴纳15年的养老保险费，个人不承担费用，与养老保障相似。除老征地农转非人员外的劳动年龄段被征地农转非人员，被征地农民在达到领取基本养老金条件前，应按照规定个人继续参保缴费，达到法定退休年龄方可领取待遇，因此对劳动年龄段人员有一定资金压力。

（3）适用范围及对象。养老保障适用于推算至移民安置规划水平年，男满60周岁、女满55周岁的人群。社会养老保险适用于批准征地时年满16周岁的被征地农民。社会养老保险较移民养老保障安置适用范围更大，覆盖面更广。

从以上分析评价可以看出，对参保人来说，社会养老保险较养老保障安置领取标准更高，适用范围更广，保障资金来源更加安全、稳定、有保障，更能适应经济社会发展的要求。

9.2　移民养老保障与社会保险并轨新思路

9.2.1　总体思路

从尽量减少国土行业被征地农民与水利水电工程征地移民之间攀比、保证水利水电工程移民合法权益、同时有效提高老年移民抗风险能力的角度，结合四川省现行的被征地农民社会保障政策和四川省大中型水利水电工程建设征地移民安置的实际情况，以有效解决移民诉求为前提，稳步衔接既有方式为目的，方案拟定总体思路如下：

（1）行业政策衔接。移民社会养老保险方案在四川省被征地农民社会保障政策的基础上，结合大中型水电工程移民安置特点制定。作为四川省大中型水利水电工程移民安置方式之一，由移民自愿选择，尽量不冲击现行移民安置政策和国土被征地农民社会保障政策。

（2）统筹考虑新老移民。方案拟订既明确新建电站移民社会保障安置的范围、对象和参保政策，同时统筹兼顾考虑已建和在建工程。

（3）统筹兼顾水利工程。在明确大中型水电工程农村移民社会保障安置政策的同时，统筹考虑水利工程移民社会保障安置政策。

基于上述思路初拟四套并轨方案如下：

方案一：与现行被征地农民社会保障政策全面衔接，保障内容包括养老保险、医疗保险和失业保险以及最低生活保障和医疗救助。

方案二：与现行被征地农民社会保障政策部分衔接，保障内容仅包括养老保险。

方案三：在方案二的基础上，考虑与现行移民安置方式的平衡，按照“低进低出”的原则，降低缴费比例，减少领取待遇，纳入社会保险体系。

方案四：以方案三的为基础，对象为男年满 60 周岁、女年满 55 周岁的老年移民。

9.2.2 范围及对象

1. 工程范围

鉴于四川省小型水利水电工程均由市（州）政府进行审批，因此建议移民社会养老保险的工程范围为四川省行政区域内大中型水利水电工程，水电与水利工程一并纳入。

四个方案在工程范围上一致。

2. 时间范围

按水利水电工程的建设阶段分为：新建、在建和已建工程。其中，已全部完成移民安置，2013 年年底已全部纳入后期扶持的为已建；项目已批（核）准或已批准移民安置规划启动移民安置实施工作，但尚未达到已建条件的为在建；移民安置规划尚未审批的为新建工程。

四个方案在时间范围上一致。

3. 实施对象

大中型水利水电工程建设征地移民安置，包括生产安置和搬迁安置两大类。社会养老保险安置应是针对失去生产资料的农民，因此考虑与现行被征地农民社会保障政策的有效衔接，方案一、方案二和方案三移民养老保险安置的实施对象为四川省大中型水利水电工程建设征地需要进行生产安置的年满 16 周岁的农村移民；方案四的实施对象是需要进行生产安置的男年满 60 周岁、女年满 55 周岁的农村老年移民。

9.2.3 移民社会养老保险安置方案

9.2.3.1 方案一

将水利水电工程建设征地移民安置与四川省现行被征地农民社会保障政策有机衔接，对年满 16 周岁的生产安置农村移民，纳入社会保障体系，保障内容包括城镇职工基本养老保险、城镇居民医疗保险、失业保险及最低生活保障和医疗救助。具体参保方案如下：

（1）养老保险。规划水平年年满16周岁的移民，均可选择参加城镇职工基本养老保险。具体缴费标准，以上一年全省在岗职工平均工资的60％为缴费基数，缴费比例为20％（其中8％计入养老保险个人账户，12％划入统筹基金）。

参保移民安置时未达到法定退休年龄的，按照从16周岁开始每增加2周岁增加1年缴费年限的办法，一次性缴纳基本养老保险费，缴费年限最多不超过15年，达到领取城镇职工基本养老金条件前，应按有关政策规定继续参保缴费。超过法定退休年龄的，一次性缴纳15年基本养老保险费后，按规定领取基本养老金并享受国家规定的基本养老金调整政策。

（2）医疗保险。超过法定退休年龄的移民，按当年个人应缴纳城镇居民基本医疗保险费标准，一次性缴纳15年医疗保险费后，纳入城镇居民基本医疗保险范围，本人不缴费，终身享受城镇居民基本医疗保险待遇。

未达到法定退休年龄的移民，按当年个人应缴纳城镇居民基本医疗保险费标准，一次性缴纳15年医疗保险费作为移民参保缴费补助，用于参加城镇职工基本医疗保险的年限折算或城镇居民基本医疗保险的缴费抵扣。

（3）失业保险。对安置时劳动年龄内的移民实行失业保险制度。所需失业保险基金按照以支定收的原则，一次性足额缴纳，并纳入当地被征地农民失业保险基金统筹管理。符合领取失业保险金条件时，按月领取失业保险金，最长期限不超过24个月；领取失业保险金期间，由基金代缴城镇职工基本医疗保险费；有就业愿望的，提供职业介绍和职业培训服务并给予相应补贴。

（4）最低生活保障和医疗救助制度。对家庭确有生活困难，符合当地城市居民最低生活保障的移民，纳入当地城市居民最低生活保障范围，做到“应保尽保”。对符合城市医疗救助条件的纳入城市医疗救助范围。

9.2.3.2 方案二

方案二与四川省现行被征地农民社会保障政策部分衔接，对年满 16 周岁的生产安置农村移民，纳入社会养老保险体系，从降低参保资金压力的角度，保障内容为城镇职工基本养老保险。具体参保方案如下：

规划水平年年满 16 周岁的移民，均可选择参加城镇职工基本养老保险。具体缴费标准，以上一年全省在岗职工平均工资的 60%为缴费基数，缴费比例为 20%（其中 8%计入养老保险个人账户，12%划入统筹基金）。

参保移民安置时未达到法定退休年龄的，按照从 16 周岁开始每增加 2 周岁增加 1 年缴费年限的办法，一次性缴纳基本养老保险费，缴费年限最多不超过 15 年，达到领取城镇职工基本养老金条件前，应按有关政策规定继续参保缴费。超过法定退休年龄的，一次性缴纳 15 年基本养老保险费后，按规定领取基本养老金并享受国家规定的基本养老金调整政策。

9.2.3.3 方案三

在方案二的实施对象和保障项目的基础上，尽量与现行其他移民安置方式的安置标准相平衡，建立一种“低进低出”的移民养老保险模式，降低缴费比例，减少领取待遇，纳入社会保险体系。具体参保方案如下：

规划水平年年满 16 周岁的移民，均可选择参加城镇职工基本养老保险。缴费比例按现行以上年全省在岗职工平均工资的 40%（参照困难企业缴费标准），缴费比例仍为 20%（其中 8%计入养老保险个人账户，12%划入统筹基金）。

参保移民安置时未达到法定退休年龄的，按照从 16 周岁开始每增加 2 周岁增加 1 年缴费年限的办法，一次性缴纳基本养老保险费，缴费年限最多不超过 15 年，达到领取城镇职工基本养老金条件前，应按有关政策规定继续参保缴费。超过法定退休年龄的，一次性缴纳 15 年基本养老保险费后，按规定领取基本养老金并享受国家规定的基本养老金调整政策。

9.2.3.4　方案四

方案四考虑与现行移民养老保障政策尽量衔接，避免对其他安置方式产生冲击，实施对象为男满60周岁、女满55周岁的老年移民，在此基础上，考虑与现行其他移民安置方式的安置标准相平衡，参照方案三建立一种“低进低出”的移民养老保险模式，降低缴费比例，减少领取待遇，老年移民可自愿选择参加城镇职工养老保险体系。

即对男满60周岁、女满55周岁的老年移民，可选择参加城镇职工基本养老保险。缴费比例按现行以上年全省在岗职工平均工资的40%（参照困难企业缴费标准），缴费比例仍为20%（其中8%计入养老保险个人账户，12%划入统筹基金）。

对达到年龄或超过上述年龄，选择参加城镇职工基本养老保险的老年移民，一次性缴纳15年基本养老保险费，按规定领取基本养老金并享受国家规定的基本养老金调整政策。

9.2.3.5　方案比选

1. 资金压力方面

方案一与被征地农民保障内容衔接，按照2013年四川省在岗职工平均工资水平，一次性缴纳15年城镇职工养老保险费用为8.8万元/人，医疗保险约5000元，失业保险约2.6万元，方案一对44周岁以上选择社会保障安置的移民，按照四川省相关政策，需一次性缴纳约11.9万元/人。方案二保障内容仅考虑基本养老保险，对44周岁以上移民，需一次性缴纳8.8万元/人。方案三降低缴费比例为40%，对44周岁以上移民，需一次性缴纳49018×0.4×0.2×15=58821（元/人）。方案四缴费比例与方案三相同，对选择社会养老保险安置的移民需一次性缴纳58821元/人。

从表9.1可以看出，对44周岁以上的移民方案一较方案二人均缴纳费用高3.1万元/人，方案一较方案三（四）人均缴纳费用高6万元/人，方案二较方案三（四）人均缴纳费用高2.9万元。

表 9.1 不同社会保障安置方案标准对比分析表

序号	方案	参保费用/(万元/人)	方案一－方案二/(万元/人)	方案二－方案三(四)/(万元/人)	方案一－方案三(四)/(万元/人)	备注
1	一	11.9	3.1	2.9	6	
2	二	8.8				
3	三	5.9				
4	四	5.9				

移民投资增加情况典型案例分析：新建工程以两河口水电站为例，规划水平年生产安置人口 5953 人，按向家坝、溪洛渡和瀑布沟三座大型水电站典型分析成果，年满 44 周岁的移民所占比重约 27.3%，年满 60 周岁的移民所占比重约 12.3%，则两河口水电站满足方案一、方案二和方案三移民社会保障安置条件的老年移民为 1625 人。假设年满 44 周岁的移民选择社会保障安置的意愿比例为 85%，则前三个方案的参保人数为 1381 人。对于方案四满足条件的老年移民为 732 人，鉴于该方案老年移民参保即可领取待遇，因此假设达到法定退休年龄的老年移民选择社会养老保险安置的意愿比例为 100%，从而分析两河口水电站不同社会保障安置方案的投资变化情况，详见表 9.2。

表 9.2 两河口水电站不同方案增加费用分析表

序号	方案	参保人数/人	参保标准/(万元/人)	有土安置标准/(元/人)	增加安置费用/万元	占移民投资比重/%	备注
1	一	1381	11.9	3.07	12194.23	0.90	
2	二	1381	8.8	3.07	7913.13	0.58	
3	三	1381	5.9	3.07	3908.23	0.29	
4	四	732	5.9	3.07	2071.56	0.15	

可以看出，对两河口水电站建设征地移民安置投资影响最大的为方案一，将增加 0.9%；其次是方案二，投资增加 0.58%；再次是方案三，投资增加 0.29%；方案四投资影响最小，项目法人资金

压力亦最小，投资仅增加0.15%。

因此，从减少资金压力的角度，方案四最优，对项目法人投资影响最小。

2. 标准平衡方面

（1）与现行移民安置方式标准平衡。拟定的四套方案均较现行移民安置方式的标准偏高。现行移民安置方式（有土安置、自主安置）平均标准约4万元/人，方案一较现行有土、自主安置标准高7.9万元/人，方案二高4.8万元/人，方案三和方案四高1.9万元/人，详见表9.3。与现行移民养老保障安置方式310元/（人·月）×12月×15=55800（元/人）相比，方案三所需费用基本持平，方案一和方案二分别高出6.32万元/人和3.22万元/人。

表9.3　不同社会保障安置方案与现行移民安置方式标准对比分析表

序号	方案	参保费用/(万元/人)	现行有土、自主安置标准/(万元/人)	社保一现行政策/(万元/人)	备注
1	一	11.9	4	7.9	
2	二	8.8		4.8	
3	三	5.9		1.9	
4	四	5.9		1.9	

因此，从与现行各移民安置方式安置标准平衡，避免攀比的角度，方案三和方案四较优。

（2）与其他被征地农民缴费和待遇标准的平衡。方案一与现行其他被征地农民参保政策完全衔接，缴费标准和领取待遇均一致；方案二只缴纳基本养老保险，因此缴费标准上较方案一低3.1万元/人，在待遇享受方面，达到年龄后养老保险的领取待遇与方案一相同，但不能享受每年的医疗保险及相关失业保险待遇；方案三亦只缴纳基本养老保险，但由于缴费比例降低34%，因此达到法定退休年龄后，基本养老保险的领取待遇亦将降低34%。如被征地农民2014年一次性缴费15年，次月领取待遇约700元/（人·月），则同样情况下，方案三领取待遇约 470 元/（人·月）（此处为估算，具体领取待遇需由人社部门精算平衡分析），同时亦不能享受医疗保险及失业保险相关待遇。方案四在方案三的基础仅针对达到法定退休年龄的老年移民，因此老年移民的缴费标准和领取待遇与方案三相同。

因此，从与现行被征地农民缴费标准和享受待遇平衡的角度，方案一较优。

3. 政策衔接方面

对现行移民安置政策而言，拟定的四套方案均将水利水电工程移民纳入社会保障体系，打破了原单建统筹、体外循环的局面，是移民政策的重大创新和突破。

对现行被征地农民社会保障政策而言，方案一与现行政策完全衔接，从对象和范围，到保障项目和参保政策都基本衔接；方案二与现行政策部分衔接，其对象和范围与现行被征地农民社保政策一致，但保障项目仅考虑了城镇职工基本养老保险，医疗保险和失业保险未纳入；方案三在方案二的基础上，对养老保险的缴费基数进行了调整，由 60%降低为 40%，同时突破了现行的被征地农民的社会保障政策，建立一种保障水平高于城镇居民基本养老保险，但低于城镇职工基本养老保险的“低进低出”的新型城镇职工养老保险模式，需要得到四川省人力资源和社会保障部门在政策方面的大力支持；方案四在方案三的基础上，充分考虑与现行移民养老保障政策衔接，将实施范围定位于达到法定退休年龄的老年移民，某种意义上是一种纳入社会保险体系的养老保障政策，同样需要得到人力资源和社会保障部门的支持和同意。

因此，从与现行政策衔接的角度，四个方案均考虑了与现行政策相衔接和融合，其中方案一与现行被征地农民政策衔接程度最高，方案四与现行移民养老保障政策衔接最高。

4. 风险点分析

（1）方案一风险点：①项目法人的资金压力。方案一针对中老年移民非常优惠，因此初步估计，44周岁以上的移民85%均会选择该方案，根据初步统计数据，拟建（新建）大中型水利水电工程规划生产安置人口130972人，年满44周岁移民比重按27.3%计，则社会保障参保人数将达到30392人，按人均11.9万元，则所需社会保障安置费用为36.17亿元，对项目的经济指标可能存在一定影响。②与其他移民安置方式标准差异问题。方案一所需人均社会保障资金较其他安置方式标准高出7.9万元，标准悬殊非常大；同时在领取待遇上与其他安置方式相比亦存在较大差异，如逐年货币补偿，按人均耕园地1亩，则目前领取的货币补偿费用平均约2000元/(人·年)，而方案一目前领取标准已达到700元/(人·月)，即9400元/(人·月)，同时享受国家待遇调整政策，因此，极有可能引起劳动年龄段移民的不平衡。

(2) 方案二风险点：①与现行被征地农民政策的攀比。方案二较现行被征地农民社会保障政策减少了医疗保险和失业保险两项保障内容，仅考虑城镇职工基本养老保险，因此水利水电工程移民可能与其他被征地农民社会保障政策进行攀比，存在稳定隐患。②与其他移民安置方式的平衡问题。方案二社会保障所需费用为8.8万元/人，较目前其他移民安置方式标准仍高出4.8万元/人，在领取待遇上亦存在较大差异，因此，可能导致劳动年龄段其他安置方式移民的攀比。

(3) 方案三风险点主要是政策的可行性。方案三创新了一个高于现行移民养老保障安置方式标准，低于现行被征地农民社会保险标准的安置方式，将移民纳入了社会保障体系，但缴费基数和领取待遇均低于现行被征地农民的社会保险政策，这是一个政策的革新，需要有关部门的大力支持，可能会冲击四川省的被征地农民政策。

(4) 方案四风险点主要是政策的可行性。从另外一个角度，方案四实际是在现行移民养老保障政策的安置标准（55800元/人）的基础上，标准提高至58821元/人，领取待遇由现在的310元/(人·月)，按2014年标准提高至470元/(人·月)，同时按国家政策享受每年的待遇调整政策以及死亡后的相关抚恤金、丧葬费政策。因此，能否按照"低进低出"的原则，将达到法定退休年龄的老年移民纳入城镇职工基本养老保险体系，是该方案面临最大的风险，即政策风险。方案四的实施对象与现行移民养老保障政策一致，同时建立的"低进低出"的参保政策，因此对四川省现行被征地农民政策影响较小。

（5）方案一、方案二和方案三参保对象为规划水平年年满 16 周岁的生产安置移民，且每 2 周岁增加 1 年缴费，以此类推，对于 44～60 周岁的移民选择社会保障安置的将一次性缴纳 15 年基本养老保险费用，对于年满 44 周岁尚未达到退休年龄的劳动年龄段移民，选择社会保障安置在达到退休年龄前的生活来源将是一个较大的社会稳定隐患。

（6）移民社会养老保险安置是作为众多移民安置方式中的一种，由移民自愿进行选择，与其他国土被征地农民相比，不具有强制参保性。因此，从目前设定的移民社会养老保险政策看，方案一、方案二和方案三劳动年龄内青壮年移民，根据年龄需要逐年继续参保，短时间内无法领取待遇，因此选择该方式进行安置的，80%都是中老年移民，即年满 44 周岁的移民，一次性缴费 15 年，达到法定退休年龄后直接领取待遇；方案四的实施对象是已经达到法定退休年龄的老年移民。但我国社会保障体系能够长久运行的前提是不断有劳动年龄内的在岗人员加入保障体系，也就是以"新人养老人"，目前四川省养老保险抚养比是 1.81，即 1.81 个在职人员供养 1 个退休人员，而移民社会养老保险安置是自愿选择，可能仅将中老年移民纳入社会养老保险范围，将进一步恶化四川省养老保险抚养比，增加基金长期支付的压力。对整个社会保障体系的长久运行不利，国家兜底负担会越来越重。

9.2.3.6 推荐方案

根据上述分析，综合考虑政策衔接、标准平衡和项目法人资金压力等因素，结合大中型水利水电工程移民的实际情况，从尽量避免出台新政策，制造新矛盾的角度，推荐大中型水利水电工程移民社会保障安置采用方案四，将达到法定退休年龄的老年移民纳入城镇职工基本养老保险，适当降低缴费基数和领取待遇，与其他移民安置方式标准基本均衡。鉴于方案四突破了现行被征地农民社会保障政策的缴费基础和领取待遇，因此相关部门的政策支撑是方案四成立的重要前提。

9.2.4 统筹兼顾新老移民

对新建（拟建）大中型水利水电工程移民可按照推荐方案自愿选择社会养老保险安置，亦统筹考虑在建和已建工程中已安置和尚未安置的移民。

初步拟定以下四个新老移民衔接方案。

方案一：将已选择养老保障安置的移民，全部纳入城镇职工养老保险，不足费用项目法人承担；其他方式安置的移民可自费选择参加城镇职工养老保险。

方案二：将已选择养老保障安置的移民，全部纳入城镇职工养老保险，不足费用个人承担50%，项目法人承担50%；其他方式安置的移民可自费选择参加城镇职工养老保险。

方案三：在建和已建工程已安置和尚未安置的移民，均可自费选择参加城镇职工养老保险。

方案四：政策不追溯，在建和已建工程均不适用移民社会养老保险安置方式。

9.2.4.1 方案一

方案一对已选择养老保障安置的在建和已建工程老年移民适当倾斜，一并纳入城镇职工基本养老保险；对其他安置方式的移民可自费选择参加城镇职工养老保险，具体方案如下：

（1）原养老保障安置的农村移民。对在建和已建工程已选择养老保障方式安置的农村移民，可自愿提出申请，以2013年四川省在岗职工平均工资的40%为缴费基数，按20%的缴费比例（其中8%

计入基本养老保险个人账户，12%划入统筹基金）一次性缴纳15年城镇职工基本养老保险费。

将养老保障安置方式移民转入城镇职工基本养老保险，所需资金，首先是剩余的养老保障金，不足部分在建工程以增列生产措施补助费用方式纳入报告，报省扶贫移民局审批后，计入工程移民补偿费用概算；已建工程建议在四川省征收的库区基金和国家分配的中央后扶结余资金中安排解决。

（2）其他方式安置的农村移民。除原养老保障安置方式外，在建工程和已建工程采用其他生产安置的农村移民，为保证审批移民安置规划的严肃性，避免安置方式大规模调整，均按既定的生产安置方式安置。可申请参加城镇职工基本养老保险，按不同年龄段的缴费年限一次性缴费参保。所需费用由个人承担。

考虑对在建工程和已建工程老年移民的政策倾斜，除原养老保障安置方式外参加城镇职工基本养老保险的农村移民，参保时年满65周岁的，缴费金额减少3000元；超过65周岁的，每年长1周岁减少3000元，但实际缴费总金额最少不低于54000元。

9.2.4.2 方案二

方案二将已选择养老保障安置的在建和已建工程老年移民纳入城镇职工基本养老保险。参保政策与方案一相同，在资金来源上，考虑倾斜老年移民的同时，亦尽量避免其他安置方式的攀比，因此现养老保障安置移民参加城镇职工基本养老保险所需费用首先用未领取完的养老保障金缴纳，不足部分资金由移民个人承担50%，其余50%在建工程增列生产安置措施补助费，纳入移民安置规划，已建工程由库区基金统筹解决。

对在建和已建工程其他生产安置方式安置移民，在不改变既定的生产安置方式前提下，对达到法定退休年龄的可申请参加城镇职工基本养老保险，一次性缴费参保。所需费用由个人承担。

9.2.4.3 方案三

方案三在建和已建大中型水利水电工程农村生产安置移民，在不改变既定的生产安置方式前提下，均可申请参加城镇职工基本养老保险，按不同年龄段的缴费年限一次性缴费参保。所需费用均由个人承担。

考虑对在建工程和已建工程老年移民的政策倾斜，参加城镇职工基本养老保险的农村移民，参保时年满65周岁的，缴费金额减少3000元；超过65周岁的，每年长1周岁减少3000元，但实际缴费总金额最少不低于54000元。

9.2.4.4 方案四

方案四移民社会养老保险政策只适用于新建（拟建）工程，对在建和已建工程移民，政策不能追溯，均按既定的生产安置方式进行安置，同时不能申请一次性缴费参加城镇职工基本养老保险。

9.2.4.5 方案比选

1. 经济合理性分析

（1）方案一：将已建和在建工程已选择现养老保障安置的老年移民共计15976人，全部纳入城镇职工基本养老保险。

1）投入产出分析。从投入方面分析，目前参加城镇职工基本养老保险按5.8万元/人计算，将原养老保障安置人口全部调整为社会保障安置方式，初步测算资金总缺口67014.93万元（其中水电工程58625.09万元，水利工程8389.84万元）。规划养老保障安置人口中，99%均为在建工程，因此将养老保障安置方式调整为社会保障安置后，项目业主资金压力将增大。以瀑布沟水电站为例，实际实施养老保障安置方式的移民人数为8339人，按5.9万元/人计算，总缺口43595.04万元，占目前瀑布沟水电站移民安置静态投资的1.63%。从产出方面分析，目前全省人口平均寿命为75.04岁，其中男性为72.35岁，女性为77.59岁，目前已实施养老保障人口平均年龄约68周岁（其中瀑布沟水电站移民占85.7%），按照全省平均寿命预测领取养老金年限约7年；2014年首次领取标准约500元/月，每年国家养老金调增比例按10%计，7年可领取待遇62615.33元，同时参保人死亡后，按照目前政策预测可领取抚恤金和丧葬费共计约39635元/人，因此预测该部分养老保障人口实际总待遇为102250元/人，占一次性人均参保缴费标准58821元的173.8%。不同年龄层次分析详见表9.4。

表9.4　　　不同年龄层次养老保险收益成本分析表

序号	年龄	预测领取待遇年限/年	缴费标准/元	总收益			收益成本比
				小计/元	可领取养老金总额/元	死亡后待遇/元	
1	68周岁	7	58821	102251	62615	39636	1.74
2	70周岁	5	58821	73050	40294	32757	1.24
3	71周岁	4	58821	60409	30631	29779	1.03

可以看出当移民年龄超过71周岁，收益成本比将小于1。

2）已建工程资金缺口筹集问题。根据收集基础数据，已建工程选择养老保障安置方式的移民人数有129人，发放后人均剩余的养老保障金为1409元，按“低进低出”缴费模式，缴费基数为40%，2014年需一次性缴纳基本养老保险金5.9万元计算，人均缺口资金为5.76万元，总缺口资金为742.92万元。由于工程已竣工验收，所需费用报告中建议从库区基金中统筹解决，但需与省财政部门进一步沟通、确认。

3）城镇职工养老保险基金系统压力问题。四川全省已建和在建生产安置人口共计695663人，根据典型测算，达到法定退休年龄的老年移民比重约12.3%，考虑该方案为自费参保，同时需一次性缴纳5.9万元，保守估算参保比例为50%，因此初步估算参保人数（含现养老保障安置移民）约为5万人。在一定程度上将增大城镇职工基本养老保险基金的资金压力。

（2）方案二：将已建和在建工程已选择现养老保障安置的老年移民纳入城镇职工基本养老保险，不足费用50%由移民个人承担，其余50%在建工程增列生产措施补助费，纳入移民安置规划，已建工程由库区基金统筹解决。

1）投入产出分析。从投入方面分析，将原养老保障安置人口全部调整为社会保障安置方式，按不足费用移民承担50%，其余50%由项目法人承担，初步测算资金总缺口33507.47万元（其中水电工程29312.55万元，水利工程4194.92万元）。规划养老保障安置人口中，99%均为在建工程，因此将养老保障安置方式调整为社会保障安置后，项目业主资金压力将增大。以瀑布沟水电站为例，实际实施养老保障安置方式的移民人数为8563人，缺口资金22458.32万元，占目前瀑布沟水电站移民安置静态投资的0.84%。从产出方面分析，与方案一基本一致，当移民年龄超过71周岁，收益成本比将小于1。

2）已建工程资金缺口筹集问题。根据收集基础数据，已建工程选择养老保障安置方式的移民人数有129人，发放后人均剩余的养老保障金为1409元，按四川省2013年被征地农民一次性缴纳基本养老保险金5.9万元计算，人均缺口资金为5.76万元，不足部分移民承担50%，其余50%由建议从库区基金统筹解决，所需资金为371.46万元。

3）方案三：对已建和在建工程移民，均可自愿申请参加城镇职工基本养老保险，所需费用自行承担。该方案不增加项目法人的资金压力。但与方案一类似的是，可能会有约4万达到退休年龄的老年移民一次性缴费15年后参加城镇职工基本养老保险，将增大城镇职工基本养老保险基金的资金压力。

4）方案四：移民社会养老保险安置仅针对新建（拟建）工程，政策不追溯，对已建和在建工程移民均按既定的安置方式进行安置。该方案既不增加在建和已建工程项目法人的资金压力，亦不影响城镇职工基本养老保险基金体系的运行。

2. 风险点分析

方案一、方案二和方案三均存在以下风险点：

（1）其他方式安置移民与养老保障安置移民的相互攀比。由于安置方式不同，选择有土安置、自主安置等方式的移民只能自费缴纳5.9万元参保费用，与养老保障安置移民自己无需缴纳任何费用（方案二缴纳不足部分的50%）即可参保领取待遇相比，存在差距，可能引发矛盾。特别是原满足养老保障条件，但由于当时养老金发放标准较低等原因，没有选择养老保障安置的移民的攀比，虽然同是超龄人员，只能自费缴纳5.9万元参保，差异较大。而这部分移民群体（达到法定退休年龄）初步估计在8.5万人左右。

（2）在建和已建工程新增滑坡塌岸范围的生产安置移民，按新建工程可选择参加社会养老保险安置，存在同一库区，安置政策不同，引起攀比和矛盾的风险较大。

（3）在建尚未安置的移民，可能与新建（拟建）电站移民攀比。新建工程移民尚未安置均可自愿申请社会保障安置，同时参保费用均由项目法人承担，但在建工程中尚未安置的移民，申请社会保障安置所需费用由个人承担，均是未安置移民，如大渡河大岗山与硬梁包水电站，金沙江溪洛渡与白鹤滩水电站，在同流域上下梯级由于享受待遇差异较大，两部分移民可能产生较大攀比。

方案四风险点主要是不考虑在建和已建工程移民的政策衔接问题。在建和已建工程移民可能要求享受新出台的养老保险政策，可能在移民社会养老保险安置政策施行一段时间后，出现川办函〔2009〕302号文对老征地农民政策进行补丁的情况，单独针对在建和已建工程移民参保政策进行补丁。另外，在建和已建工程新增滑坡塌岸范围的生产安置移民，按政策应作为新建工程可选择参加社会养老保险安置，可能引起同一库区移民的攀比和矛盾。

9.2.4.6 推荐方案

根据上述分析，从统筹解决新老移民问题、减少攀比、尽量保持政策的可持续性，同时适当倾斜老年移民的角度，推荐方案二将已选择养老保障安置的在建和已建工程老年移民纳入城镇职工基本养老保险，不足部分资金由移民个人承担50%，其余50%在建工程增列生产安置措施补助费，纳入移民安置规划，已建工程由库区基金统筹解决。

根据测算，规划养老保障安置移民 15976 人，剩余养老保障金 27243.47 万元，人均剩余 17053 元，按照推荐的“低进低出”方案，达到退休年龄的一次性缴纳 5.9 万元，则人均需补缴 41768 元。移民个人需承担 50%，即 20884 元/人；其余部分在建工程由项目法人承担，已建工程由库区基金统筹解决。

9.2.5　利弊分析

9.2.5.1　有利方面

（1）大大提高老年移民抗风险能力和生活保障水平。采取移民社会养老保险安置方式后，老年移民收入水平将高于四川省目前采用的养老保障安置方式的收入水平，且纳入社会保险体系后，领取的养老保险金根据社会经济的发展和社会平均工资水平的变化而动态调整，不再是体外循环、单建统筹，资金保障程度大大提高。同时，移民死亡后，其合法继承人可领取其个人账户中剩余养老金以及抚恤金、丧葬费。移民社会养老保险安置方式资金来源多渠道（业主缴费、国家补助相结合），投资有分摊，政府统兜底。因此，从保障范围、保障水平和后续发展等方面，移民社会养老保险安置较原养老保障安置更可靠，老年移民可以获得长期、稳定的收入，移民更满意。

（2）降低农村移民安置难度，缓解安置压力，推动工程建设。新建工程采用移民社会养老保险安置方式，增大了农村移民生产安置方案的可操作性，有效地缓解了有土安置压力，解决了现阶段四川省移民安置工作中符合养老保障安置条件的移民由于现行养老保障安置方式标准低而不愿选择的问题，减小了移民安置工作的实施难度，缓解安置压力，有利于推动移民安置实施工作。以在建的向家坝水电站为例，四川部分农村生产安置人口 26590 人，规划水平年男满 60 周岁，女满 55 周岁的老年移民约 3314 人，但实际选择现养老保障安置的移民仅 842 人，占老年移民的 25%，推行移民养老保险安置后，达到法定退休年龄的老年移民基本会选择参加社会养老保险，因此会大大降低安置难度。

9.2.5.2 不利方面

（1）移民投资增大，项目法人资金压力增大。采用移民社会养老保险安置方式，一方面对新建（拟建）工程，将增大项目法人资金压力；另一方面对在建工程，为解决现养老保障安置移民问题，亦将增大项目法人资金压力。同时为解决已建工程养老保障安置移民问题，需要动用库区基金，需征得相关部门的同意。

（2）社会稳定面临新问题，存在一定维稳风险。社会养老保险安置方式的出台，对新建工程目前推荐的方案与其他安置方式基本平衡，特别是与目前养老保障安置方式标准平衡，对象衔接，相对于比选方案对其他方式安置移民的冲击最小。但对已建和在建工程可能引起原没有选择养老保障安置的超龄移民的攀比，原已选择养老保障安置的移民，由项目业主或库区基金补助50%，而原来具备条件没有选择的，需全额自费，因此相对于这部分移民存在一定的稳定风险。

（3）存在一定的政策风险。推荐方案建立了一套与现行移民养老保障政策相衔接，但同时又纳入社会保险体系的安置方式，解决了养老保障安置方式一直以来体外循环，单间统筹的尴尬局面。但政策的创新是否可行，行业部门是否认可，对现行的被征地农民是否存在冲击，这将是推荐方案存在的政策风险。

9.3 结论和建议

9.3.1 有关建议

为尽量减少其他行业被征地农民与水利水电工程征地移民之间攀比，保证水利水电工程移民合法权益，同时有效地提高老年移民抗风险能力的角度，在考虑行业政策衔接、统筹考虑新老移民、统筹兼顾水利工程等几方面因素的基础上，水电移民养老保障安置方式应与被征地农民社会养老保险安置政策并轨。经分析，并轨后农村移民社会养老保险安置政策要点如下：

（1）适用范围和对象。四川省行政区域内新建、在建和已建大中型水利水电工程建设征地需要进行生产安置的男年满60周岁，女年满55周岁的农村老年移民，自愿选择进行社会养老保险安置。

（2）新建工程农村移民社会养老保险安置政策。新建工程对选择社会养老保险安置的生产安置农村移民，应在原户籍地按以下方式建立移民养老保险，足额缴纳保险费后，享受相应养老保险待遇；选择养老保险安置的移民，不再进行生产安置。规划水平年男满60周岁、女满55周岁的移民，均可选择参加城镇职工基本养老保险。具体缴费标准，以上年全省在岗职工平均工资的40%为缴费基数，缴费比例为20%（其中8%计入养老保险个人账户，12%划入统筹基金）。参保所需费用由项目法人全额纳入移民安置规划。对达到年龄或超过上述年龄，选择参加城镇职工基本养老保险的老年移民，一次性缴纳15年基本养老保险费，按规定领取基本养老金并享受国家规定的基本养老金调整政策。

根据分析测算，对选择社会养老保险安置的移民，需一次性缴纳5.9万元/人的参保费，较现行其他移民安置方式的人均安置费用高，但相对来说差别不大；从安置后待遇来说，老年移民领取标准约470元/（人·月），较现行农村移民养老保障的每人每月310元高，但差别不大。但是，该政策创新了一个高于现行移民养老保障安置方式标准，又低于现行被征地农民社会保险标准的安置方式，将老年移民纳入了社会保障体系，但缴费基数和领取待遇均低于现行被征地农民的社会保险政策，这是一个政策的创新，需要有关部门的大力支持，可能涉及对全省现行被征地农民养老保险政策有一定影响；但该方案充分考虑与现行移民养老保障政策衔接，将实施范围定位于达到法定退休年龄的老年移民，某种意义上是一种纳入社会保险体系的养老保障政策，但同时亦由建立了一套有别于现行被征地农民社会养老保险体系的政策，存在一定的政策风险。

(3) 统筹解决在建、已建工程移民养老保险问题。为统筹考虑在建和已建工程中已安置和尚未安置的移民的养老保险问题，建议对已选择现养老保障安置的在建和已建工程老年移民适当倾斜，将已选择养老保障安置的移民，全部纳入城镇职工养老保险，不足费用个人承担50%，项目法人承担50%；其他方式安置的移民可自费选择参加城镇职工养老保险。

1）对在建和已建工程已选择养老保障方式安置的农村移民，可自愿提出申请，以2013年全省在岗职工平均工资的40%为缴费基数，按20%的缴费比例（其中8%计入基本养老保险个人账户，12%划入统筹基金）一次性缴纳15年城镇职工基本养老保险费。将养老保障安置方式移民转入城镇职工基本养老保险，所需资金，首先是剩余的养老保障金，不足部分资金由移民个人承担50%，其余50%在建工程增列生产安置措施补助费，纳入移民安置规划，已建工程由库区基金统筹解决。

2）除原养老保障安置方式外，在建工程和已建工程采用其他生产安置的农村移民，为保证审批移民安置规划的严肃性，避免安置方式大规模调整，在不改变既定的生产安置方式的前提下，可申请参加城镇职工基本养老保险，按不同年龄段的缴费年限一次性缴费参保。所需费用由个人承担。考虑对在建工程和已建工程老年移民的政策倾斜，除原养老保障安置方式外参加城镇职工基本养老保险的农村移民，参保时年满65周岁的，缴费金额减少3000元；超过65周岁的，每年长1周岁减少3000元，但实际缴费总金额最少不低于54000元。

经初步测算，实施该政策后四川省在建和已建工程存在资金总缺口33507.47万元。其中已建工程为371.46万元，建议所需费用与省财政部门进一步沟通、确认后从库区基金中统筹解决。同时，对已建和在建工程可能引起原没有选择养老保障安置的超龄移民的攀比，原已选择养老保障安置的移民，由项目业主或库区基金补助50%，而原来具备条件没有选择的，需全额自费，因此相对于这部分移民存在一定的稳定风险。也会引起其他方式安置移民与养老保障安置移民的相互攀比、同一库区新老移民政策不统一、在建尚未安置的移民与新建（拟建）电站移民攀比等问题。

9.3.2　有关问题

（1）生产安置投资平衡分析单元和平衡标准问题。对新建工程达到法定退休年龄的老年移民，选择社会养老保险安置的，按照2014年的缴费水平，养老保险总共需缴纳约5.9万元，较其他安置方式人均安置费用略高，因此若采用目前常规生产安置投资平衡方法，以最小集体经济组织村民小组为单元，将各种生产安置方式所需费用与土地补偿费和安置补助费进行平衡，则可能出现原土地"两费"有结余的村组，由于社会保障安置费用的较高导致土地"两费"不足，需要增列生产措施补助费，集体经济组织将没有节余资金进行分配。实际上，这种平衡方式下，在原各种安置方式安置标准基本相当的情况下，能够保持相对公平，但社会养老保险安置方式较其他安置方式投资过高后，选择社会养老保险安置移民某种意义上是侵占了其他安置方式移民的土地"两费"，存在不公平。因此建议用参保移民所在集体经济组织人均耕（园）地的土地补偿费和安置补助费进行缴纳。

（2）关于农转非的问题。目前，四川省被征地农民参加城镇职工基本养老保险仍以"农转非"为基本前提。但我国户籍制度正在改革，未来将不再区分农业人口和非农人口，都是居民，因此"农转非"的概念将被淡化直至取消，因此，建议建立的移民社会养老保险安置方式，不再将"农转非"作为前置条件，可不改变原农业人口身份参加城镇职工基本养老保险，后期扶持政策亦可同时享受。

（3）社会保障是收入再分配手段，而移民生产安置要解决的应是初次的利益分配问题，因此用再分配去替代初次分配从根本上是存在问题的。

第 10 章 移民货币补偿安置新思路

10.1 背景和概念

10.1.1 实施背景

随着国家政策的调整和水电移民工作的不断深入，移民安置工作中剩余资源不足和远迁难度大的矛盾更加突出，传统的水电移民安置方式已不能完全适应移民安置的需要，为从根本上解决移民长远生计问题，各地纷纷开展了移民安置方式的创新和试点。20 世纪 90 年代至今，广东、四川、广西、湖南、贵州和云南等（省、自治区）水电工程陆续实践了长期实物补偿、长期逐年支付现金、一次性现金支付加养老保险、逐年货币补偿等探索性移民安置方式。

从实践情况看，长期实物或货币补偿安置方式是无土安置方式，可有效缓解水利水电工程大面积征地后土地资源缺乏、按有土方式安置移民难度大的现实问题；在土地资源非常有限、人地矛盾突出、调地安置难度大的现实情况下，实施无土安置可减轻移民安置任务，在一定程度上改变了移民外迁的命运，减轻水库淹没对原有的社会关系网络的影响；另外，无土安置使使搬迁安置更有灵活性，减轻了安置环境容量对安置点选择的制约性，移民可选择交通条件、经济条件、居住环境等条件更为优越的地方进行安置，提高移民的满意度和移民生产水平提高，在一定程度上提高了移民的积极性，对于加快工程建设具有促进作用。

长期实物或货币补偿安置方式对现阶段水利水电移民安置的积极作用使越来越多的项目开始了对逐年补偿安置方式的探索和实践。

经过多年的探索和经验积累，并随着社会经济的不断发展、人们意识及观念的不断变化和进步，积极探索的逐年货币补偿安置方式也在逐步改进做法，解决前期操作问题，并逐渐形成了适宜水利水电行业移民工作的初步做法，创新方式的逐年货币补偿安置逐渐突出，成为保证水利水电移民长期受益的先进的安置方式。

《国家发展改革委关于做好先移民后建设有关工作的通知》（发改能源〔2012〕293）中明确提出探索逐年货币补偿的安置方式，为逐年货币补偿方式提供了国家层面的政策依据；因此，逐年货币补偿方式将会逐渐成为一种新型的常用的移民安置方式。

10.1.2　概念的提出

逐年货币补偿安置早期称为“长效补偿”“长期补偿”“长期逐年补偿”“逐年补偿”等。在广西岩滩水电站、湖南托口水电站、福建界竹口水电站中，采用核算移民每人每年粮食需求量，逐年补给移民粮食或按照市场价格补给购粮货币的移民安置方式，称为长期实物补偿。广西长洲水利枢纽、福建龙门滩二级水电站等采用核算耕地年产值和年收入，按耕地纯收入逐年发放占用费用的移民安置方式，称为长期货币补偿。云南省出台的有关金沙江中游和怒江水电开发移民安置补偿补助意见中对逐年货币补偿的移民安置方式称为长效补偿。近年来四川省针对毛尔盖、两河口以及双江口等大型水电站开展的创新移民安置方式的研究中，相继提出了年付金长效补偿、年付金长期补偿、逐年补偿和逐年货币补偿等概念。

2011年12月，《国家发改委办公厅关于四川黑水河毛尔盖水电站移民安置有关问题的复函》（发改办能源〔2011〕3232号）明确提出了逐年货币补偿安置方式的概念；2012年3月，《国家发展改革委关于做好先移民后建设有关工作的通知》（发改能源〔2012〕293号）中正式提出探索逐年货币补偿安置方式的要求。此后，对水电移民采取逐年进行货币补偿的创新移民安置方式称为逐年货币补偿方式。

目前，国内对逐年货币补偿安置方式尚未形成统一的概念和定义，在补偿标准、补偿时限和资金来源方面存在差异，但总体来说，逐年货币补偿安置方式是指对农村集体经济组织被征收耕（园）地的生产安置移民，按其被征收耕（园）地面积的产值，长期逐年发放货币补偿金的一种生产安置方式。项目法人按照“淹多少，补多少”的原则，对项目建设征地征收的农村集体耕地、园地按依法审定或公布的补偿标准，以现金的形式对移民实行长期补偿，是一种变静态的一次性补偿为动态的长期逐年补偿的生产安置方式。

10.1.3 目前存在问题

逐年货币补偿安置方式已在部分大中型水利水电工程移民中进行探索实践，但就目前的实施现状分析，逐年货币补偿安置存在以下问题：

（1）缺乏政策支持。目前，虽已有电站移民进行逐年货币补偿安置方式的探索实践，但目前大多数省（自治区、直辖市）还未正式出台实施该生产安置方式的制度或管理办法。政策依据的缺乏使得逐年货币补偿安置方式在实施中诸多受阻。例如在四川某电站实施逐年货币补偿安置方式中，对移民进行政策宣传并征求初步意见时，由于较之传统安置方式改变较大，大部分移民要求政府出台正式文件对该方式进行确认和约束。同时，政策依据及配套措施的不完善也为政策的实施留下了一定的问题，如为减少出现社会不稳定问题，实施逐年货币补偿后，应对一次性解放的大量的聚集性劳动力需进行合理的就业引导，同时配套相关培训和优惠政策。

（2）边界条件不统一。根据试点逐年货币补偿安置方式的电站分析可知，目前逐年货币补偿安置方式的补偿范围、补偿标准、兑付方式等边界条件并不完全统一。实施逐年货币补偿的各电站大多按照参照其他电站成功经验，结合自身特点制定本电站的操作方式，如目前已实施逐年货币补偿的电站中，其补偿期限存在50年、土地承包期、电站运行期三种方式。不统一的操作方式一方面为各电站提供了灵活操作的空间，但操作方式的不同一定程度上带来了移民间的不公平，容易引起临近电站移民之间的攀比。

（3）对部分现有政策产生影响。实施逐年货币补偿安置方式后，原有的部分技术规范和政策为其顺利实施造成了一定的阻碍。例如，由于搬迁安置的灵活性，移民往往可选择交通等条件较好的地点进行安置，导致远迁人口所有增加；同时，远迁移民淹没线剩余指标的处理也影响着移民对该种方式的选择和移民的满意度；移民享受的优厚条件容易引起安置地原住居民不平衡；逐年支付的补偿费用能否进入电价成本也影响着项目法人的积极性和资金承受能力等问题，这些是急需研究并制定配套措施的问题。

（4）对其他安置方式产生影响。逐年货币补偿安置方式按照被征收耕园地数量以确定补偿标准，对丧失不同量土地的移民进行区别补偿，与目前现有的其他安置方式的安置原则存在一定差异。现存主要的农业安置、养老保障、自谋职业及投亲靠友等自主安置方式中，安置在同一集体组织内的农业安置大多标准相同，自主安置通常实行全库区相同。安置标准原则的不等同，使新增逐年货币补偿安置方式对现存其他生产安置方式势必产生冲击。为平衡各种生产安置方式，便于移民在同等边界条件下进行选择，减少移民间攀比，现存其他生产安置方式需做出一定的调整。

在此情况下，需要综合逐年货币补偿本身的特点，在考虑对现有政策及现有其他生产方式产生影响的情况，对逐年货币补偿的实施统一边界条件，并及时制定出台相关的政策。

10.2　实施新思路

为更好地实施逐年货币补偿安置方式，有必要结合目前试点电站的成功经验和出现的问题，对实施逐年货币补偿安置方式的补偿对象、补偿范围、补偿形式、补偿标准、补偿资金计算、补偿资金兑付方式、补偿资金动态调整及补偿期限八方面提出实践的新思路。

10.2.1 补偿对象

目前在已实施逐年货币补偿方案的大中型水利水电工程中，确定补偿对象有两种方式：一种是以生产安置人口为补偿对象，根据工程征收土地的情况，以人为单位明确逐年货币补偿的补偿费用，即通常所说“对人不对地”（方式一）；另一种是根据被征收土地的面积和地类据实补偿，确定每亩土地的补偿费用，即通常所说“对地不对人”（方式二）。下面从这两种补偿方式的政策依据、公平合理性、操作性和实践经验分别进行分析。

10.2.1.1 政策依据

根据我国《土地管理法》及《土地承包法》关于土地所有权及使用权的规定，我国土地是国家或集体所有，承包户或个人对土地拥有使用权，受大中型水利水电工程影响的农村耕地同样归集体所有，农户经承包后获得土地使用权。水利水电工程对征收的土地补偿土地补偿费和安置补助费，并交纳“耕地占用税”和“耕地占补平衡开垦费”等土地税费，征收土地所有权发生改变，成为国有用地。因此，依据《物权法》的相关规定，对被征收土地的补偿费用应补偿于土地所有权者，即集体经济组织。因此，从政策依据角度，方式二与《土地管理法》《土地承包法》的精神和实质吻合。

10.2.1.2 公平合理性

方式一以生产安置人口为补偿对象，通常采取人均土地费进行补偿的方式使移民平均享有集体经济组织土地利益，符合集体经济组织土地归集体经济组织成员均等享有的原则，体现了集体经济组织内“大平均”的概念，使选择这种生产安置方式的移民均获得生活保障；由于我国土地承包关系维持长期不变，在土地承包到户后，部分地区集体经济组织内土地承包情况并未因成员增减而进行及时调整，因此，对移民进行平均补偿可以平衡现有土地承包情况的差异，减轻由于固有承包状态给移民带来的收入差距。

对于方式二，对水利水电工程建设征地所涉及的行政区域而言，各行政区域被征收的土地量并不均等；对所涉及的移民而言，被征收的土地亦并非相等，移民间人均剩余土地量和剩余的可进行生产的土地量并不均等，即土地的征收对移民个体造成不均等的影响。因此，按照移民被征收的土地的面积和种类进行据实补偿是对移民实际受影响情况进行补偿，体现了对被征地移民间的公平性，“淹多少，补多少”的原则是对受建设征地影响程度不同的移民的区别对待，对项目业主和移民双方而言都是较为公平合理的方案。

实践中，除云南省部分地区（玉龙县等）选择按照人均统一标准对人补偿之外，贵州、广西、湖南、四川等多地都将逐年货币补偿对象确认为被征收的土地，采取“对地不对人”的方案。

10.2.1.3　操作性

（1）对于方式一，对生产安置人口补偿相等的土地费便于操作中的统一管理，简化工作内容；但是，方式一可能引起移民间的攀比，且使征收土地量少的生产安置人口投机选择，增加补偿资金压力，也对征收土地量多的生产安置人口不公平。若采取方式一，为与其补偿对象相协调，集体经济组织应对剩余土地再次进行平均分配，以实现集体经济组织成员均等享有被征收土地的补偿收益和剩余土地的承包权利，这便增加了实际操作中的工作内容。

在已实践的工程中，根据《云南金沙江中游水电开发移民安置补偿补助意见的通知》（云政发〔2007〕159 号），云南省以人均补偿法确认补偿对象。金沙江中下游河段水电工程逐年货币补偿对象的界定方法中以人为补偿对象的主要有如下三种：①针对外迁集中安置移民，搬迁安置移民均列为逐年货币补偿人口，享受统一长效补偿标准。②逐年货币补偿人口指标落实到村组后，由村组按照实际占用耕地面积大小、年龄大小等原则分解到户、到人。③根据库区征收耕园地情况，对选择逐年补偿的生产安置人口全库区统一执行同一补偿标准。如金沙江下游的溪洛渡及向家坝电站在实施逐年货币补偿安置时，对选择逐年货币补偿的生产安置人口每人每月补偿160元，以现金方式发放，不再配置土地。

（2）对于方式二，按照被征收的土地的面积和种类据实补偿，不需要落实逐年货币补偿人口，仅按照征占用耕地面积落实逐年货币补偿金额到户，每户领取逐年货币补偿费用。从操作性上分析，方式二需对承包到户的被征收土地进行区别登记、计算和发放等方面的管理，增加了工作内容，但由于土地勘界成果可反映建设征地区各级行政单元内永久征收的集体承包土地数量，征收的土地地类和数量为固定值，不会随时间推移而发生变化，因此方式二的补偿范围较为明确，减少了复核等后续工作。

另外，方式二充分尊重了土地承包情况的现状，并不需要打破现有承包情况再次进行土地分配，减少了补偿后的工作内容，减少对现有事实的扰动，也减少了社会不稳定因素。

目前实践逐年货币补偿的水利水电工程中，除云南省以外的水利水电工程大多以被征收土地（耕地或园地）为对象进行补偿，包括最早的双河口水电站、长洲枢纽、四川毛尔盖水电站和两河口水电站等，同时，原以发放口粮的广西岩滩水电站，在实施口粮的货币补助后亦实施将移民口粮补助费定额发放至各村民小组，由村民小组制定本村民小组口粮补助分配方案，足额分配落实到户到人的方案。

10.2.1.4 小结

通过分析，综合两种方式间的政策依据、合理性、可操作性（表10.1），结合现有工程的实践经验分析，为充分体现对移民受不同程度的征地影响进行不同补偿标准的思想，同时减少后续延伸工作，建议采用方式二，即按照被征收土地的面积和种类进行据实补偿。

表10.1　　两种补偿对象对比分析表

方式	补偿对象	法律依据	合理性	操作性	实践电站	是否推荐采用
方式一	“对人不对地”	不具有法律依据	集体经济组织内“大平均”，可平衡现有土地承包情况的差异，减轻由于固有承包状态给移民带来的收入差距	（1）使征收土地量少的生产安置人口投机选择，对征收土地量多的生产安置人口产生不公平； （2）集体经济组织应对剩余土地再次进行平均分配	溪洛渡、向家坝	否
方式二	“对地不对人”	根据法律要求，应补偿于土地所有权者，即集体经济组织	对移民实际受影响情况进行补偿，体现了对被征地移民间的公平性，对受建设征地影响程度不同的移民进行区别对待	（1）征收的土地地类和数量为固定值，不会随时间推移而发生变化，因此其补偿范围较为明确； （2）充分尊重了土地承包情况的现状，并不需要打破现有承包情况再次进行土地分配	双河口、长洲枢纽、毛尔盖、两河口等	是

10.2.2　补偿范围

在对被征收土地进行据实补偿确定后，需进一步确定逐年货币补偿的土地补偿范围。水电工程涉及征收的土地类别很多，哪些类别适合进行逐年货币补偿，哪些类别的土地更适合一次性补偿，是补偿范围需要确定的重点。按照《土地分类》（国土资发〔2001〕255号）的内容，我国农用地包括：耕地、园地、林地、牧草地及其他农用地五类。对这五类农用地是否适合逐年货币补偿应当结合受影响区域农民的主要收入构成以及五类农用地的自身特点分析。

通常认为林地、牧草地及其他农用地的产出很难以确切的时间段为衡量单位，且这三类农用地直接经济产出量的核算难度也较大，不适合采用逐年货币补偿的方案，被征收后应一次性补偿于集体经济组织。对于耕地和园地是否纳入逐年货币补偿范围，根据现有的实践经验和研究理论，目前主要存在两种方式：以被征收的耕地（含可调整为耕地的园地）为补偿范围，以及以被征收的耕地和园地为补偿范围。同时，对移民的开荒土地是否进行补偿同样存在争议。因此下面依次对耕地、园地、开荒耕园地进行分析。

10.2.2.1 耕（园）地

从农民的收入构成角度分析，农民的收入包括农业、林业、牧业、渔业及副业等其他行业收入，农业收入中种植业的收入占绝大部分，种植业的收入主要是通过耕地获得的，工程建设对移民生产生活影响的也主要体现在征收耕地后影响农民的种植业收入，因此，在各地的逐年货币补偿方案实践中耕地都被首先确认为必须补偿的对象。

在各地的实践案例中，除可调整为耕地的园地外其他园地，则会因大型水利水电项目所在地的实际情况，综合考虑相应类别的土地征收量及当地移民的收入构成，确定是否纳入逐年货币补偿的范围。主要从以下三方面进行分析：

（1）从耕地、园地各自的特点角度分析，在绝大多数地区，耕地、园地一般都是一年一产或一年两产，园地收入主要来源于各类成年果木，具有直接经济产出，在土地产出及收益多元化发展中，园地已逐步成为大多数农民农业收入的主要部分。

（2）从历史原因和种植条件角度分析，根据现有实际情况，大部分种植果木的土地由于生长环境需要，原是由改变耕地的耕作方式直接进行转化而来；其余园地则有开荒土地进行逐渐的熟化而来。在经过土地熟化期后，土壤得到了改良，使园地本身具有与耕地同样的耕作条件。

（3）从行业技术规范分析，根据《水电工程农村移民安置规划设计规范》（DL/T 5378—2007）：“生产安置人口应以其主要农业收入来源受水电工程建设征地影响的程度为依据计算确定。对以耕

(园）地为主要收入来源者，按建设征地处理范围涉及计算单元的耕(园）地面积除以该计算单元征地前平均每人占有的耕（园）地数量计算生产安置人口”。《水利水电工程建设征地移民安置规划设计规范》(SL 209—2009）规定：“生产安置人口应以其主要生产资料受淹没影响的程度为基础进行确定。对以耕（园）地为主要生活来源者，按库区涉淹村、组受淹没影响的耕（园）地，除以该村、组征地前平均每人占有的耕（园）地数量计算，必要时还应考虑库内与库外土地质量极差因素”。可见，水电、水利相关规范将园地均纳入了生产安置人口计算的基础。

从园地自身的特点分析，将园地纳入逐年货币补偿范围是合理的。但同时考虑到水利水电建设征地涉及各区域的实际情况有所不同，结合移民安置行业技术规范，应根据建设征地区被征地移民人均农业收入构成情况进行分析，在园地收入为移民主要农业收入的情况下，将园地也纳入逐年货币补偿的补偿对象。需要注意的是，为提高分析的针对性，在分析过程中，需专门分析被征地移民的农业收入构成，而非建设征地涉及行政区域内农民的家庭收入构成情况。

10.2.2.2　开荒耕地和园地

通常，在水库工程建设征地区，土地承包到户之后，农民为了改善生存条件，在此基础上又通过自主开荒获得了很多耕地、园地，特别是园地。对自主开垦获得的耕、园地是否纳入逐年货币补偿范围需要明确。

1. 政策依据

依据目前法律规定，《土地管理法》第四章第四十条规定：“开垦禁止开垦坡度以下、五度以上的荒坡地，必须经县级人民政府水行政主管部门批准；开发未确定使用权的国有荒山、荒地、荒滩从事种植业、林业、畜牧业、渔业生产的，经县级以上人民政府依法批准，可以确定给开发单位或者个人长期使用。”可见，农户自主开荒是被法律在一定条件下所认可的行为，其开荒后的土地所有权同样受法律保护。《土地承包法》第二十八条规定："下列土地应当用于调整承包土地或者承包给新增人口……（二）通过依法开垦等方式增加的"。《土地承包法释义》对该条的解释为："按照以上规定通过开垦等方式增加的土地，应当用于调整承包土地或者承包给新增人口，以解决人地矛盾的问题。"可以看出，通过规定方式进行开垦而增加的这部分土地可用于调整承包土地或者承包给新增人口，即享有与集体经济组织所有的其他土地相同的地位。

2. 技术规范和操作性

首先，根据移民行业技术规范，建设征地影响的实物指标的调查是对"土地利用现状"进行调查，对于现状地类与土地证书上不符合的，应进行现场复核确定。对于自主开垦用于耕种的土地，应以土地耕作事实作为调查的结果。其次，从操作性角度分析，对集体经济组织所有的土地进行开垦的，并不会增加集体经济组织土地总量，而是对地类的改变。因此，在实际操作中，本书认为应尊重事实，减少对现实情况的扰动，以降低社会稳定风险。同时，通过相关电站实际情况分析，对于承包合同中没有自主开荒的土地，村集体、集体成员通常并没有就此提出过争议，认为是属于开荒者应得的使用权。各地补偿范围实践中也并未强调补偿范围是否仅包括1982年依法承包到户的耕园地，仅强调"淹多少，补多少"的原则，以移民被征收的实际耕园地为基础确定补偿范围。在云南梨园水电站中，为保障移民的切身利益和发展，电站涉及两县出具认可文件确认建设征地范围内移民自行开垦并耕种3年以上，无使用权纠纷的土地，予以明确土地使用者的承包经营权，并予以完善相关手续。

综合相关法律对开垦土地的分配认可，同时从技术规范和历史情况等方面分析，并结合现有实践经验，对移民自主开垦用于耕种的土地，同样构成了移民农业收入的一部分，与其他承包土地一样，应纳入逐年货币补偿的范围。

10.2.2.3　小结

对于逐年货币补偿范围，本书认为应包括集体经济组织所有的耕地，作为移民重要农业收入的园地，以及通过自主开垦获得的耕地、园地，以下统称为集体经济组织所有的耕（园）地。

10.2.3　补偿形式

从目前实践情况分析，对征收的农村耕（园）地进行逐年补偿主要有实物和货币补偿两种形式。实物补偿方式是核算移民每人每年粮食需求量，逐年补给移民粮食或按照市场价格补给购粮货币，如广西岩滩电站；或者为移民配置部分口粮田，不足部分由项目法人按粮食补足，如广西岩滩水电站、湖南托口水电站、福建界竹口水电站。货币补偿是按照“淹多少、补多少”的原则，对水电工程建设征收耕地进行长期现金补偿，目前大多数实践电站都以货币形式进行补偿。

10.2.3.1　实物补偿方式

兑付实物的好处是移民可以直接拿到粮食，省略了购买的环节；坏处在于只能以某一种粮食支付，由于土地产出和实物需求的多样性，单一补偿粮食并不能满足移民生活的全部需要，而忽略了粮食除了满足移民的日常生活还需满足牲畜的饲养，忽略了多样性的需求；同时也忽略了土地除粮食外的其他产出产值。在实践情况中，广西岩滩水电站采取给移民发放口粮的方式（每人每月 12.25kg 大米），在粮食价格放开后，根据移民的要求，基本上是给部分移民按照市场粮食价格发放购买粮食的货币，移民生活贫困，移民安置遗留问题多。对于湖南托口水电站，以“口粮田补偿标准为 625kg/亩，人均口粮田需求为 0.5 亩”作为安置标准，以村民小组为单位计算，以 0.5 亩作为补偿后需达到的目标，操作较为成功。

10.2.3.2　货币补偿方式

随着物流业的迅速发展，直接拿到粮食的优势已渐渐削弱，补偿同类粮食的方式伴随着可能滋生多样性选择限制的劣势，也直接忽略了土地的其他产出从而使所获少于土地产值。由于货币本身的通用性，货币补偿方式可有效地解决实物补偿中移民对粮食的多样性需求。较之实物补偿，货币补偿方式应用范围更广、接受程度更高、且更能适应经济社会的变化，对提高移民生产生活水平更有利。通过目前实践情况来看，实践项目情况中，除极少数外，绝大多数项目均选择货币补偿方式，且移民满意度高，依赖性逐渐增加。

10.2.3.3 小结

从方便移民生活、提高移民生产生活水平的角度分析，同时结合目前电站实践情况，应以货币方式作为逐年补偿的补偿形式。

10.2.4 补偿标准

《土地管理法》第四十七条规定："征收耕地的补偿费用包括土地补偿费、安置补助费以及地上附着物和青苗的补偿费。征收耕地的土地补偿费，为该耕地被征收前三年平均年产值的六至十倍"。即土地管理法规定征地补偿中土地补偿费的补偿标准即为"该耕地被征收前三年平均年产值"。而用于逐年货币补偿标准，如何进行土地年产值测算、土地年产值是否扣除生产成本、是否对不同等级土地进行分级标准进行补偿需要进一步进行确定。

10.2.4.1 土地年产值的确定方法

土地年产值的确定方法在实际操作中也略有不同。如从四川省国土资源厅发布的《关于公布执行征地统一年产值标准的函》（川国土资函〔2014〕1170号）中可以看出，四川省耕地统一年产值由政府逐级上报，国土资源厅通过厅务会审议通过后报省政府同意，由市（州）政府公示后审定并报省政府备案。贵州省双河口电站按照国家审定的龙滩水电站征用的耕地年产值执行；云南省政策是以被淹法定承包耕地前3年的谷物平均产量为基础，依据所对应年份省粮食主管部门公布的粮食交易价格确定耕地平均亩产值；福建省规定亩产值具体数值由区县确定后上报省里备案。目前大多数省份已公布了分区域的征地最低年产值标准，要求各项目遵照执行，因此逐年货币补偿标准执行政府审定公布标准具有很强的操作性，且可与其他项目征地保持一致，遵循同地同价原则，体现征收土地的公平性，减少因不同征地而失地的农民之间的攀比。因此，本书认为在已有公布的年产值的省份，逐年货币补偿标准参照执行，在其余省份可通过征收土地在此前 3 年的平均年产值进行测算采用。

10.2.4.2　土地年产值是否扣除生产成本

一般来说，对征收耕（园）地进行逐年货币补偿有两种标准：一是按耕地的年产值逐年补偿，即以被淹耕地每亩一年的粮食产量作为补偿标准；二是按耕地的净产值逐年补偿，即在亩产值的基础上扣除人工、化肥等成本费用后的产值。实际电站在进行逐年货币补偿时，上述两种标准都有所体现。如云南阿海水电站、观音岩水电站、梨园水电站、四川两河口电站和贵州双河口水电站拟采用耕地亩产值。广西岩滩水电站、广西长洲水利枢纽和四川毛尔盖水电站等项目则采用耕地净产值。

对于采用土地年产值作为土地补偿标准时否扣除生产成本，从以下几个方面进行研究：

（1）通过分析可以发现，政府部门公布的土地年产值或其他有资质的部门测算的土地年产值均综合考虑该区域同类土地中不同海拔、可种植类型不同、不同灌溉等生产条件的所有土地，以该区域此类土地的平均年产值进行测算和确定。而对于水利水电工程建设征地，征收土地往往位于该区域内海拔较低、土地可种植和产出的类型较多、灌溉排水等条件较好的河谷地带土地，河谷地带土地的产出相对高山未被征收的土地产出较大。因此，若对河谷地带土地与高山低产出土地采用同样的征收补偿标准，势必造成不公平。而通过测算，扣除生产成本后的河谷地带土地产出往往与该区域内的平均土地产出基本相当。

（2）从土地征收补偿中，目前其他补偿的操作方式来看，均以土地年产值而非净产值作为补偿基础，并未提及采用土地净产值。如对征收土地计算“土地两费”时，均以土地年产值作为单价进行计算；对青苗等土地附着物的补偿，均按照土地年产值为基数按农作物熟制进行补偿；对临时征用土地进行补偿时，亦以土地年产值为基数根据“占一年补一年”进行计列，均未从中扣除生产成本。

（3）在实际实施过程中，因土地的生产成本具有很强的个体性，受到土地地类、土地种植类型、所属地区等因素影响而难以统一，测算难度大；从操作性上看，对政府公布的标准扣减成本后再发放的实施难度大，移民接受度低，鉴于此，多数试点电站采用耕地亩产值标准进行补偿。

综上，鉴于各方面的原因，应采用耕地亩产值而非净产值作为被征收土地的逐年货币补偿标准。

10.2.4.3 不同等级土地是否执行分级补偿标准

（1）各省市执行标准现状。从四川省国土资源厅发布的《关于公布执行征地统一年产值标准的函》（川国土资函〔2014〕1170号）中可以看出，四川省将耕地分为7～21级共15个等级，分别发布了各等级耕地的征地统一年产值；同时对全省所有乡镇的耕地进行等级划分，分别规定各乡镇的最低征地年产值。其他省亦有类似操作方式，如湖南省按照各市（县）将土地分为Ⅰ～Ⅵ区，根据地类不同设定不同的补偿标准；江苏省将全省划分为四类地区，执行相应的征地补偿标准；浙江省规定了全省征收农村集体土地全面实行区片综合价补偿，并规定了分区域的全省征地补偿最低区片综合价标准。

（2）土地分等定级研究和实践情况。将土地分类定级可以充分考虑土地所在地区的经济社会发展情况，坚持公平原则，切实维护被征地农民和农村集体经济组织的合法权益，有效保障被征地农民的基本生活和长远生计；同时对土地执行分等定级标准可使水利水电工程建设征地与其他工程建设征地保持“同地同价”，执行同一征地标准，减少移民间的攀比。

在已实践电站中，观音岩水电站制定移民耕地补偿时将耕地分为水田、旱地和菜地，并制定不同的补偿标准。梨园水电站分为水田、旱地、水浇地和菜地，并根据农作物的不同，划定相应的亩产量和农作物单价。毛尔盖水电站亦分为四类耕地执行不同的补偿标准。

综上，本书认为应将补偿土地根据不同类型和用途分为多个类别或等级，根据类别和等级制定不同的补偿标准；同时，在执行中可根据库区实际情况具体研究是否执行全库区一致标准。

10.2.4.4　小结

通过分析，应以耕地亩产值作为逐年货币补偿的补偿标准，并根据土地等级或区域进行分级执行；对已公布征地标准的地区执行公布标准，对未公布征地标准的地区进行耕地亩产值测算执行。

10.2.5　补偿资金计算

通过已实践逐年货币补偿的电站及现有的理论分析总结，对于补偿资金计算中是否进行保底与封顶，目前所探索的主要有保底封顶、保底不封顶、不保底不封顶三种方式。

10.2.5.1　合规性

我国《土地管理法》《土地承包法》《大中型水利水电工程建设征地补偿和移民安置条例》以及各地关于移民安置补偿的省级政策规定中，均对农民的耕园地使用权进行了保护，对于被征收的土地，现有法律及政策中均规定必须按照土地原有用途进行足额补偿。对于大中型水利水电工程建设用地同样必须做到应补尽补，本着“淹多少，补多少”的原则制定移民安置计划。可见，若对征地补偿采取保底与封顶处理并不合规。

10.2.5.2　合理性

水利水电工程建设征收移民耕（园）地，使其失去部分或全部的生产资料。一方面，若对某些被征收的耕园地较少的农户采取保底方案，则相当于强加于项目法人的责任。因移民的贫困并非项目法人导致，项目法人无由承担保底带来的额外责任，这是对项目法人的不公平待遇。而另一方面，若对某些被征收的耕园地较多的农户采取封顶方案，则会侵犯农户的合法权益，看似为了避免农户之间的攀比，实则是盲目平均，封顶线之上的利益由农户无条件转移给项目法人，是对移民的不公平待遇。

10.2.5.3 操作性

从操作性上分析，无论保底抑或封顶，均变动了村组补偿费用总量。由于统一村组内补偿单价一致，因此，补偿费用总量的变化直接反映为被补偿耕（园）地总量的变化，从而引起前后指标的不平衡。从目的性分析，归根结底，保底或封顶的目的是对移民间的补偿资金收入进行平衡，以减轻由于固有承包情况对部分移民产生不公平，但通过后续分析将提到，此类不平衡可通过补偿资金兑付到户前，由集体经济组织通过村民委员会等形式商议发放方案而解决，将更有效地减小内部成员收入的不平衡。

10.2.5.4 小结

本书认为必须对所有征收土地按照相关规定足额补偿，不进行保底亦不进行封顶。同时建议对生活确实困难、被征收的耕园地数量又有限的逐年货币补偿移民，纳入社会救助体系实施救助，结合移民安置规划方案，将此部分移民加入到农村最低生活保障制度的救助对象。

10.2.6 补偿资金兑付方式

通过已实践逐年货币补偿的电站及现有的理论分析总结，对于逐年货币补偿的补偿资金兑付方式大致存在兑付到人、兑付到户及兑付到集体经济组织三种观点。

10.2.6.1 土地所有权

从土地所有权方面分析，我国土地是国家或集体所有，进行逐年货币补偿的耕（园）地同样归集体所有。因被征收后，土地的土地权属性质发生改变，由集体所有变为国家所有，土地的逐年货币补偿归根到底是对征收土地权属之后的补偿。根据我国《土地管理法》《土地承包法》关于土地所有权及《物权法》的相关规定，土地补偿费用应补偿于土地所有权者，此处为集体经济组织。因此，拥有被补偿耕（园）地所有权的集体经济组织享有其逐年补偿资金。

10.2.6.2　平衡历史差异

根据农用地实际情况分析，诸多水利水电工程所涉及农用地自 1982 年承包到户之后，一直维持原承包关系不变，再未进行调整，导致现有承包情况存在一定的滞后性和土地分配的不完全性。若将集体所有的土地分配固化在当前状态，对承包到户后因为生育、婚嫁等情况变动的人口将存在不公平性；同时也将导致自逐年货币补偿方案实施之日起，移民之间在补偿款方面的贫富差距将被一直延续下去，随着逐年货币补偿标准的提高，这一差距还有可能进一步扩大。

10.2.6.3　可操作性

从可操作性上进行分析，因土地征收后，各移民户选择不同方式进行安置，成员分散可能导致原有集体经济组织难进行统一管理；同时，逐年货币补偿期限长，集体经济组织难以实现逐年进行资金分配方案的讨论和分配。

10.2.6.4　小结

鉴于兑付于集体经济组织在操作性上的难度，结合上述对土地所有权及历史差异平衡方面的分析，本书认为可在补偿资金发放前，首先由集体经济组织行使土地所有权，制定并提交统一的分配方案；此后，按照资金分配方案，逐年货币补偿资金直接兑付于移民户。

分配方案前，移民户间可根据自身需要，自由进行土地流转。分配方案通过集体经济组织成员商议或经本集体经济组织成员的村民会议三分之二以上成员或者三分之二以上村民代表的同意后形成。

集体经济组织研究制订分配方案可平衡处理移民户间较大差异，以减少因收入差异大而引起被征收土地面积、类型相差较大的农户之间的攀比心理。

10.2.7 补偿资金动态调整

10.2.7.1 建立动态调整的必要性

首先，根据前述补偿标准可知，征地补偿中土地补偿费用标准为被耕地发布或测算的被征收前三年平均年产值。伴随经济社会的发展、一定程度的通货膨胀及居民消费价格指数的上涨，被征收的耕（园）地年产值也会随之有所增长。因此，从经济社会发展的角度分析，逐年货币补偿标准必须建立动态调整机制，与经济发展水平保持基本同步。

其次，党的十八大报告中指出："我国要确保到2020年实现全面建设小康社会的宏伟目标，转变经济发展方式取得重大进展，在发展平衡性、协调性、可持续性明显增强的基础上，实现国内生产总值和城乡居民人均收入比2020年翻一番。"对于农村居民，其主要收入来源于土地，土地在一定程度上承载了农民的就业保障功能，水利水电工程建设征收土地的同时也使得农民失去了与之相应的就业保障，因此为保障被征地农民的收入水平不下降，与非移民共同实现收入翻番的目标，针对征收土地的补偿标准也需要动态调整。可见，从保障移民收入不下降的角度分析，逐年货币补偿标准必须建立动态调整机制，与社会平均工资的上涨同步进行。

此外，逐年货币补偿标准的动态调整机制设置，也是完善安置方案本身的要求。槽渔滩水电站对移民实行长期货币补偿的，通过土地入股安置，槽渔滩移民每人每年收益约650元，在入股分红初期，移民因收入轻松超过其他非移民而接受度高，但分红涨幅小，十几年后，因分红已与当前生活所需极不相当，移民已多有不满。因此，为避免未经动态调整的补偿标准与社会发展水平相脱节，补偿水平对移民不再实现生产安置的作用，而与政策初衷相悖，逐年货币补偿安置必须建立补偿标准动态调整机制。对一个相对完善的安置方案，移民的接受程度也较高，解决了移民的后顾之忧，提高了移民的搬迁意愿，同时对移民今后的生活多重保障，能够促进移民工作“搬得出，稳得住，能发展，可致富”的政策目标的实现。

10.2.7.2　逐年货币补偿动态调整的频率和方式

《国土资源部关于进一步做好征地管理工作的通知》（国土资发〔2010〕96 号）中明确规定：“各地应建立征地补偿标准动态调整机制，根据经济发展水平、当地人均收入增长幅度等情况，每 2～3 年对征地补偿标准进行调整，逐步提高征地补偿水平。目前实施的征地补偿标准已超过规定年限的省份，应按此要求尽快调整修订。未及时调整的，不予通过用地审查。”结合逐年货币补偿标准的采用形式，本书认为应将逐年货币补偿根据公布的耕地亩产值进行动态调整，或每 3 年对耕地的测产标准进行重新测算和调整。

10.2.8　补偿期限

通过已实践逐年货币补偿的电站及现有的理论分析总结，对于逐年货币补偿的补偿年限大致存在两种观点：一是与土地承包期一致；二是与电站运行期一致。

各电站在确定逐年货币补偿的补偿时限时有所不同。较早尝试逐年货币补偿的云南、广西等省（自治区）的相关政策中，规定逐年货币补偿时限与电站运行期限相同。四川毛尔盖水电站、云南桥头水电站、广西岩滩水电站和长洲水利枢纽、湖南托口水电站等逐年货币补偿的时限与电站运行期限相同。而两河口水电站在进行逐年货币补偿时从满足移民心理预期、政府承担兜底责任、与现行的集体土地承包政策衔接一致等方面考虑，逐年货币补偿时限与土地承包年限一致。

10.2.8.1　与土地承包期一致

以土地承包期为逐年货币补偿年限有一定的缺陷。我国《土地承包法》规定的土地承包期为 30 年，可延长至 50 年。由于水利水电工程建设征地改变了土地所有权，土地不再属于集体经济组织所有，移民当前的土地承包关系也已终止，并无法获得补偿款项。如果现在土地承包期仍然成立，土地承包期满后，移民也将不能继续进行承包。

因此，若以土地承包期作为逐年货币补偿年限，当土地承包期满后，移民将无法再获得逐年补偿资金，使移民生产生活情况受到影响。就目前情况分析，我国大多数地区均在 1982 年进行了土地承包到户，目前已过去 32 年之久，剩余承包年限仅为 18 年。若现今移民在 18 年后将不再获得逐年货币补偿资金，这部分移民很可能面临生产生活问题，成为电站移民工程遗留问题。

10.2.8.2 与电站运行期一致

现有理论分析认为，逐年货币补偿是项目法人对征收移民的耕（园）地按依法审定的补偿标准，以现金或其他形式对移民实行长期补偿，电站运行一年，补偿一年，直至电站运行期结束。如果电站的所有权和经营权发生变更，则补偿责任也相应转移。

但对于电站运行期而言，存在以下问题。

（1）将电站运行期作为逐年货币补偿年限基于水利水电工程报废后将对土地进行复垦，交由移民耕种。然而目前，尚无可靠的法律政策依据要求报废的水利水电工程必须进行复垦，且恢复农用地耕作条件。

同时，电站运行的长期性也为电站复垦带来了不确定性，运行废止后的社会经济及技术环境难以预料，对电站废止后的土地进行复垦且恢复至农业生产标准未必会适合当时的经济社会发展情况。若不能再用于农业生产，则恢复不了移民的生产条件，逐年补偿的费用理应继续；若无需复垦土地至农业生产标准，根据当时的社会经济条件，逐年货币补偿可能已可提前终止或改变其补偿方式和金额。

（2）同样的，由于土地所有权已经发生改变，征收后，土地收归国有，项目法人拥有土地使用权。项目报废后，根据我国现行土地管理制度，土地可由项目法人申请变更使用方式另作他用，或归还于国家再行安排，并不能直接改变土地所有权而归还于原集体经济组织。

因此，将电站运行期作为逐年货币补偿的期限亦有不合适。

10.2.8.3 小结

通过分析，因土地承包期和电站运行期都有可能由于政策、技术等方面的原因出现不确定性因素，导致研究期限暂不能明确。同时，为便于与今后移民政策相衔接，应将逐年货币补偿的补偿期限暂定为长期。

10.3 实施影响分析

10.3.1 对其他生产安置方式的影响

10.3.1.1 新建电站

现存主要的农业安置、养老保障、自谋职业及投亲靠友等自主安置方式中，无论被征收耕园地多少与否，安置在同一集体组织内的农业安置标准基本相同，自主安置的安置标准通常实行全库区相同。而逐年货币补偿安置方式是按照被征收耕（园）地数量以确定补偿资金，对丧失不同量土地的移民进行区别补偿，与目前现有的其他安置方式的安置标准制定原则存在一定差异。安置标准原则的不等同，使新增逐年货币补偿安置方式对现存其他生产安置方式势必产生冲击。为平衡各种生产安置方式，便于移民在同等边界条件下进行选择，减少移民间攀比，现存其他生产安置方式需做出一定的调整。

通过分析，逐年货币补偿根据移民户被征收的耕（园）地数量进行补偿安置，弱化了生产安置人口，强调根据被征收数量进行对等补偿，体现了对移民的公平对待，可减少移民根据被征收土地的多少进行投机选择生产安置方式，也减少移民间的攀比。因此，新增逐年货币补偿安置方式后，为进行各种生产安置方式之间的平衡，有土安置及自主安置的安置标准均应与移民户被征收耕（园）地直接关联。具体方案如下：

（1）根据被征收耕（园）地到户及移民分户结果，按照规范要求计算每户的生产安置人口，生产安置人口不小于1的移民户可进行养老保障安置方式选择。若有家庭成员选择养老保障生产安置方式，该户则按照征地前本村组内人均耕（园）地量与选择养老保障的人数的乘积对本户被征收耕（园）地进行扣减。

（2）移民户可将剩余耕（园）地数量用于选择有土安置和逐年货币补偿进行安置。若该户选择有土安置，则该户用于逐年货币补偿安置的耕（园）地按生产安置配置的土地扣减相应面积。该户扣除养老保险和有土安置相应面积后剩余的耕（园）地面积作为逐年货币补偿的计算基数。例如，该村组内土地征收前人均耕（园）地数量为A，某户移民被征收的耕（园）地数量为S亩，本户生产安置人口数大于1，经协商，本户有X人选择养老保障安置方式，则本户可用于选择养老保障安置之外生产安置的耕（园）地数量为$S-X\times A$。剩余土地中，该移民可将S_1亩耕（园）地用于选择有土安置，将S_2亩耕（园）地用于选择进行逐年货币补偿，其中$X\times A+S_1+S_2=S$。那么，在进行生产安置时，为该户移民配置S_1亩耕地，将S_2亩耕（园）地的统一年产值进行逐年补偿。

10.3.1.2 在建电站

以下对是否对在建电站未完成生产安置的移民实施逐年货币补偿安置进行研究。

（1）由于逐年货币补偿以被征收的耕（园）地土地“两费”计入概算，因此，将在建电站未完成生产安置的移民纳入实施范围并不会增加移民安置投资，但同时又将面临以下问题：

1）与其他已生产安置移民的安置标准不一致。根据前述研究，逐年货币补偿安置的安置标准与现有有土安置、养老保险及自主安置的安置标准的平均原则有很大差异。已实施部分移民生产安置后，若对同一库区的剩余移民增加对逐年货币补偿安置方式的选择权，势必引起移民间生产安置的不公平，同时可能造成部分已安置移民的攀比和不满情绪，引起社会不稳定因素。对移民安置工作持续时间长的部分大型电站，其影响将更为深远。

2）造成已有工作和生产措施的浪费。对在建工程实施逐年货币补偿安置，可能使部分未完成安置的移民意愿变化，放弃有土安置等安置方式，从而引起现有生产和搬迁安置规划发生改变，破坏现有工作基础。移民安置的重新规划设计工作需重新进行政策宣传、对接，存在对已进行土地筹措和生产安置措施造成浪费的可能，同时，已有工作的浪费和工作内容的反复也增加移民工作周期。

3）需要对耕（园）地落实到户。若要实施逐年货币补偿，耕（园）地必须落实到户，以此作为各移民户补偿费用的计算基数。根据四川省现有在建电站实际情况，大多数电站未实施集体经济组织的耕（园）地调查到户或分解到户工作，且电站征收土地量大，且电站主体工程已使用或淹没部分土地，征收前的土地情况已破坏，实施土地指标分解到户操作难度大。

（2）若不将在建电站未完成生产安置的移民纳入实施范围，对于被征收耕（园）地量多、超出集体经济组织人均耕（园）地的移民户，按照现有生产安置人口的计算和安置标准，该户移民获得的土地配置量或领取的费用将少于在实施逐年货币补偿条件下所获得的土地或费用。此种情况下，特别是临近电站实施逐年货币补偿政策时，可能造成部分移民不满足于已有安置形式，引起不满情绪。

基于以上分析，逐年货币补偿适宜在新建电站中推广宣传，由于与目前安置标准的配置原则有较大差异，已建电站并不适宜再行实施逐年货币补偿。

10.3.2　对移民工作三个主体的影响

10.3.2.1　移民个人

（1）获得与被征收耕（园）地相对等的生产资料。在逐年货币补偿安置制度下，移民可将全部被征收的耕（园）地用于选择养老保险、有土安置和逐年货币安置方式，有土安置和逐年货币安置方式的安置标准将于移民户自身被征收的耕（园）地量直接相关，较目前各安置方式在生产安置人口中相对平均的安置原则有较大改变。在此情况下，移民根据被征收的耕（园）地量获得相应生产资料或安置费用，对移民进行“淹多少，赔多少”安置体现了移民间的公平性，可有效地减少被征收耕（园）地量不同的移民间的攀比，减少社会不稳定因素。

(2) 搬迁更为灵活，有利于后期发展。实施逐年货币补偿安置方式后，可打破以土定搬迁的原则，使搬迁安置更有灵活性，减轻了安置环境容量对安置点选择的制约性。因此，移民可选择交通条件、经济条件、居住环境等条件更为优越的地方进行安置，提高移民的满意度，可使移民原有的社会关系网络得以保持完整，原有的地方性知识得以继续维持。同时，为新中国成立后的劳动力从事商品经营、运输业、旅游业等二三产业提供更为便利的自然和社会条件，为移民产业结构调整创造条件，从而提高移民生产生活水平，减少产生此生贫困的可能性。

10.3.2.2 地方政府

(1) 简化前期工作。实施逐年货币补偿后，因生产安置所配置的资源发生变化，为进行移民生产安置而需开发调剂的土地量将大大减少，与之同时的选址与移民意愿对接、开发确认、建设招标及监督管理等工作都将随之减少，地方政府的前期移民安置工作将得到简化。

(2) 延长后期工作。由于逐年货币补偿安置方式需要逐年发放补偿资金于移民户，地方政府对于移民资金的发放、移民户户主变更及其他信息变更等的管理工作将长期持续，将增加移民工作后期的工作内容。

10.3.2.3 项目法人

(1) 节约投资。逐年货币补偿安置实施后，除养老保障安置方式外，其余各种生产安置方式均按照移民户被征收的耕（园）地数量进行对等配置土地或现金补偿。较之于目前有土安置、自主安置等方式按照移民户所需生产资料进行配置的安置标准，实施逐年货币补偿将更为有效地减少项目法人的工程投资。

（2）加快工程进度。通过前述研究可知，实施逐年货币补偿可大幅度减少土地开发整理等工作，移民安置工作的实施进度将有所加快，有利于主体工程下闸蓄水等工作的施工进度安排。

（3）与补偿资金进行长期捆绑。由于逐年货币补偿后期资金来源于项目法人，补偿资金的发放便与项目法人建立了长期关系。在长期的补偿过程中，若出现补偿标准因当时社会经济发展或其他原因未按照被支付者期望时间和额度进行调整，或补偿资金未准时支付等问题时，项目法人很可能面临地方政府或移民对此提出的诉求或质疑或其他不稳定情况。

10.4 结论和建议

逐年货币补偿安置方式是一种无土安置方式，可有效缓解水利水电工程征地后土地资源缺乏、以有土方式安置移民难度大的现实问题。同时可打破以土定搬迁的原则，使搬迁安置更有灵活性，减轻了安置环境容量的制约性，也使移民可选择更为优越的地方进行安置，从而提高移民满意度和积极性，促进工程开发进程。

通过对逐年货币补偿安置方式进行补偿对象、补偿范围、补偿形式、补偿标准、补偿资金计算、补偿资金兑付方式、补偿资金动态调整、补偿期限等问题进行的研究，逐年货币补偿安置方式是指对农村集体经济组织被征收耕（园）地的生产安置移民，按其被征收耕（园）地面积的产值，长期逐年发放货币补偿金的一种生产安置方式。相关边界条件如下：

（1）逐年货币补偿是对被征收的集体经济组织所有的耕（园）地长期逐年进行货币补偿；同时，为便于移民工作的可操作性，同时照顾到集体经济组织移民和非移民的切身利益和现实需求，研究认为对集体经济组织所有的其他被征收土地采取一次性补偿。

(2) 逐年货币补偿以耕地年产值作为补偿标准，并根据土地等级或所属区域进行分级执行；对已公布征地年产值标准的地区执行最新公布标准，对未公布征地标准的地区进行耕地年产值测算执行；逐年货币补偿资金按照被逐年补偿的耕（园）地数量和执行耕地年产值的计算结果进行补偿，不设置保底和封顶；逐年货币补偿标准按照已公布征地年产值进行调整，或每 3 年对耕地的测产标准进行重新测量以调整标准。

(3) 逐年货币补偿适宜在新建电站中推广采用，由于与目前安置标准的配置原则有较大差异，且可能造成已有工作和生产措施的浪费，同时需要对耕（园）地落实到户，因此，已建电站并不适宜再行实施逐年货币补偿。

第11章　移民安置城镇化新思路

11.1　城镇化概述

11.1.1　城镇化的定义

我国城镇化研究始于20世纪70年代末80年代初，《中华人民共和国国家标准城市规划术语》中将城镇化定义为“人类生产与生活方式由农村型向城市型转化的历史过程，主要表现为农村人口转化为城市人口以及城市不断发展完善的过程”，其实质是经济结构、社会结构和空间结构的变迁。此外，部分研究认为“城镇化是指农村人口不断向城镇转移，第二、第三产业不断向城镇聚集，从而使城镇规模扩大的一种历史进程”。其主要包括三方面内容：

（1）从产业结构来说，城镇化是农业活动逐步向非农业活动转化和产业结构升级的过程。

（2）从社会结构来说，城镇化是农村人口和劳动力向城镇集聚和转化的过程。

（3）从意识形态来说，城镇化是乡村生活方式向城镇生活方式的转变过程。

实际上，城镇化即是人类生产和生活方式由乡村向城镇型转化的历史过程，表现为乡村人口向城镇人口转化以及城镇产业结构、就业结构、消费方式不断转变、发展和完善的过程。

11.1.2　城镇化发展现状

（1）党和国家高度重视新型城镇化发展，大力推动“新型城镇化”、提高城镇化质量、建设新型城镇化已成为国家发展的重要战略之一。

近年来，党和国家、各级政府相继出台一系列政策或文件，指导新型城镇化的发展。党的十八大明确了农村“新型城镇化”，提出了坚持走中国特色新型城镇化道路。十八大报告指出：“加快完善城乡发展一体化体制机制，着力在城乡规划、基础设施、公共服务等方面推进一体化，促进城乡要素平等交换和公共资源均衡配置，形成以工促农、以城带乡、工农互惠、城乡一体的新型工农、城乡关系”“新型城镇化是一条具有明显‘中国特色’的发展道路，也是一条与工业化良性互动、与农业现代化协调发展、与工业化、农业现代化、信息化共生同步发展的道路，其本质是人的城镇化”。十八届三中全会明确提出，推进新型城镇化，是新的时代条件下全面建成小康社会，加快社会主义现代化建设的重大战略。《国家新型城镇化规划（2014—2020 年）》指出，城镇化是伴随工业化发展，非农产业在城镇集聚、农村人口向城镇集中的自然历史过程，是人类社会发展的客观趋势，是国家现代化的重要标志。《国务院关于深入推进新型城镇化建设的若干意见》（国发〔2016〕8 号）指出，新型城镇化是现代化的必由之路，是最大的内需潜力所在，是经济发展的重要动力，也是一项重要的民生工程。

此外，各省、自治区、直辖市也分别就有力推进新型城镇化建设出台了相关文件和规定。如四川省出台了《关于建设幸福美丽新村的意见》（川委办〔2013〕16 号）、《关于 2013 年加快推进新型城镇化的意见》（川府发〔2013〕2 号）以及《四川省新型城镇化规划（2014—2020 年）》等文件，有效指导本行政区域内新型城镇化的建设工作。

（2）城镇化发展效果显著，城镇化率不断提高，且发展潜力巨大。根据国家相关统计资料，2000 年以来，城镇化率年均提高 1.36 个百分点，2013 年城镇化率达到 53.73%，至 2014 年年底，我国城镇常住人口 74916 万人，比上年末增加 1805 万人，乡村常住人口 61866 万人，减少 1095 万人，城镇人口占总人口比重为 54.77%，城镇化率较 2013 年提高 1.04 个百分点（图 11.1）。国务院发展研究中心研究指出我国城镇化水平的峰值在 70%～75%之间。据此判断，今后 20 年，我国还将处在城镇化快速发展的阶段，发展潜力巨大。

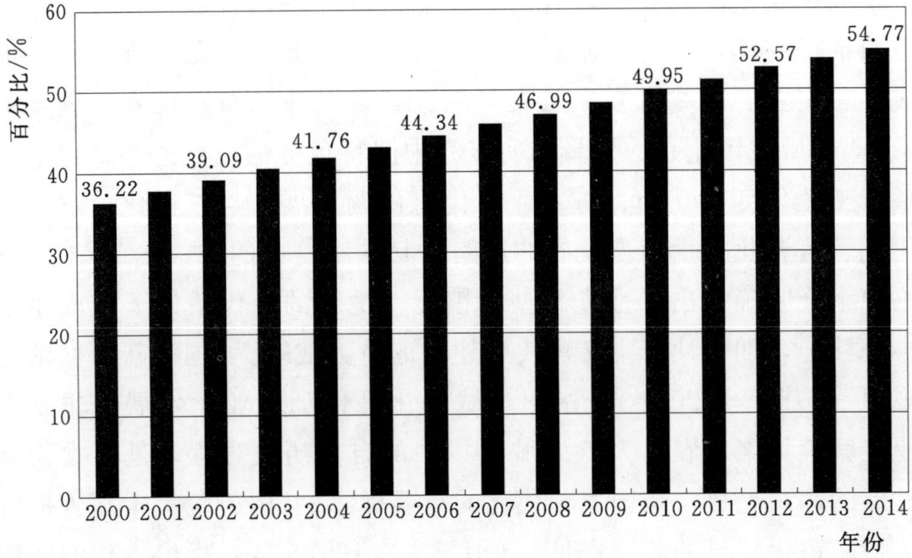

图 11.1　2000 年以来的中国城镇化率

（3）城集镇规模不断扩大，基础设施建设成效明显。实施新型城镇化建设以来，我国城市建成区面积逐步扩大，住房条件、城市交通、供水、热电、绿化、环境卫生、电信等基础设施体系不断完善，扩大了城镇人口容量，提高了城镇现代化水平。至 2010 年，我国城市人均住房建筑面积达 27.1m^2，城市用水普及率达 93.8%，城市燃气普及率达 87.4%。

（4）城乡居民收入与消费水平有所提高，就业产业结构得到进一步完善，区域社会经济得到健康、协调和持续的发展。经过多年的城镇化发展，我国城镇居民和农村居民人均可支配收入（纯收入中家庭经营收入）、总（纯）收入和消费性支出发展速度较快，年均增长基本都在 10%以上，2014 年全国城镇居民人均可支配收入为 28843.85 元，农村居民人均纯收入为 10488.88 元（图 11.2 和图 11.3）。

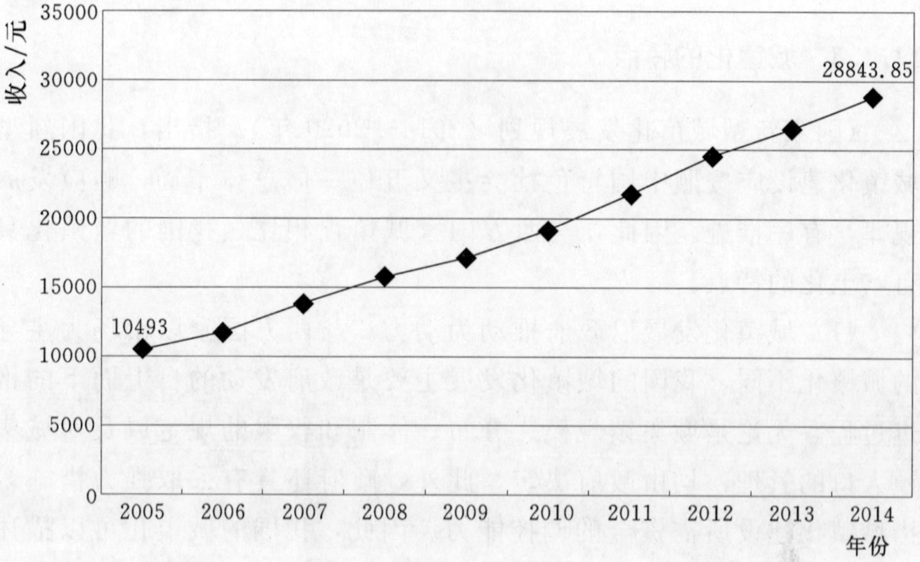

图 11.2 全国城镇居民人均可支配收入近十年变化趋势图

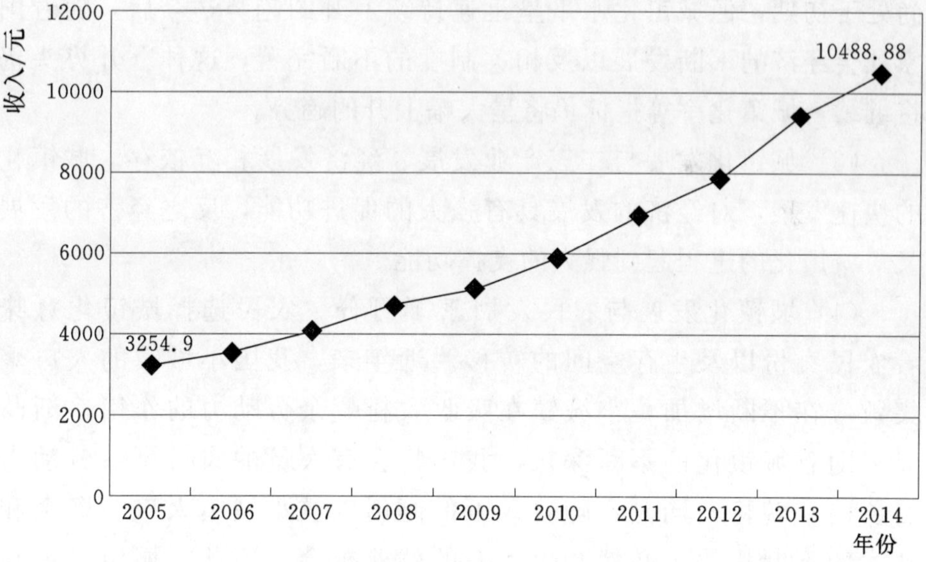

图 11.3 全国农村居民人均纯收入近十年变化趋势图

今后，伴随着户籍制度改革和农村剩余劳动力的大量产生，城集镇势必会吸引更多的农村务工人口，城镇化水平还将得到进一步的提升，城集镇社会经济还将得到进一步发展。

11.1.3　城镇化的特点

《国家新型城镇化发展规划（2014—2020 年）》指出，我国新型城镇化建设应按照中国特色社会主义五位一体总体布局，顺应发展规律，有序推进。因此，与西方国家城镇化相比，我国的城镇化具有本土化的特点。

（1）城镇化发展以政府推动为动力。与西方国家以市场为主导的城镇化不同，我国的城镇化发展主要是政府发动的自上而下的推进过程。无论是城集镇规模、分布、体制和权限的规定以及对城集镇人口的管理，均由政府决定，此外，政府还具有采取强力措施筹措城镇化建设所需资金的调控能力。因此，我国的城镇化可以描述为“创造条件，请农民入城”。

（2）城镇化发展具有持续加速性。目前，我国城镇化发展建设尚处于初期，但城镇化水平呈迅速持续上升的趋势；今后，随着国家社会经济的不断发展以及相关制度的不断完善，这种上升势头仍将继续，城镇化率等指标仍将呈大幅上升的趋势。

（3）城镇化发展与二三产业发展、经济发展相互依存。城镇化的快速发展，对经济的发展具有强大的促进功能，反之经济的发展又对城镇化的进程起到强大的支撑功能。

（4）城镇化发展与农民发展密不可分。农民选择城镇化意味着农民身份以及生存空间的转移。近年来，我国小城镇的人口聚集效应在不断增加，小城镇在吸收农村剩余劳动力的作用逐渐凸显。随着城镇化的不断深入，我国将会有大量的农村剩余劳动力需要向外转移，同时，随着政策的倾斜以及小城镇人口、资金和技术的不断积累，必然会生出新的就业机会。因此，城镇发展与农民发展被紧密地联系到一起，两者相互补充、相互依存，既促进了农民农村产业结构的调整，又促进了城集镇规模和功能的优化。

11.1.4 小结

城镇化是伴随工业化发展，非农产业在城镇集聚、农村人口向城镇集中的自然历史过程，是人类社会发展的客观趋势，是国家现代化的重要标志。城镇化的快速推进，有助于改变二元经济结构，实现城乡人口转移，优化城镇空间布局，助推产业结构、消费结构升级，吸纳大量农村劳动力转移就业，提高城乡生产要素配置利用效率，推动国民经济持续快速发展，促进社会结构深刻变革，促进城乡居民生活水平全面提升。因此，城镇化是农村的强大“推力”和城集镇的强大“拉力”共同作用的结果。

11.2 移民城镇化安置思路的提出

11.2.1 移民安置的特点

长期工作经验表明，水利水电工程往往淹没影响范围大、涉及移民人数多、涵盖领域广，移民安置带来的不仅仅是经济损失与恢复，更多的是社会关系的重组、重新建立和适应。现阶段，我国水电移民安置因政策、环境的特殊性具有其自身的特点：

(1) 补偿性。水库移民安置具有突出的补偿性特征，以可持续发展观为指导思想的移民安置也不可能回避水库移民安置的补偿或救济性质。

(2) 强制性。水电工程的建设，多数情况下是由国家或政府出于经济发展的需要而进行的，虽然在移民工作中会对迁移居民予以一定的补偿，但从移民的角度出发，这种迁移是被强制进行的。

(3) 非市场选择性。移民搬迁安置后，原有社会经济系统和社会网络解体，个体和家庭系统加速重构，原先生产生活方式会发生变化，而且，随着人口密度增加，资源减少，人地关系紧张，社会阶层分化加剧，库区社会建设产生各种后续问题。

(4) 持续性，水电工程移民工作关系到移民个人财产的拆迁、征收（征用）和重建、补偿，以及后期扶持等问题，这些问题都不是一年半载就能完成的，需要经历较长的时间，往往移民工作都会需要三五年，甚至十年以上的时间。

可以说，水库移民安置工作集政治、经济、社会为一体，是一个庞大的综合的系统工程，移民安置不仅仅是一个简单的经济赔偿问题，而是一个关系到移民生活、社会和谐和国家发展的大事。因此，如何结合移民安置的特点合理的提出移民安置思路，妥善的安置移民，意义深远。

11.2.2 思路提出的必要性和可行性

近年来，党和国家陆续出台多个政策方针支持小城镇建设，特别是在党的十八大召开以后，“新型城镇化建设”显然已成为了我国的重点发展战略之一。同时，以《大中型水利水电工程建设征地补偿和移民安置条例》（国务院令第 471 号）为代表的有关移民安置的政策文件相继出台，提出了因地制宜、多渠道的移民安置思路，为移民安置方式的拓宽和创新提供了政策支持。因此，水电移民安置若借国家大力发展促进城镇化发展的契机，实事求是地适应城镇发展需求，把移民的发展和城镇的发展有机结合起来，让移民在城镇发展中寻找新的定位和机遇，积极拓展移民安置思路，不失为现阶段带动城乡经济发展和妥善解决移民安置问题的有效途径。随着水利水电工程建设和开发，走城镇化安置道路会是经济发展和社会改革的必然趋势，水电移民城镇化安置具有其存在的必要性。

(1) 依托国家大力推进“新型城镇化”发展的契机，拓展水电工程移民安置渠道和安置方式，促进移民和地方经济共同发展。目前，各方对水电工程开发在促进地方经济发展和移民脱贫致富的要求越来越高，也对水电工程建设促进地方的基础设施（重点是城镇化）提出了新要求。因此，结合国家大力推进“新型城镇化”发展的契机，将移民安置工作与“新型城镇化”整合，让移民在城镇发展中寻找新的定位和机遇，让城镇在移民搬迁中扩大规模和提升容量，在现阶段来看，确实是一种促进移民与城镇共同发展的举措。

（2）移民安置与新型城镇化的结合，能够有效解决现阶段传统移民安置方式面临的瓶颈，创新和拓展新型的、适宜的移民安置方式。在过去很长一段时间内，我国水电工程农村移民安置实行的是以农业安置为基础、就近安置为主的安置方式，通过行政手段把大量库区农村移民安插到附近的村（社）从事农业生产，该方法简便易行，取得了不小的成绩。但从目前移民安置的发展趋势来看，若不彻底解决“人多地少”的矛盾，转变“输血为主”的安置观念，“以土为主”的安置思路是难以长期有效实施的。但若以国家、地区城镇化政策为依托，因地制宜，拓展以城镇为搬迁载体，再辅之以可行的无土安置方式和适宜的配套措施，如逐年货币补偿、二三产业安置和养老保障安置等，不仅能够很好地解决现阶段水电工程移民安置问题，还能更快地提高区域内城镇化水平，更能积极地创造条件促进移民安稳致富。

（3）因地制宜，妥善处理好民族地区移民安置与城镇化建设问题。近年来，以逐年货币补偿、二三产业安置、自主安置为主的“无土安置”方式逐步在少数民族地区实施，取得了较好的成果；同时，国家、地方政府不断加强了对少数民族地区“新型城镇化”的发展力度。资金的投入、城镇化水平的提高以及基础设施的改善势必能够有效地促进民族地区城镇化的发展和少数民族移民的妥善安置。

随着我国一系列大型水利水电工程的开工建设，要做好涉及面广、政策性强、影响因素多、任务又十分艰巨的水电工程移民工作，除了进一步完善移民政策、增加移民投资外，最有效的手段就是探索有效的、适宜的移民安置思路，在此背景下，移民安置与城镇化有机结合形成的安置思路具有实施和推广的可行性。

11.3 移民城镇化安置概述

11.3.1 移民城镇化安置的定义

移民城镇化安置，是指依托国家大力发展城镇化的契机，以区域特色为基础，以乡镇或城市为平台，将绝大部分农村移民相对集中地进行集镇安置，实现农村（农业）人口向城镇（非农）人口的转换过程，“以农为主”向“二三产业为主”转移的过程，乡村生活方式向城镇生活方式转变的过程，最终达到农民生活水平不断提高，居民素质不断上升、区域社会经济不断发展、人与环境更加和谐的目标。

移民城镇化安置的内涵主要包括两个方面：一方面，借助移民建设所带来的人口聚集、产业聚集、基础设施投入等契机，加快推进区域新型城镇化——使移民发展充分与城镇建设相结合，即促进城镇化进程；另一方面，城镇能更好地吸纳移民，避免移民盲目流动，有利于提高移民素质，改善移民生活质量，即移民能够享受到区域城镇化和社会经济发展所带来的好处。总之，二者互为补充、相互协调，最终实现农村城乡经济的梯度开发和协调发展。

11.3.2 移民城镇化安置的特点

从根本上来讲，移民城镇化安置应是国家城镇化发展的组成部分，但由于移民安置的特殊性，移民城镇化安置又具有自身的特点。

(1) 导向性。一般的城镇化是农村居民“先生产后生活”的过程，即先解决移居城镇的后续发展再考虑定居城镇生活，其实质是一个自愿选择的过程，即“农民进城”；而移民城镇化安置的过程则是移民自农村直接搬迁进驻集镇，再通过少土、无土、土地长效补偿、养老保障、二三产业安置等生产安置措施，由国家政策扶持，从事以非农活动为主的经营活动，以维系和改善自身生活水平的过程，其实质是一个非自愿向自愿转变的过程，即“让农民进城”。

（2）同步性。传统的“以农为本”的安置思路强调将移民进行集中或分散安置，随之配套生产资料或发放补偿资金以保障生活和生产的延续，它与城镇化安置相比未对“移民进城”“移民从事二三产业”进行统筹规划，导致一部分移民想进入城镇发展或转变生活、生产方式的愿望落空，这样不利于移民健康的后续发展；而城镇化安置移民则是将移民安置问题与城镇化建设有机地结合起来，让安置移民与移民城镇化同步进行，这种安置思路大大缩短了移民搬迁的过渡时间，有利于移民与城镇化更好、更快地相结合、相适应。

（3）门槛性。虽然国家全力保障移民的后续发展，但移民生活水平的提高归根结底还得靠移民自力更生。因此，农村移民劳动力科学文化素质水平状况也制约移民城镇化安置。

（4）政策扶持。在推进移民城镇化安置过程中，必须依靠政策调控，一方面通过配套的财税、户籍、土地经营等政策引导移民与发展在地域空间上的合理分配与协调运行，最终达到促进移民平稳的后续发展的目的；另一方面，移民进行城镇化安置后，由于生活环境、收入构成与移民前变化明显，不可避免地存在社会、经济等风险，此情况下需要政府及时的制定公共政策，以预防或规避风险及其消极后果，以保证移民正常、良好的生活、经营秩序，进而维护社会的稳定和安全。

11.3.3 移民城镇化安置的意义

移民的城镇化安置涵盖了人口流动、空间转移、经济、社会等多方面的内容。面对当前移民安置与城镇化进程存在的种种问题，坚持移民安置与城镇化相结合具有重要意义（图 11.4）。

（1）有利于提高城集镇社会经济发展水平。移民进行城镇化安置能够增加城镇人口规模，有利于形成城镇的集聚效应，促进城镇化的发展；移民安置点和原住民聚集后有助于增加商机和就业机会，也有助于完善城镇功能，辐射邻近区域，与新增的城镇相互促进，

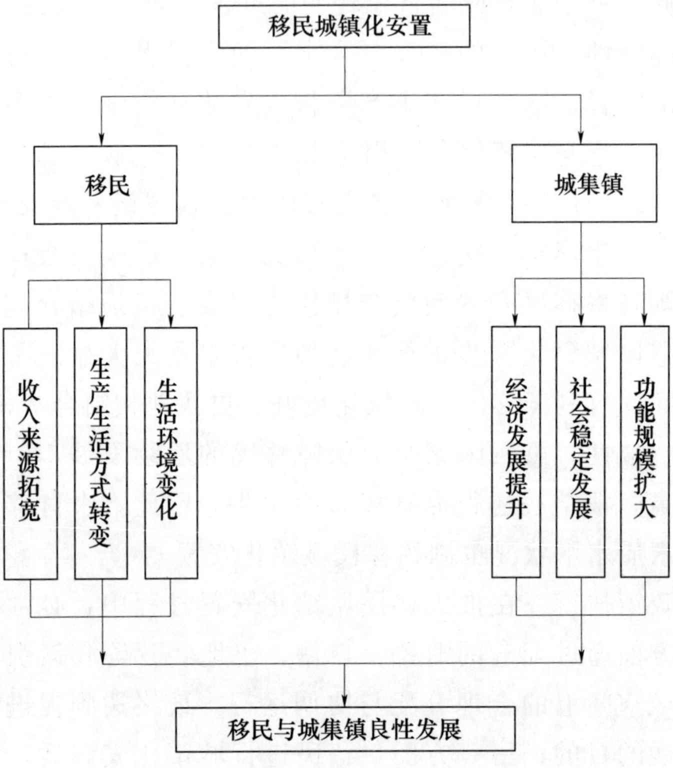

图11.4　移民安置与城镇化建设的意义

带动与推动当地经济的快速健康发展，提高当地居民的社会化水平与生活质量；能够促使库区吸纳更多的人力资源、资金、技术等生产要素，提高库区经济发展后劲，同时促使各种经济要素在库区内进行有效配置，提高库区经济发展效率。

（2）有利于提高移民生产生活水平。城镇化发展对水利水电工程农村移民安置的积极影响将通过促进产业结构的调整和发展，产生新的经济增长点。特别是以促进工业发展集聚化、促进二三产业发展劳动密集型行业，加快改变农村移民融入城集镇生活，进而对水利水电工程可持续开发带来积极的影响。此外，通过产业发展和项目布局，能够缓解人地矛盾，促进移民就业人口向二三产业转移，从而拓宽移民收入渠道和收入来源，进一步提高移民生活水平。

（3）有利于库区经济社会与生态的协调发展。移民城镇化安置，不仅有利于调整库区社会秩序，更有利于推动移民共享社会发展成果；不仅有利于实现库区经济社会与生态协调发展，更有利于激励移民以自身行动保护迁移地的生态环境，最终推动库区良性可持续发展。

11.4 配套政策措施研究

移民城镇化安置总体上顺应了我国城镇化加速发展的趋势，能够对城镇化发展的聚集效应的发挥和区域可持续发展带来了积极的助推作用。同时，移民城镇化安置也易受政府体制、城镇体系、移民素质、经济发展等方面的制约而带来一些社会风险，为了避免相关社会风险，促进移民城镇化安置顺利实施，以下从统筹规划、社会保障、医疗教育、产业发展等方面对移民城镇化安置的配套保障措施进行研究。

（1）统筹规划。规划是龙头，一个科学合理的城镇化规划是移民城镇化安置的基础。对地方政府已出台的城镇化规划，要先对其进行移民安置的适宜性评价，地方政府的移民安置实施，要有适时的移民安置政策倾斜和切实可行的移民城镇化安置保障政策及其执行政策的资源、财力。如贵州省出台的《中共贵州省委 贵州省人民政府关于加快推进小城镇建设的意见》（黔党发〔2012〕25号）、《关于进一步做好水利水电工程移民城镇化安置的意见》对移民安置规划与小城镇规划的编制提出了指导意见。

（2）建立城镇化移民社会保障制度。社会保障政策是在国民收入分配和再分配的前提下，国家对社会公民由于老、病、残或者因残丧失工作能力，又或由于失业，遭遇不幸和灾难以及为社会尽义务而遭受生活困难的成员，提供财物的援助保障其基本生活的一种社会准则。建立城镇化移民社会保障体制，主要是指将移民养老保险、医疗保险等保障政策措施与现有的社会保障体系相融合和衔接，使水电工程移民在享受电站建设效益的同时，拥有与城镇化居民同等待遇、标准的保障体系。按非农业户口移民养老保险个人缴费标准最低档次 100 元/（人·年）以及医疗保险个人缴费标准 1 档次 60 元/（人·年），缴费年限暂按 15 年计算，共需缴纳 2400 元/人，其费用由电站业主支付。针对养老保障金发放标准，四川省专门出台了《关于调整全省大中型水利水电工程移民养老保障金发放标准的通知》（川扶贫移民发〔2016〕129 号），该文件规定，养老保障金发放标准为 360 元/（人·月），对于提高标准产生的资金缺口由项目法人解决。

（3）落实农村移民及其子女的教育制度。由于库区农村移民文化水平普遍不高，进入城镇化安置后生存与后续发展存在一定困难。解决上述问题的关键在于教育，首先，地方政府、项目业主应加大对教育的投入；其次，地方政府应统筹城乡教育资源，充分保障移民子女接受义务教育的权利，并要出台政策倾斜；积极组织相关专业技术人员对移民，特别是农村青年移民举办各类专业技术培训班，做到“先培训，后上岗”；再次，项目业主应在资金上给予积极支持，除规定的移民补偿投资中所计列的相关费用外，应主动在幼儿园、中小学校等公益性教育设施的建设、扩容上给予支持。

（4）产业发展扶持。地方政府在制定区域发展计划或规划纲要时，应针对地区经济发展的实际情况，采取政策重点倾斜、实行免税、减税等相关措施，适当地促使城镇化安置移民优先发展。对于移民自谋职业、创办企业、从事个体经营的，地方政府及其职能部门应简化审批手续，并在一定时期内给予税费减免、银行贷款等方面的优惠。

11.5　移民城镇化安置的区域适宜性分析

移民的城镇化安置，必须综合考虑区域内移民生产生活习惯及文化技能素质，同时结合安置区的社会经济、自然生态环境现状及环境容量，并在充分尊重移民意愿的基础上，选择合理的、适宜的方式安置农村移民，以达到风险最小和可持续发展的目的。因此，对于移民城镇化安置是否可行，应首先就移民城镇化安置的条件、城镇化安置区域进行适宜性分析。以下以水利水电工程分布较多的四川省为例，对移民城镇化安置的区域适宜性进行分析。

11.5.1 移民城镇化安置的条件

11.5.1.1 社会环境容纳力

（1）分析内容。移民城镇化安置后，其主要的收入逐步转变为通过城集镇非农经济活动获取。在保证城集镇当地居民生活水平不明显降低的前提下，通过计算分析确定安置区域内涉及的城集镇社会经济所能吸收和供养的移民数量。

（2）分析范围。移民城镇化安置社会环境容纳力分析范围应包含拟选安置区域内涉及的所有城集镇。

（3）分析方法。根据城集镇的资源特点、社会经济现状及规划、二三产业结构及规划、居民及移民素质，结合移民安置规划，分析计算规划水平年城集镇社会经济容量能力。

计算公式如下：

$$r=[c(1+x\%)n/b-r_1]k$$

式中 r——规划水平年城集镇社会经济环境容量；

c——基准年城集镇二三产业经济总量；

x——二三产业年均增长量；

n——年；

b——规划水平年从事二三产业人均经济量；

r_1——基准年二三产业从业数；

k——容纳系数（城集镇发展过程中由于社会人口自然流动，将有部分外来人口从事二三产业，建议容纳系数取值不高于0.8）。

（4）工作流程。对城集镇二三产业现状、发展趋势以及地方政府产业规划等，有关方需开展资料收集和典型调查工作。通过向地方政府收集该城集镇近3年来二三产业经济总量、二三产业各行业从业职工人数及分布情况、二三产业中各行业发展状况材料，开展市场资料收集，抽取不低于20%的从业商家了解经营状况、从业职工了解个人收入及个人产出情况，分析计算汇总并征求地方政府意见。

11.5.1.2　移民个人从事非农生产条件

移民城镇化安置是一种创新生产安置思路，它将使移民由过去传统农业生产变为从事二三产业发展，因此移民需具备从事二三产业工作的专业技能或者一定的经商经验以及从商资金等非农业生产条件。

经营者的认定，需移民本人从事经营或管理二三产业的工作经验证明材料，具体证明材料如移民个人名下企业的工商年检、税务登记证明等。

潜在经营者的认定，需移民本人参与经营或管理二三产业的工作经验证明材料并且具备一定发展资金，证明材料如移民个人从事二三产业的相关工作证明、担任职务等。

二三产业务工人员的认定，需移民本人从事二三产业工作的相关证明材料，具体材料如移民个人工作证明、近期从业收入证明等。

二三产业潜在务工人员的认定，需移民本人具备从事二三产业务工技能，务工技能应取得劳动部门颁发的职业技能培训上岗证书、个人取得的职业技能证书等资质证书。

11.5.2　移民及其所在区域特点

11.5.2.1　区域划分

1. 划分原则

对移民安置区进行合理的适宜性分区，必须考虑到移民数量、宗教信仰、土地资源环境特点以及当地经济社会发展水平等主要因素，因此，在区域划分时需坚持以下基本原则：①移民相对集中；②环境特征、土地资源特点基本相似；③社会经济特点相近；④民族宗教信仰不冲突等。

2. 划分结论

根据区域划分原则及水电工程移民分布情况，土地资源和当地社会经济情况等因素综合分析，将四川省移民城集镇安置区分为金沙江上游、金沙江下游、雅砻江中上游和大渡河中上游共四个移民安置区域。各流域涉及移民区域分布见表11.1。

表11.1　各流域涉及移民区域分布表

主要流域	涉及移民分布区域	主要涉及少数民族
金沙江	青海玉树、四川甘孜、西藏昌都、云南迪庆、云南丽江	藏族、彝族、纳西族
大渡河	四川阿坝、甘孜、雅安	藏族
雅砻江	四川甘孜、凉山、攀枝花	藏族、彝族

11.5.2.2　各区域特点

1. 移民个人特点

(1) 金沙江上游。该区域人口密度小，民族以藏族为主，全民信教，主要以藏传佛教为主，宗教活动场所很多，个人和集体均有宗教设施，几乎是"乡有寺庙，村村有佛塔，户户有经堂"。移民的社会关系网络基本集中在本村组，少数移民有其他社会关系，移民生活相对封闭。

(2) 金沙江下游。该区域人口密度大，民族主要以汉族和彝族为主，移民的社会关系网络较复杂，移民生活相对开放。

(3) 雅砻江中上游。该区域人口密度小，民族以藏族为主，全民信教，主要以藏传佛教为主，宗教活动场所较多，移民的社会关系网络基本集中在本村组，少数移民有其他社会关系，移民生活相对封闭。

(4) 大渡河中上游。该区域人口密度一般，民族以汉族、藏族、彝族和羌族为主，属多民族混居区，移民的社会关系网络较复杂，移民生活相对开放。

2. 城集镇安置点土地资源筹措

(1) 金沙江上游。该区地处高原地带，耕地资源多集中在河谷地区，人均耕地约为 0.9～1.7 亩；水库建成后淹没河谷地带的耕园地，其后备土地资源十分匮乏，城集镇周边土地资源筹措十分困难。

(2) 金沙江下游。该区地处山区地带，耕地资源较为丰富，人均耕地约为 1.2～1.8 亩；耕地多为梯田分布，该区的后备资源相对丰富，城集镇周边土地资源筹措容易。

(3) 雅砻江中上游。该区地处高原地带，耕地资源多集中在河谷地区，人均耕地约为 0.9～2.0 亩；水库建成后淹没河谷地带的耕园地，其后备土地资源十分匮乏，城集镇周边土地资源筹措十分困难。

(4) 大渡河中上游。该区地处平原、河谷地带，人均耕地约为 0.9～1.7 亩；水库淹没的土地多为耕园地，其后备耕地资源相对丰富，城集镇周边土地资源筹措较容易。

3. 社会经济条件

(1) 金沙江上游。该区农民人均纯收入和人均 GDP 较低，区域电力、交通和通信等基础设施配套不完善，经济社会发展落后，移民生产技能单一。

(2) 金沙江下游。该区农民人均纯收入和人均 GDP 较高，区域电力、交通和通信等基础配套设施完善，经济社会较发达，移民具备多种生产技能。

(3) 雅砻江中上游。该区农民人均纯收入和人均 GDP 较低，区域电力、交通和通信等基础设施配套不完善，经济社会发展落后，移民生产技能单一。

(4) 大渡河中上游。该区农民人均纯收入和人均 GDP 较高，区域电力、交通和通信等基础配套设施较完善，部分地区具备发展旅游业的条件，经济社会一般，移民具备多种生产技能。

4. 收入构成分析

(1) 金沙江上游。区域收入构成中第一产业收入比重较大约为 67%～85%（林下资源收入占的比重较大），二三产业收入比重较小约为 20%。

（2）金沙江下游。区域收入构成中第一产业收入比重较小约为28%～38%，二三产业收入比重较大约为62%～72%。

（3）雅砻江中上游。区域收入构成中第一产业收入比重较大约为82%～88%（林下资源收入占的比重较大），二三产业收入比重较小约为12%～18%。

（4）大渡河中上游。区域收入构成中第一产业收入比重较小约为50%～55%，二三产业收入比重较大约为45%～55%。

11.5.3　移民城镇化安置区域适宜性分析

根据移民城镇化安置条件和移民及移民所在区域特点，对四大区域的移民城镇化安置进行了适宜性分析（图11.5～图11.8）。

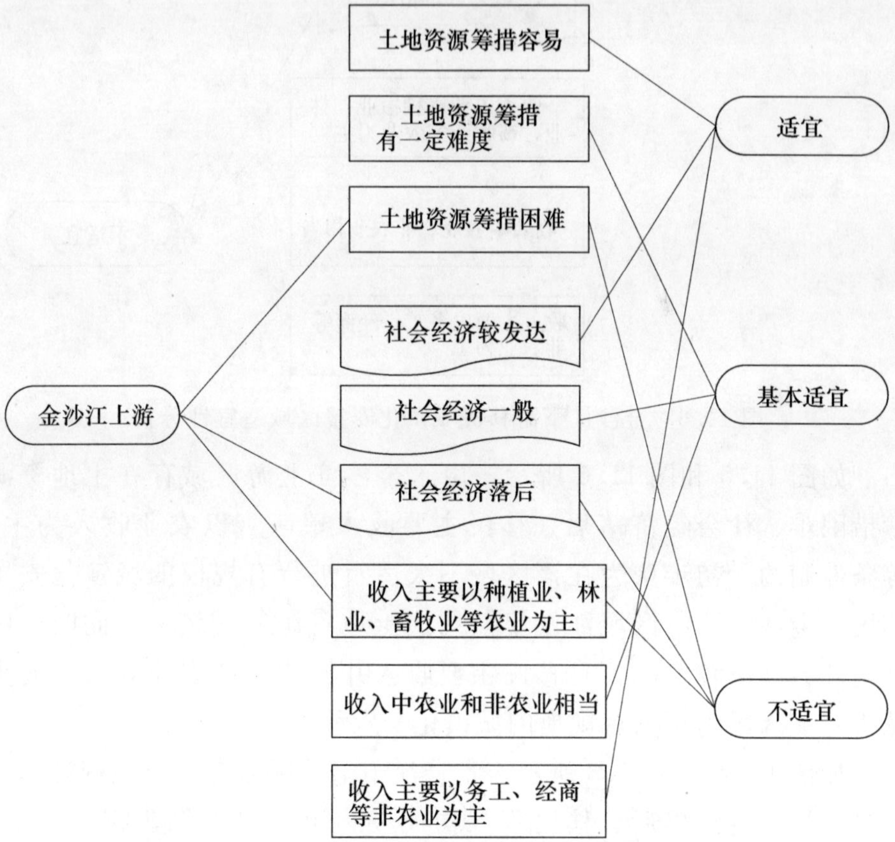

图11.5　金沙江上游移民城镇化安置区域适宜性分析

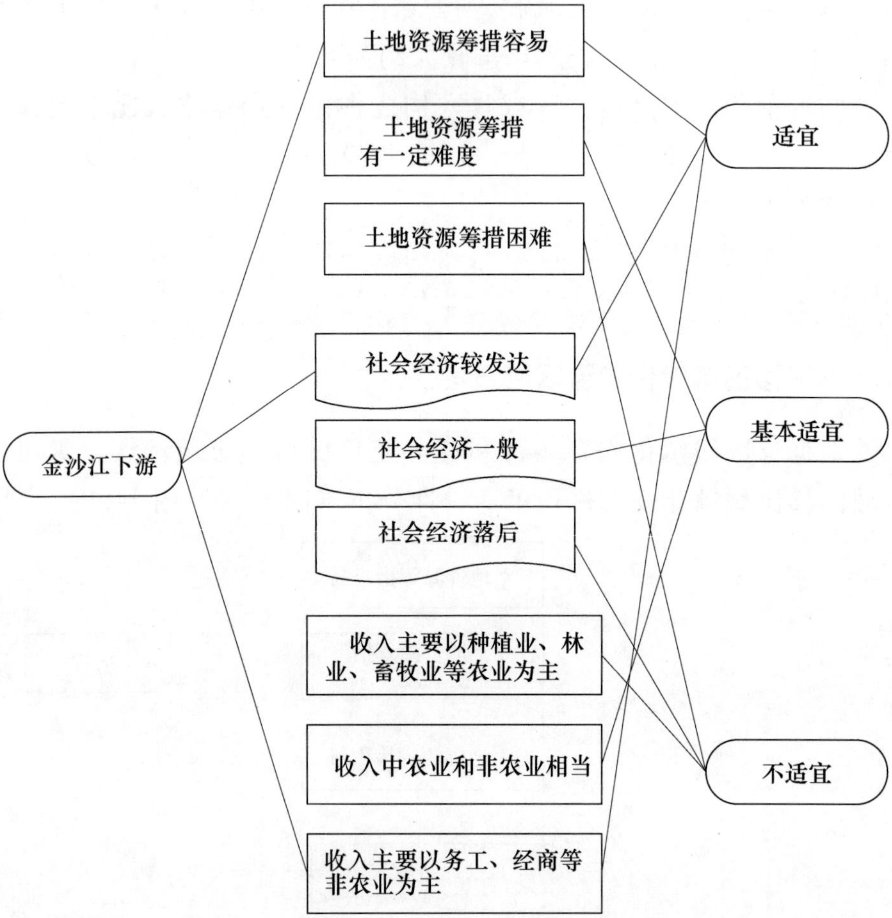

图 11.6　金沙江下游移民城镇化安置区域适宜性分析

如图 11.5 和图 11.6 所示，由于金沙江上游区域存在土地资源筹措困难、社会经济落后、移民主要收入单一（以农业收入为主）等条件制约，初步认为在该区域不太适宜进行有规模的城镇化安置移民。金沙江下游区域涉及集镇周边土地资源筹措较易，同时，区域内社会经济较发达，且移民主要收入并不依靠纯农业收入，初步认为在该区域内规划有规模的城镇化安置移民是适宜的。

如图 11.7、图 11.8 所示，雅砻江中上游区域存在土地资源筹措困难、社会经济落后、移民收入构成较为单一（以农业收入为主）等制约因素，初步认为在该区域规划有规模的城镇化安置移民是不太适宜的。而大渡河中上游区域虽然存在土地资源筹措困难等制约因素，但由于区域内社会经济水平发展较好，且移民收入构成较为合理（农业与非农业收入相当），加之该区域具备发展旅游业的条件，初步认为该区域具备一定的发展规模城镇化安置的条件。

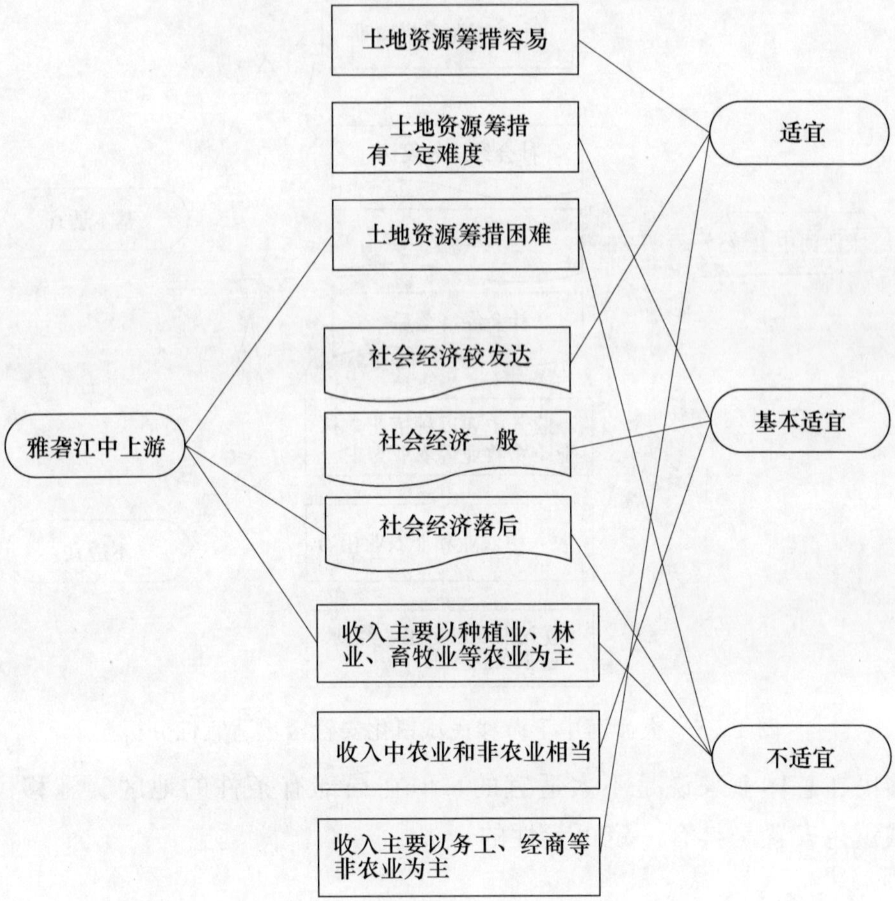

图 11.7　雅砻江中下游移民城镇化安置区域适宜性分析

11.5.4　小结

目前我国水电站建设逐步向自然环境较差的少数民族地区推进，由于社会经济发展水平不高、发展速度慢，地区对经济发展的渴求不急迫，因此，在水电移民安置规划中大规模实施城镇化安置农村

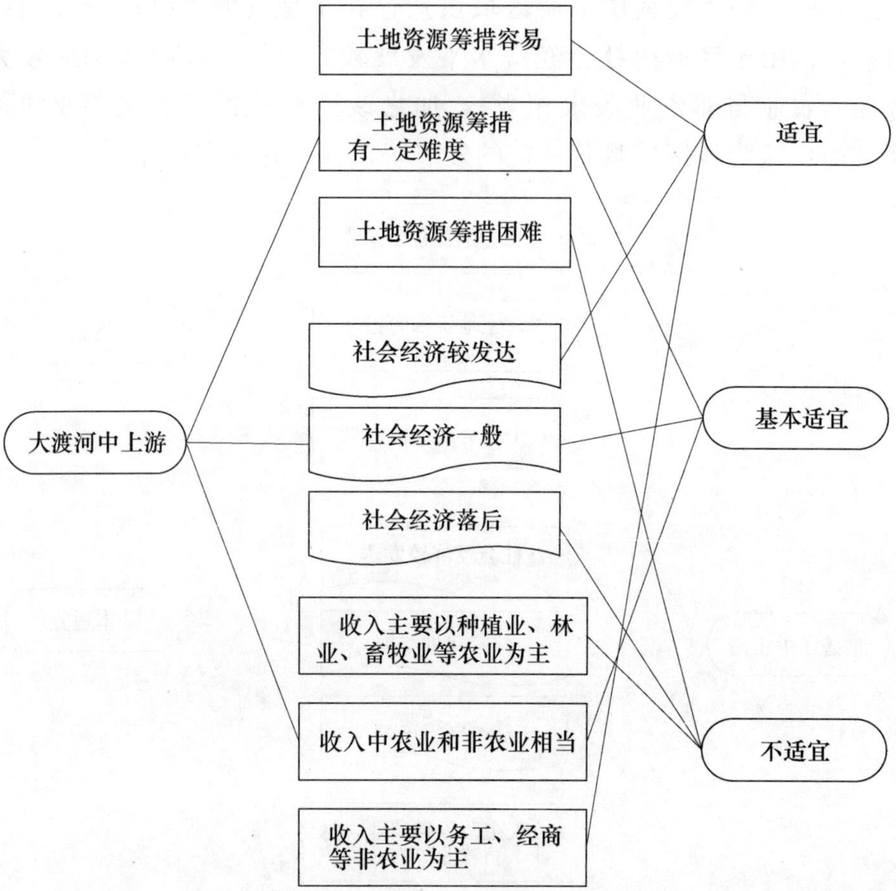

图11.8　大渡河中下游移民城镇化安置区域适宜性分析

移民在总体上来说是不太适宜的，但在局部有条件的地区实施移民城镇化安置是具有一定可行性的。

11.6　结论和建议

依托国家发展“城镇化”的大好时机，巧妙地将城镇化与水利水电工程移民安置有效结合，提出了移民城镇化安置思路。该思路强调对城集镇人力资源、自然资源和社会资源综合整合和开发，力图做到移民安置和城镇化发展的协调。

（1）移民的城镇化安置是移民安置思路与城镇化战略有机结合孕育而生的一种安置思路，是一种具有直接性、政策性旨在实现农村人口向城镇人口的转换、“以农为主”向“二三产业为主”转移的安置思路。移民的城镇化安置是提高农民生活水平、科技素质，促进移民健康、良好的后续发展以及统筹区域经济发展的重要途径。

（2）移民城镇化安置的实施有利于提高城集镇社会经济发展水平，有利于提高移民生产生活水平，有利于库区经济社会与生态的协调发展。

（3）针对城镇化安置思路，提出了相关配套政策措施。主要包括建立城镇化移民社会保障体制、落实农村移民及其子女的教育制度等。

综上所述，移民城镇化安置是一项复杂、面广、长久的系统工程，移民城镇化安置规划必须因地制宜，选择适合库区和安置区实际情况的安置方式（尤其是少数民族地区），同时需社会保障、医疗教育、产业发展等相关政策配套进行，这样才能立足于改善移民生产生活条件，兼顾移民当前和长远生存发展的需要。

第12章　“先移民后建设”新实践

自2006年国务院颁布实施《大中型水利水电工程建设征地补偿和移民安置条例》（国务院令第471号）以来，移民工作要求越来越高，工作越做越细。为顺应社会发展趋势，“先移民后建设”等政策移民新政策新规范不断发布，更加注重移民正当权益的保护，促进了移民工作科学发展、和谐发展、稳步发展，推动了移民政策规范体系的不断完善。

12.1　“先移民后建设”政策方针的提出

在大中型水电工程建设的长期实践中，要实现移民安置和工程建设同步进行或适当超前存在很多矛盾，部分水电工程移民安置工作从一开始就明显滞后于主体工程建设，难以维护移民合法权益和保障工程建设，这固然与移民工作的广泛性、复杂性和艰巨性有关，但更多是因水电工程建设长期以来形成的“重工程，轻移民”固有观念所引起，各级地方政府片面追求工程核准建设进度，站位移民立场的支持配合力度不够，为了确保工程建设阶段性目标的实现而被迫采取过渡搬迁等临时过渡措施仓促应对，没有体现以移民为本的工作原则，而更多表现为“重搬迁轻安置”，移民安置存在被工程进度推着走的现象，由此带来的不利后果是移民利益受损、搬迁安置效果差，导致移民不满和诉求不断、移民安置与工程建设进度不匹配、反过来影响工程建设的恶性循环，若不及时有效扭转势必引发更深层次的社会问题，彰显出移民政策改革的重要性、必要性和紧迫性。

2007年9月，《国家发展改革委办公厅关于进一步加强西南地区水电建设前期工作有关问题的通知》（发改办能源〔2007〕2293号）提出“为切实做好移民搬迁安置工作，经我委商有关部门批准后，可根据实际情况提前开展移民搬迁安置试点”。

2008年5月，国家发展和改革委员会、国家能源局在中国水电开发论坛上明确提出“在满足有关条件的前提下，可以考虑移民搬迁安置试点，提前搬迁一部分移民，为电站建设创造条件”。

2008年11月，国家发展和改革委员会、国家能源局在北京主持召开专题会议，听取中国长江三峡集团公司关于金沙江下游水电项目前期工作进展汇报，重点探讨了新时期水电开发的新思路和新举措。会议明确以金沙江下游乌东德、白鹤滩水电站为试点，按照“先移民安置、后工程建设”的总体思路，提出移民安置试点方案，经国家发展和改革委员会协调同意后实施。

2008年12月，国家发展和改革委员会办公厅发文《关于同意四川木里河卡基娃、立洲水电站开展前期工作的函》（发改办能源〔2008〕2662号），要求卡基娃、立洲水电站试行“先移民后建设”的水电开发新方针。

2010年5月，国家发展和改革委员会在批复四川、云南省关于《同意开展水电项目前期工作》的函中也提出了“先移民后建设”的水电开发新方针，要求积极探索“先移民后建设”工作方法，进一步明确工作程序，按照国家政策法规有序推进相关工作。

2010年6月，四川省扶贫和移民工作局与四川省发展和改革委员会联合发布《关于在四川全省大中型水利水电工程试行先移民后建设有关问题的通知》（川扶贫移民规安〔2010〕202号文），要求在满足有关条件的前提下，编制工程建设区和围堰截流水位以下移民搬迁安置实施方案，报有关部门逐级审核后单独核准（审批）。

2010年10月，国家发展和改革委员会以《国家发展改革委办公厅关于同意金沙江乌东德和白鹤滩水电站开展前期工作的复函》（发改办能源〔2010〕2621号），同意金沙江乌东德和白鹤滩水电站开展前期工作，并要求试行先移民后建设的水电开发新方针，提出先移民后建设的具体方案和措施。

2011 年 7 月，云南省移民开发局在昆明组织召开云南省大型水电工程“先移民后建设”课题研究启动会，就“先移民后建设”的工作内涵、工作程序等进行研讨，决定根据国家发展和改革委员会批复，在白鹤滩和乌东德水电站率先部署实施“先移民后建设”工作。

2012 年 2 月，《国家发改委关于做好水电工程先移民后建设有关工作的通知》（发改能源〔2012〕293 号）从国家层面进一步明确提出“先移民后建设”概念，即“在水电建设中，始终把移民工作作为水电工程的重要组成部分，把做好移民工作放在优先位置，根据经批准的移民安置规划统筹协调好工程建设进度和移民工作进度，切实保障移民群众合法权益，实现在做好移民安置的前提下积极发展水电的目标”。通知诠释了推行“先移民后建设”水电开发方针的目的、意义和要求，强调突出抓好移民安置规划工作，全面做好移民安置规划实施，落实有关各方责任是做好“先移民后建设”工作的根本保障。

2012 年 9 月，国家发展和改革委员会委托国家水能风能研究中心开展水电工程移民管理体制机制研究工作，要求认真总结梳理近年来水电工程移民工作管理经验，包括“先移民后建设”试点和金沙江下游移民工作机制，根据水电建设特点和移民工作实际，研究提出完善水电移民工作机制和管理体制的具体意见。

从 2007 年 9 月国家有关部委提出可提前开展移民安置工作到 2008 年要求四川卡基娃、立洲水电站试行“先移民后建设”的水电开发新方针，可以说是“先移民后建设”政策雏形至试点实践的阶段。从各省“先移民后建设”试点工作的逐步铺开，到“先移民后建设”政策国家层面的明确提出，水电工程移民工作经历了正视问题—提出措施—工作试点—政策提出的过程，也将在实践中逐步完善，为解决长期以来水利水电移民滞后于主体工程建设的问题提供了政策支撑，为维护移民合法权益提供了政策保障。

12.2 “先移民后建设”政策诠释

发改能源〔2012〕293号文提出的“先移民后建设”政策是国家为解决当前工程建设与移民安置之间的突出矛盾而提出的新方针，也是体现“以人为本、以移民为本”水电移民工作新要求的惠民安民政策，是维护移民合法权益、保证电站工程建设的有效途径。深刻全面诠释“先移民后建设”政策涵义，是积极贯彻好、落实好这一方针政策的根本前提，对水利水电开发健康有序推进具有重要的现实意义。

(1)“先移民后建设”是顺应新时期移民工作发展的必然要求。近十几年是中国经济发展最快的时期，也是人民群众得到实惠最多的时期，但不是群众意见最少的时期。为促进社会健康发展，维护社会稳定，国家审时度势提出了“以人为本、构建和谐”的社会发展总要求。在水电开发加速推进的历史进程中，广大移民弃小家顾大家，对国家水电能源开发战略的实施做出了重大贡献，但在移民安置过程中，“重工程，轻移民”“水赶人”现象长期得不到解决，移民利益受损，造成移民不满和诉求大量增加，上访事件频发，且其中大部分是由于移民政策完善与社会快速发展不相匹配、移民安置仓促进行而引发的，需要对应提出解决问题的有效措施。“先移民后建设”正是在此形势下提出的全新理念和思路，是顺应新时期移民工作发展的必然要求。

(2)“先移民后建设”政策是一种工程建设阶段全覆盖、用地范围全覆盖、移民项目全覆盖的先进工作理念。分析来看，发改能源〔2012〕293号文实际在强调一种移民工作理念，这种理念应贯穿水利水电工程建设始终，而不是针对某阶段、某范围、某项目的特定政策，应理解为从工程筹建启动移民搬迁开始贯穿至工程建设完成的全阶段过程，在此漫长过程中都应贯彻落实“先移民后建设”工作理念，以切实保障移民群众合法权益。优先安排枢纽工程建设区和围堰水位淹没区移民安置工作是"统筹协调好工程建设进度和移民工作进度"要求下做出的一种平衡，水库淹没区"先移民后建设"仍然需要给予足够重视。

(3)"先移民后建设"更加注重移民合法权益的保护。发改能源〔2012〕293号文明确提出在水电建设中，应始终把移民工作作为水电工程的重要组成部分，把做好移民工作放在优先位置，……切实保障移民群众合法权益，实现在做好移民安置的前提下积极发展水电的目标。从中不难理解，发改能源〔2012〕293号文强调维护移民合法权益，着重疏导解决移民的利益诉求，在此前提下再行保障水电工程建设的顺利进行。

移民拒绝搬迁、拒绝安置、频繁阻工上访等问题对工程建设进度影响很大，不利于塑造良好的企业形象，因此切实保护移民合法权益引导移民积极踊跃搬迁安置，创造和谐的企地关系是促进工程建设的前提，"先移民后建设"提出把做好移民工作放在优先位置，打破"重工程，轻移民"固有观念，营造一种"心系移民、行为移民"的工作氛围，促使包括项目法人在内的相关各方更加重视移民工作，更加注重移民合法权益的保护，营造出一种多赢局面，从而在优先做好移民工作的前提下，更好更快地推动工程建设。

(4)当前移民政策框架仍是"先移民后建设"施行的基础。发改能源〔2012〕293号文明确提出，……根据经批准的移民安置规划统筹协调好工程建设进度和移民工作进度……。可以看出，发改能源〔2012〕293号文规定实行"先移民后建设"仍然要按照移民工作审批流程进行，因此应在明确"先移民后建设"地域范围和项目范围的情况下有针对性地开展实物指标调查、分析移民安置任务、制定安置方案、广泛征求意见等工作，在此基础上编制完成的移民安置规划并经上级移民主管部门审批后才能付诸实施。

(5)"先移民后建设"的本质要求是保障移民搬迁安置始终超前工程建设。在水电开发进程中，因"重工程，轻移民""重搬迁，轻安置”等现象的长期普遍存在，由此带来的不利后果将在不确定的时间和地点反过来影响工程建设。“先移民后建设”政策的颁布和逐步完善将为彻底解决此类困惑提供政策依据，全面诠释“先移民后建设”涵义是有效推动当前以至今后水电移民工作的前提。

有搬迁就有安置，两者是逻辑上的前后关系，因此移民安置包括搬迁和安置。“先移民后建设”中的移民应理解为搬迁和安置并重，这是“先移民后建设”政策的本质要求，“重搬迁，轻安置”不是政策初衷。发改能源〔2012〕293号全文围绕“移民搬迁应始终超前工程建设”这个中心提出实行“先移民后建设”的工作内容和要求。按照水电工程建设时序，必然首先启动枢纽工程建设而需要优先启动相应的移民安置工作，但在保障工程建设和移民安置进度协调进行的同时也应按照“先移民后建设”的本质要求有预见性地对其他范围内的移民安置进行统筹谋划。

经各地积极推行试点，国家发展和改革委员会提出“先移民后建设”水电开发新方针是高度重视水电移民工作的体现，是立足解决当前水电建设与移民安置进度矛盾的新举措，只要各地把思想统一到发改能源〔2012〕293号文上来积极贯彻落实，逐步完善配套措施和制度，移民安置滞后工程建设的问题必然得到有效改观，实现移民安置与水电建设双赢局面。

12.3 “先移民后建设”政策实践和存在问题

自从2007年国家有关部委提出“先移民后建设”雏形，到各省“先移民后建设”工作试点，再到发改能源〔2012〕293号文明确提出要求实行“先移民后建设”政策以来，有关省份陆续批准同意一批水电项目先行贯彻执行，并在此过程中积极探讨相关工作程序、方法和配套机制。但由于“先移民后建设”还是一项探索性的政策，并无经验可以借鉴，各地都在实践中摸索，在摸索中前进，加之对“先移民后建设”政策的理解不同、配套机制不健全、管理不顺，取得的预期效果不一。

(1)“先移民后建设”政策实践和要求有差异。贵州省是水电移民大省，在移民工作理念、体系等方面走在全国前列，在“先移民后建设”明确提出之前实际已在试点开展类似工作，其核心指导思想是“早建设早搬迁早安置”，即在整个建设征地区范围内根据移民项目的重要性、急迫性和制约性来分析确定可能制约电站关键节点目标实现的重点范围和难点项目，在工程核准前优先以试点名义启动搬迁建设，充分利用移民规划报告审批和核准之间的时间段基本完成移民搬迁安置工作和移民工程建设（为解决提前建设带来的征地问题，采取办理临时用地手续的方式首先启动“三通一平”工程建设，待电站核准后再及时办理征地手续），很好地完成了“移民搬迁安置应始终超前工程建设”这个中心任务，为电站按期发电奠定了坚实基础。

四川也是水电移民大省，2010年6月根据国家发展和改革委员会“积极探索‘先移民后建设’工作方法，进一步明确工作程序，按照国家政策法规有序推进相关工作”的要求，四川省扶贫移民局联合四川省发展和改革委员会发布了《关于在全省大中型水利水电工程试行先移民后建设有关问题的通知》（川扶贫移民规安〔2010〕202号文），要求在满足有关条件的前提下，编制工程建设区和围堰截流水位以下移民搬迁安置实施方案，报有关部门逐级审核后单独核准（审批）。从该通知可以看出，四川省“先移民后建设”实行范围仅限定于枢纽工程建设区和围堰淹没区，若水库淹没影响区移民量大，存在工期长、难度大的移民项目，不纳入“先移民后建设”实行范围提早启动搬迁建设，对整个电站来讲将难以确保达到“移民搬迁安置应始终超前工程建设”的要求。

因对“先移民后建设”政策的理解不同造成工作理念和思路存在差异。贵州省将“先移民后建设”工作着重放眼于实现其本质要求，四川省根据发改能源〔2012〕293号文“优先安排枢纽工程建设区、围堰淹没区的移民搬迁安置”要求而着眼范围有限，对其他区域的移民安置工作未作特定安排，未实质脱离“重工程轻移民”的固有观念，这是两省显著差别，所带来的实施效果将是不同的。

(2) 各地对“先移民后建设”政策的实质要求理解有偏差。发改能源〔2012〕293号文强调了移民安置工作在水电建设中的重要地位，规定了经过审批的移民安置规划才是开展“先移民后建设”工作的前提，不得盲干蛮干，而对于移民规划覆盖的地域范围和项目范围、工作深度等需要结合项目实际情况确定，由此导致各地在执行“先移民后建设”政策时认识不到位，存在理解偏差。主要表现在以下两个方面：

1)“重搬迁轻安置”现象仍然较为普遍。发改能源〔2012〕293号文对“先移民后建设”的工作要求是移民搬迁和安置并重，但一些地方在执行“先移民后建设”时仍然未改变以前“重搬迁轻安置”固有思想，以移民迁出建设征地区作为达到自认为的“先移民后建设”工作目标，对移民迁出建设征地区后的生产和搬迁安置工作不力、消极懈怠或疏于考虑，造成很多电站在移民搬离库区后移民工作长期处于过渡状态，其实质仍然表现为“重工程轻移民”，严重影响移民生产生活质量，引发社会稳定风险。如大渡河某级电站便存在类似突出情况，为满足工程筹建、截流准备工程建设的需要，早在2005年便已搬离库区租房过渡，截至目前已过渡近10年时间，短的也过渡了三四年时间，即便从电站核准当年算起，长的也过渡了五六年时间，且因各种变更发生频繁、移民诉求越来越多等的影响仍然无法制定确切的安置时间计划，虽然在过渡期发放过渡费等解决移民生活问题，但大量移民长期过渡得不到妥善安置仍然是影响社会稳定的风险因素。

2) 各地对“先移民后建设”实行范围理解存在误读。“先移民后建设”政策是围绕“移民搬迁安置应始终超前工程建设”这个中心优先安排枢纽工程建设区和围堰淹没区移民搬迁安置，如此可实现枢纽工程建设和移民安置的协调进行。但一些地方将实行范围片面理解为仅限于枢纽工程建设区和围堰淹没区，而忽略其他范围的移民搬迁安置工作，其实质仍然是“重工程，轻移民”，如此理解将造成其他建设征地区移民安置工作的消极懈怠，移民安置超前于工程建设仍然是一句空话，“水赶人”现象将可能再次出现，违背“先移民后建设”政策的本质要求。

由于对发改能源〔2012〕293号文的误读，一些地方在编制移民搬迁安置实施计划时着眼范围局限，仅针对枢纽工程建设区和围堰淹没区范围内的移民安置项目进行安排，如四川省内多个电站便是按此做法开展“先移民后建设”工作，单就枢纽工程建设区和围堰淹没区来讲，也许能达到“先移民后建设”政策的本质要求，但对其余水库淹没影响区并未形成“先移民后建设”工作氛围，很可能导致工期较长、实施难度大的移民安置和工程建设启动滞后，届时需要采取过渡搬迁、临时保通等措施才能确保电站节点目标的实现，这与“先移民后建设”政策的本质要求是不符的。仍以大渡河某级电站为例，虽然枢纽工程建设区和围堰淹没区移民搬迁安置工作基本完成，确保了主体工程各项建设的顺利进行，但库区存在几项建设难度大、工期长的库周交通工程，移民量占整个电站的近80%，因缺乏对整个建设征地区移民任务实施计划的提前谋划，加之各中变更频繁，处理周期长，从目前实施进展情况看，影响电站蓄水发电目标实现的可能性很大，移民安置也因重视度不够而不断推后。

(3) 当前“先移民后建设”政策对于解决项目核准前的违规用地问题还有相当距离。

当前“先移民后建设”政策难以妥善解决工程筹建、截流准备期的违规建设用地问题。按照国土资源部《关于改进报国务院批准单独选址建设项目用地审查报批工作的通知》(国土资发〔2009〕8号)、《国家林业局占用征用林地审核审批管理规范》（林资发〔2003〕139号）规定，水电工程建设先行用地必须在项目核准后方可申请，且大型水电工程建设用地报批程序复杂、手续繁多，从获准开展前期筹建准备工作到项目核准报件齐全，再到项目核准、建设用地获批，时间跨度很长，对一些急于开工的建设项目，未批先用等违规违法用地行为大量发生。因此，项目业主在拿到国家（省）发展和改革委员会的“路条”到项目核准的时间内只能采取变通办法，通常在各市（州）审批权限内通过化整为零的方式先行批准用地，解决项目筹建、截流准备工程用地问题，这同时也增加了企业土地临时征用的面积和用地成本，这种做法实际上也是违规的。

国家发展和改革委员会提出的“先移民后建设”水电开发新方针后，四川省出台的川扶贫移民规安〔2010〕202号文规定较之前电站核准后才能合法用地前进了一步，但项目业主违规用地在先，因此仍无法解决电站启动筹建工程建设到《“先移民后建设”移民安置实施方案》获批之间违规用地的问题。

因此，水电工程核准前的违规用地问题在“先移民后建设”政策出台后仍无法解决，主要因国家相关建设用地审批制度没有同期进行改革。从实际操作情况看，安谷水电站根据四川省扶贫移民局审批的《“先移民后建设”移民安置实施方案》编制完成《“先移民后建设”移民安置建设项目申请报告》，通过县、市发展和改革委员会上报省发展和改革委员会审批核准后，顺利办理了枢纽工程建设和围堰水位淹没区占用林地的审批文件，但国土审批文件尚无法办理。除安谷水电站外，四川省内多个电站项目《“先移民后建设”移民安置实施方案》即便通过审批，项目业主要合法取得项目建设用地仍然困难重重，多个项目甚至在电站核准后的相当长时间内仍无法取得项目用地审批文件，“先移民后建设”批文作用不大。

（4）彻底解决项目核准前移民安置无据可依的局面还有待进一步努力。大中型水电工程在正式核准之前，只要拿到国家（省）发展和改革委员会的“路条”便可以开展前期工作，筹建工程占地区内的移民必然需要先行搬迁，但此时移民安置规划设计工作并未开展，征地补偿和移民安置标准也未批准，按照国务院第471号令要求，经批准的移民安置规划是移民实施的前提，因此在电站筹建期实施移民安置无法、无据可依，不可避免地与水电移民工作的程序要求存在矛盾，这是其一；其二，根据水电移民工作程序的要求，在依次完成移民安置规划大纲、移民安置规划的编制审批后若项目未核准的情况下，可以按照四川省川扶贫移民规安〔2010〕202号文规定要求，在满足“先移民后建设”各项前置条件后实施，此时移民安置工作才有据可依，较之前项目核准后才能实施移民安置前进了一步，但同时规定，在项目没有得到核准（审批）前，没有按通知规定要求完成“先移民后建设”相关工作的，一律不得实施移民搬迁安置工作。但由于移民安置规划大纲、规划报告一般在项目筹建、截流准备工程建设期间才开始编制，项目法人即使有“先移民后建设”的意愿，也会因无法全部满足前述前置条件而得不到批准，开展前期移民搬迁安置仍然是违规的。

(5)“先移民后建设”实施效果不一，相关制度要求有待进一步明确。自“先移民后建设”政策提出以来，国家发展和改革委员会、有关省已先后批准同意一批水电项目进行试点，从试行情况看，部分试点项目在水电建设仍按既定计划推进的同时也较好地解决了移民安置问题，但部分项目并没有达到预期效果。

安谷水电站装机容量760MW，建设征地涉及移民7000余人，地处四川乐山市经济发达的平坝地区，毗邻市级高新技术开发区，移民安置涉及市中区和沙湾区的工业重镇，移民村组内其他重点项目建设征地交叉，情况复杂，安置难度大。安谷水电站在2010年7月四川省扶贫和移民工作局正式批准安谷水电站开展“先移民后建设”至2011年6月工作完成的不到一年时间里完成6个集中安置点建设、建房入住1207人、生产安置878人约2亿元的“先移民后建设”任务，是完全按照国家要求实行“先移民后建设”水电开发新方针，严格执行四川省“先移民后建设”实施办法的第一个大型水电项目，其“先移民后建设”任务的顺利完成为电站尽快核准打下了坚实的基础，为主体工程顺利建设赢得了时间。

安谷水电站“先移民后建设”实施效果无疑是比较好的。目前，四川省内也不乏正在实行“先移民后建设”待核准的水电项目如两河口水电站、双江口水电站等，但各地情况不同、移民难度不一。在“先移民后建设”实施相关制度和实施效果要求未进一步明确之前，为满足工程建设需要而对移民实施过渡搬迁的情况仍然常见，难以全面达到“先移民后建设”政策的本质要求，相关实施效果和要求需要明确规定并制度化。

（6）有效实施“先移民后建设”与地方税收征管力度逐年加大之间存在矛盾。当前大中型水电工程基本都位于经济欠发达的偏远地区，水电工程建设年度缴纳的建安税、印花税、水资源费、砂石资源费等在地方年度税费收入贡献中占有重要的支柱地位，且地方政府为确保税收的逐年增长，对投资拉动期望高，水电建设各项税费征管征收力度逐年不断加大。而水电建设需缴纳的一些税种主要根据工程建设工程量等综合确定，因此缴纳税额与工程建设进度息息相关，从某种程度上讲，地方政府制定的年度税收目标是地方政府极力推动移民安置实施的原动力之一。

然而，相对于工程建设，移民安置实施工作难度大，特别是协调时间长，且对投资拉动作用甚微，若严格按照“先移民后建设”政策要求，在完成移民搬迁安置后才能启动相应的工程建设，势必减少水电企业的年度税费支出而影响地方政府税收目标的完成，这实际为“重工程轻移民”“重搬迁轻安置”的长期存在提供了生存土壤，以致不难理解为何此类现象短时间内难以扭转的根源所在。因此，正视地方年度税收目标与水电建设进度、移民安置三者之间的关系并制定应对措施，也是确保“先移民后建设”政策有效推行的重点之一。

12.4 “先移民后建设”政策践行新思路

由于国家对于大中型水利水电工程实行核准制，核准时间受国家大政方针的影响而难以确定，如按部就班地按照项目核准后才开展用地手续办理、移民安置实施、工程建设是行不通的，不利于移民规划大纲、移民规划报告审批到国家核准空档期的充分利用，影响工程建设和移民安置的协调推进，这也是“先移民后建设”方针政策提出的深层次原因之一。

从“先移民后建设”政策的提出，到各地陆续践行过程中产生了不少问题，实施效果难达“先移民后建设”政策的初衷要求，对于广大移民工作者提出了应该如何践行“先移民后建设”政策理念才能真正实现“移民搬迁安置应始终先于工程建设完成”目标的疑问。通过对“先移民后建设”政策实施现状和存在问题的分析，由于国家土地审批制度近期内难以做出调整，在此背景下建议仅考虑移民安置自身工作的思路和方法，采取“循序渐进、逐步规范”的做法，分阶段、分步骤有序贯彻落实“先移民后建设”政策。

先大纲后规划再实施的思路是指以移民规划大纲审批为前提，优先开展枢纽工程建设区和围堰水位淹没区移民安置规划、实施，分析确定水库淹没影响区控制性移民工程，精心制定移民安置实施计划，有序组织实施。

如在移民规划大纲、分区（期）移民规划报告相继通过审批后开展“先移民后建设”，实际也不能解决项目法人在前期筹建工程占地涉及移民搬迁安置的合法合规性问题，但为了体现现行机制赋予移民安置规划大纲的指导地位——审批后的移民安置规划大纲是编制移民安置规划、实施移民安置的依据，提出将移民规划大纲审批作为践行“先移民后建设”的前提，意指在移民规划大纲、分区（期）移民规划报告未获批准，移民未得到妥善安置的情况下，不得启动包括筹建工程在内的任何工程建设。

12.5 “先移民后建设”新实践方案设计

鉴于大中型水利水电工程建设的长期性、复杂性和艰巨性，需要在深刻诠释“先移民后建设”方针理念的基础上，按照先规划后实施、先安置后用地、分期有序推进的基本原则和目标总纲要求，切实做好先移民后建设工作。

12.5.1 基本原则

（1）先移民后工程。开发建设水利水电工程应坚持先行完成移民搬迁安置，确保移民工作总体适度超前于工程建设。

（2）先规划后实施。移民安置工作应坚持规划先行，严格按审定的规划组织实施。

（3）先安置后用地。水利水电工程各阶段建设用地，应坚持以完成移民安置为前提，未完成移民安置的，不得先行用地。

（4）分期有序推进。移民安置工作应根据工程建设时序，合理规划安排工程建设各阶段移民安置工作任务和计划，分期分步有序推进。

12.5.2 总体目标和要求

12.5.2.1 总体目标

要通过贯彻实施“先移民后建设”方针政策，实现工程建设阶段全覆盖、用地范围全覆盖、移民项目全覆盖践行目标，确保移民安置整体超前于工程建设进度。

12.5.2.2 工作要求

（1）移民实施相关各方要深刻理解“先移民后建设”内涵，积极主动地贯彻落实好“先移民后建设”各项工作。

（2）要落实好有关各方责任，加强省政府对移民工作的领导，落实市（州）、县政府的工作责任，履行项目法人的参与责任，强化主体设计单位的技术责任，充分发挥技术归口单位作用。

（3）“先移民后建设”工作应按照移民工作管理规程规范，组织开展相关先期移民安置规划、工程建设、年度实施计划的编制、审批（核）工作，并按照有关规定及时引入移民综合设计（设代）、单项工程设计、综合监理、独立评估单位，规范有序实施。

（4）要严格“先移民后建设”移民验收，确保移民安置形象面貌达到规定的效果要求。先期移民安置实施工作完成后，应根据审定的先期移民安置规划报告相关标准和要求，参照移民阶段验收工作管理办法，及时组织开展验收。凡未经验收或验收未通过的，一律不得启动对应工程建设。

12.5.3 实践方案设计

12.5.3.1 指导思想

先大纲后分区（期）规划实施的指导思想是，经批准的移民规划大纲是贯彻落实“先移民后建设”方针政策的前提，按照水利水电工程建设用地时序和范围、移民任务项目特点，开展先期移民安置规划，精心制定移民安置实施计划，有序组织实施。

12.5.3.2 范围、内容和程序

（1）先期移民范围的确定。先移民后建设移民安置规划范围一般应包括枢纽工程建设区、围堰水位淹没区，以及水库淹没影响区涉及的重大控制性移民工程。项目法人应结合移民项目的重要性、急迫性和制约性等，综合分析确定先期移民实施范围。

（2）《先期移民安置规划报告》编制、审批。根据移民安置规划大纲确定的移民安置任务、标准和方案，项目法人会同地方人民政府拟定先期移民安置规划，并按照初步设计深度要求完成相应的规划设计工作，制定移民安置实施进度计划，编制《先期移民安置规划报告》。

项目法人组织开展《先期移民安置规划报告》审核、报批工作。由项目法人提出申请，经由项目所在地的县级移民管理部门报经县人民政府确认后，逐级上报省扶贫移民局审批。

省扶贫移民局对项目法人编制的《先期移民安置规划报告》进行审查，下达批复意见。经批准的移民安置规划不得随意调整，确需调整或修改的，应按规定重新报批。

（3）先期移民规划建设项目申报、核准。项目法人根据先期移民安置规划编制《先期移民规划建设项目申请报告》（附当地环保、

水保、土地预审等部门意见），经由市（州）发展改革委上报省发展改革委（能源局）核准。

(4) 工程建设用地审批。项目法人根据核准的《先期移民规划建设项目申请报告》，向国土、林业部门提出项目用地申请，取得用地批文。

(5) 先期移民安置实施。项目法人根据审定的《先期移民安置规划报告》，与省级移民主管部门签订先期移民安置协议。

项目法人组织地方政府、设计单位等充分协商、编报移民安置年度计划，经省扶贫移民局审核后下达，实施各方遵照实施。水库淹没影响区移民安置实施工作应重视强化移民安置实施计划的适用性和执行力，提前谋划具节点控制作用的移民工程建设进度，切实贯彻落实“先移民后建设”政策本质要求。

省扶贫移民局批准《先期移民安置规划报告》后，及时会同项目法人委托具有相关资质的单位，按照有关规定要求开展先期移民综合设计（设代）、单项工程设计、综合监理、独立评估工作。

12.5.4 移民安置验收

先期移民安置实施工作完成后，应根据审定的《先期移民安置规划报告》相关标准和要求，参照移民阶段验收工作管理办法，及时组织验收。凡未经验收或验收未通过的，一律不得启动对应工程建设。

12.5.5 监督检查

对移民实施全过程进行监督检查是妥善安置移民的重要保障措施，应建立健全务实高效的“先移民后建设”工作监督检查和评估机制，制定完善的移民工程建设管理办法，抓好移民政策宣传。由省扶贫移民局负责组织开展先移民后建设监督检查工作，协调相关职能部门和单位，对发现的问题责成相关责任单位限期整改落实。

12.5.6 各方职责

12.5.6.1 省级部门

（1）省扶贫移民局。牵头组织先移民后建设重大问题的协调、研究工作，负责组织审查《先期移民安置规划报告》，与项目法人签订先期移民安置协议，批准下达移民年度实施计划，拨付移民资金，监督检查先期移民安置建设项目实施，组织开展移民安置专项验收工作。

（2）省发展和改革委员会（能源局）。负责《先期移民规划建设项目申请报告》核准，配合参与先移民后建设重大问题的协调研究。

（3）其他部门。省级国土、林业、环保、水保部门应根据省发展和改革委员会核准的先期移民安置建设项目批复文件，负责协调办理相应手续，配合参与先移民后建设重大问题的协调研究。

12.5.6.2 市级部门

（1）市级移民主管部门。负责做好本行政区内的移民工作，组织和参与先移民后建设有关重大问题的协调和研究，配合参与《先期移民安置规划报告》编审工作，组织编报年度计划，做好移民资金管理，配合先期移民安置监督检查和专项验收工作。

（2）市级发展改革委。负责向省发展改革委上报《先期移民规划建设项目申请报告》，配合参与先移民后建设重大问题的协调研究。

（3）其他部门。市级国土、林业、环保、水保部门应按行业管理权限和有关规定，负责落实办理相应手续，配合参与先移民后建设重大问题的协调研究。

12.5.6.3 县级人民政府

配合参与《先期移民安置规划报告》编审工作，组织参与先移民后建设有关重大问题的协调和研究，认真履行“三个主体”工作职责，负责做好组织实施工作。

12.5.6.4 项目法人

负责会同地方人民政府确定先期移民安置范围，组织编报《先期移民安置规划报告》《先期移民规划建设项目申请报告》，签订先期移民安置协议，配合参与编报年度计划，及时筹措并拨付移民资金，配合开展有关重大问题的协调和研究。

12.5.6.5 设计单位

负责编制《先期移民安置规划报告》和《先期移民规划建设项目申请报告》，并根据委托承担移民综合设计（设代）和移民单项工程设计工作，配合参与有关重大问题研究，参加移民安置专项验收。

12.5.6.6 综合监理单位

负责监督和控制先期移民安置实施的质量、进度、资金拨付和使用情况；监督检查先期移民安置信息管理和相关合同备案与履约情况；及时发现、报告和协调处理先期移民安置实施过程中的问题；参与移民安置验收工作。

12.5.6.7 独立评估单位

建立和管理样本，及时发现先期移民安置过程中的相关问题，提出整改意见和解决方案，配合参与有关重大问题研究及移民安置验收工作。

12.6 结论和建议

“先移民后建设”是顺应新时期移民工作发展而出台的惠民安民新政策，需要在实践中逐步完善，及时针对实践过程中出现的新问题进行研究，并制定配套制度措施，深入改革以冲破阻碍“先移民后建设”政策本质要求的固化藩篱。

(1) 建议修订或废止现行《关于在全省大中型水利水电工程试行先移民后建设有关问题的通知》（川扶贫移民规安〔2010〕202号）。

1）建议修订“先移民后建设”前置条件。在发改能源〔2012〕293 号文出台后，以及通过对“先移民后建设”实践情况的分析，川扶贫移民规安〔2010〕202 号文规定的有关前置条件已不合时宜，难以满足“先移民后建设”政策实践发展的需要，建议根据水电建设时序和要求进行修订，分阶段分步骤制定“先移民后建设”前置条件，但“先规划后实施”的原则要求不可动摇。

2）建议调整“先移民后建设”实行范围。川扶贫移民规安〔2010〕202 号文“先移民后建设”范围仅限于枢纽工程建设区和围堰淹没区，与发改能源〔2012〕293 号文“优先安排枢纽工程建设区和围堰淹没区移民搬迁安置”要求的涵义并不完全一致。在制定“先移民后建设”移民搬迁安置实施计划时，不能只单纯考虑与主体工程密切相关的范围而忽略其他建设征地范围的移民安置任务，应在深入理解“先移民后建设”政策涵义的基础上，做到“工程建设阶段全覆盖、用地范围全覆盖、移民项目全覆盖”。

建议将地域范围和项目范围进行有机结合考虑，按照提前谋划、先用先搬、分区（期）实施的工作要求，以分步骤、分阶段进行的工程建设项目为基础，针对影响工程节点目标顺利实现和移民早日安居乐业的移民项目制定科学合理的实施计划，以确保移民安置始终超前于工程建设为目标来确定“先移民后建设”实行范围。

（2）建议制定“先移民后建设”实施管理办法。针对当前“先移民后建设”政策各方理解不一、执行不一、效果不一的现状，按照吃透理念、科学定位、规范操作、明确职责、强化管理的要求，根据国务院第 471 号令“根据经批准的移民安置规划大纲编制移民安置规划”的规定，建议从工作原则和要求、实施范围、内容和程序、职责分工、监督检查等方面制定“先移民后建设”实施管理办法。

（3）建议推动水电工程建设用地审批制度的探索改革。①建议探索水电工程建设用地分区（期）核准制度，以解决项目用地的合法合规性问题，其中分区核准是指枢纽工程建设区、围堰淹没区先核准，水库淹没影响区后核准；分期核准是指按水电工程建设时序分时段核准（项目前期核准和开工核准），两种核准模式实质是一样的，但都要与“先移民后建设”实质要求相结合。②建议国家有关部门配套出台“先移民后建设”项目建设用地审批制度或实施办法，适当调整审批权限，简化审批流程。③建议在国家层面建设用地审批制度改革短期内难以实质推动的情况下，由省发展和改革委员会、国土、林业部门在赋予权限内积极探索新的建设用地审批模式，切实改变多数水电建设采取“在县级国土、林业部门审批权限内化整为零，土地征用手续一年一办”等变通方式违法违规使用土地的现状。

（4）建议制定切实推进移民工程建设的强力措施。建议推动地方税费征收征管将移民安置工程作为重点予以关注考核，在制定年度税收目标时优先考虑移民安置工程，与其有关的税费收入纳入年度目标考核并将任务分解落实到相关责任单位。

第 13 章　移民政策动态管理新思路

13.1　移民政策发展

13.1.1　老条例时期

老条例时期（2006 年之前），我国在水电移民方面安置政策主要以国务院颁布的第一部移民法规《大中型水利水电工程建设征地补偿和移民安置条例》（国务院令第 74 号）为代表，这一时期国家主要政策文件如下：

（1）《大中型水利水电工程建设征地补偿和移民安置条例》（国务院令第 74 号，1991 年）。

（2）《水电工程水库淹没处理规划设计规范》（电力工业部 1996 年 11 月 28 日发布，1997 年 5 月 1 日起实施）。

（3）《关于设立水电站和水库库区后期扶持基金的通知》（计建设〔1996〕526 号，1996 年 3 月 22 日）。

（4）《国家发展计划委员会关于印发水电工程建设征地移民工作暂行管理办法的通知》（计基础〔2002〕2623 号）。

这一时期，水电移民安置和补偿工作在国家层面主要以国务院颁布的 74 号令为基础，总体上补偿标准较低，土地补偿费和安置补助费之和一般为耕地亩产值的 8 倍左右，最高不超过 20 倍。1998 年国家出台《土地管理法》和《土地管理法实施条例》，随后四川省相应制定了《四川省〈中华人民共和国土地管理法〉实施办法》，尽管 1991 年国务院第 74 号令仍是水电工程移民工作的基础和依据，但实际上标准已有了明显提高，国家和四川省土地管理实施办法中均明确土地补偿费和安置补助费之和为 10～16 倍左右，最高不超过 25

倍。在标准上已在逐渐提高，实际上在这一时期基本按照土地补偿费和安置补助费的下限标准进行补偿，即按照前三年亩产值的10倍计列。

在老条例时期（1991年国务院第74号令），根据当时的国内经济及社会发展情况，国内移民安置方式主要包括：大农业安置、二三产业安置及自主安置方式等。由于当时社会经济发展条件及资金条件的限制，建设征地移民安置标准普遍偏低，安置标准以与库区基本情况相结合，基本上使移民生产生活水平达到原有水平为原则。移民安置建设标准基本立足点是“原规模、原标准和原功能”的“三原”原则。但从电力工业部颁发的《水电工程水库淹没处理规划设计规范》（DL/T 5064—1996）开始，明确提出扩大规模、提高标准增加的投资，由地方政府或有关单位自行解决；同时该规范提出迁建城镇规划除了应本着原规模原标准的原则外，还应参照行业标准和行业工作程序编制。

13.1.2 新条例时期

以2006年《大中型水利水电工程建设征地补偿和移民安置条例》（国务院令第471号）的颁布为界，水利水电工程移民安置政策进入新条例时期。以此为基础，国家层面对移民管理体制、移民规划编报、移民诉求表达、前期设计深度、实施过程管理与监督、后期扶持方式、项目竣工验收等规定进行了全面的修改和完善。同时，四川省人民政府、省级移民管理部门及其他行业部门配套制定了大量政策，大部分沿用至今。由此进入的新条例时期是一个移民政策、法规进一步完善的时期。

这一时期国家层面的主要政策文件如下：

（1）《大中型水利水电工程建设征地补偿和移民安置条例》（国务院令第471号），替代原国务院第74号令。

（2）《国家发改委办公厅关于进一步加强西南地区水电建设前期工作有关问题的通知》（发改办能源〔2007〕2293号）。

(3)《财政部关于征收跨省际大中型水库库区基金有关问题的通知》(财综〔2009〕59 号)。

(4)《国家能源局关于加强水电建设管理的通知》(国能新能〔2011〕156 号)。

(5)《国家档案局　水利部　国家能源局关于印发〈水利水电工程移民档案管理办法〉的通知》(档发〔2012〕4 号)。

(6)《国家发展改革委员会关于做好水电工程先移民后建设有关工作的通知》(发改能源〔2012〕293) 号。

国务院第 471 号令是我国水利水电工程移民安置依据的最重要的行政法规，该条例从保护移民合法权益、维护社会稳定的原则出发，明确了移民工作管理体制，强化了移民安置规划的法律地位，特别是对征收耕地的土地补偿费和安置补助费标准、移民安置的程序和方式及移民工作的监督管理等做了比较全面的规定。主要包括：①移民安置工作实行政府领导、分级负责、县为基础、项目法人参与的管理体制；②已经成立项目法人的大中型水利水电工程，由项目法人负责编制移民安置规划大纲和移民安置规划；③编制移民安置规划大纲和移民安置规划应当广泛听取移民群众的意见，必要时应当采取听证方式；④其他规定，如移民远迁后，在水库周边淹没线以上属于移民个人所有的零星树木、房屋等应当给予补偿；农村移民住房应当由移民自主建造，不得强行规定建房标准；对补偿费用不足以修建基本用房的贫困移民，应当给予适当补偿；对淹没线上受影响范围内因水库蓄水造成当地居民生产生活困难的问题，应当纳入移民安置规划妥善处理；防护工程的建设费用由项目法人承担，运行管理费用由工程管理单位负责。

这一时期的移民安置方式由原来的主要是大农业安置、二三产业安置及自主安置三种方式，变为了大农业安置、二三产业安置、自主安置、城集镇复合安置、长效安置和其他安置六种安置方式。

根据《土地管理法》和国务院 471 号令规定，一般情况下，大中型水利水电工程建设征用耕地的土地补偿费和安置补助费之和不低于该耕地被征收前3年平均年产值的16倍；其他土地补偿补助标准按照地方政府有关规定确定；当土地补偿费和安置补助费不能使需要安置的移民保持原有生活水平的，需要提高补偿补助标准，提高补偿补助标准的多少由项目法人或者项目主管部门报项目审批或者核准部门批准。

13.2 现行动态管理机制存在的问题

通过对现行移民政策进行分析，研究发现移民政策的现行调整机制存在动态调整机制不健全、调整被动、调整时间滞后、调整周期不明确等问题。

(1) 动态机制不健全。从政策梳理的情况进行分析，目前，除少数政策外（如青苗及附着物补偿标准等政策），大多数政策并未建立动态调整机制。行政法规更新修改缓慢，出现特殊问题靠经验、大量工作靠协调的工作局面。政策出台最常见的缘由是上级政府机构发布了新的政策，而出台相关配套实施办法或工作细则。如针对《国务院关于完善大中型水库移民后期扶持政策的意见》（国发〔2006〕17号），四川省出台了一系列后期扶持相关办法：《四川省大型水电工程移民办公室四川省水利厅关于印发〈四川省大中型水库移民后期扶持人口核定登记办法〉的通知》（川移发〔2006〕184号）、《四川省新建大中型水利水电工程农村移民后期扶持人口核定登记管理实施办法》（川扶贫移民后扶〔2011〕5号）、《四川省大中型水利水电工程移民后期扶持工作管理暂行办法》（川扶贫移民发〔2012〕399号）等。在此前政策在实际操作中不再适用，或由于工作的不断深入，需进一步完善规范相关工作内容和管理要求，后续政策进行了调整和增加。

就目前而言，此种情况下，前后政策的制定单位未必一致，并未保持政策的直接延续性，仅是针对已出现问题进行解决，不利于政策的有效执行和正常发展，需建立政策本身的动态调整机制。

（2）调整被动，调整时间滞后。政策的制定往往基于一定的历史背景和现实情况，均有一定的适用范围和时限，移民政策亦是如此。从政策梳理情况来看，目前大多数政策并未将对未来进行充分的预测和把控应用于主动的动态调整，而是根据已出现的问题进行被动更新。

通过对移民政策发展沿革进行分析，政策的调整往往来源于经济社会发展变化、其他行业政策调整、遗留问题逐渐积累等情形的出现，导致现有政策难以适应当前现实情况、无法与其他行业之间进行平衡、难以明确或管理现有工作内容、无法实现各方的合理诉求等，从而催生了政策的调整。由于外围情况的变化而使移民政策的调整属于被动的调整，调整本身往往是为了解决现有突出问题，并非主动对工作中预计会面临的问题进行防患于未然。被动调整是一种解决问题的调整模式，往往导致对新生问题难以产生约束，而使其发展与政策管理之外。

（3）调整周期不明确，执行不力。通过移民政策的梳理可以发现，部分政策有较为明确的需适时进行调整的特点，如补偿补助标准、长期发放的安置标准等相关政策文件。明确政策的动态调整周期可使移民政策调整建立健全的动态机制，形成政策调整的规范性和规律性，使政策长期稳定地进行发展。而目前，大多数应适时调整的移民政策并未明确政策的调整周期，或未按照规定的调整时间进行更新，导致现有执行标准难以反映时下经济社会发展情况，与当前生产生活水平不能匹配，使政策执行标准不足以满足移民恢复其生产生活条件的目的，从而使政策本身失去保障的意义。

如某省水利水电工程养老保障制度，最初并未明确保障资金的动态调整周期。最初的标准执行 8 年之后，移民养老保障金发放标准已经处于较低水平，无法达到保障老年移民老有所养、逐步提高生活水平等目的，失去了养老保障制度本身对于保障老年移民生产生活水平的安置意义。又如某省征地统一年产值标准制度，在发布之初便规定根据农业产值增长和社会经济发展，2～3 年进行一次调整。时至今日已5年之久，由于多种原因，征地统一年产值标准仍未进行调整，使选择与土地年产值相关的移民安置方式移民的利益受到影响，也带来对产值增长等的一系列诉求。

13.3 动态管理机制新思路

13.3.1 内涵和原则

13.3.1.1 内涵

政策动态管理机制是指在经济及社会的持续发展中，根据政策的适宜性分析结果，进行政策的修订、替换或新增相应政策。

政策的动态调整包括根据政策在其执行过程中，由于政策所约束工作的工作内容、工作相关技术规范或所适应的社会经济条件发生变化时，其自身进行的修订或替换；也包括由于政策制定所依据的上级行政部门相关政策发生变化，而对该类配套政策进行的修订或替换；以及在社会持续发展中，由于工作中出现新的问题或重大事件助推等情况，根据需要而带来的相关政策的更新。

13.3.1.2 政策动态管理的原则

(1) 遵循国家政策，适应社会经济发展。政策在的动态调整中应遵循国家、行业相关法律、法规、规章制度或总体政策，使调整后的政策合法合规、符合当前社会要求。同时，在政策执行过程中，政策需要根据当前社会经济发展进行适宜性评估，根据评估结果进行调整，因此，政策的动态调整需适应社会经济发展。

(2) 动态监控，适时调整。政策应在执行过程中进行即时的动态监控，并在持续的评估监控过程中进行适时调整。特别是标准类政策，应适时监控和预测物价水平的变化，确立标准与价格水平的联动机制。对于实施标准，当物价水平变化超过一定幅度而有调整必要时，即应自动启动调整工作，这就需要建立物价水平与标准的联动机制，确定启动调整工作的物价水平变化临界点。

（3）程序宜简，效率优先。政策的动态调整应根据实时监控的结果即时进行，其调整程序不宜繁复，宜较通常的政策制定程序简化，以便提高调整效率，使政策及时适应当前社会经济发展状况。即建议由政策发布部门制定影响政策标准的物价水平变化的临界点，在物价水平变化触动该临界点后，政策制定方应立即启动有关标准的调整工作，且在调整后政策在征求相关部门或政府意见后发布，去掉不必要的论证审批环节。

（4）适度适量，公平公正。作为执行的标准和规范，政策的动态调整应适度适量，不能朝令夕改，过于频繁的调整将弱化政策的严肃性和执行力度，增加操作难度。同时，标准的调整要考虑到人的欲望并无止境，移民中存在很明显的攀比心理，在进行补偿的同时也要考虑移民政策的稳定性，横向、纵向政策差异不能过大而打破已有的平衡，同时对于标准的调整切不可遮遮掩掩，暗箱操作，应做到公平、公开、公正。

（5）统筹兼顾，前后衔接。政策的调整是一个持续的动态过程，应考虑与调整前政策进行有效衔接，对前述政策在执行过程中的已有影响和调整后的可能影响进行统筹兼顾，保持政策体系的整体性和一致性。标准的调整敏感性强，而测算方法的差异对于调整结果影响很大，调整的过程中应特别注意调整方法的协调平衡和延续，同类标准调整测算时采用方法前后不宜差异过大，应注意保持横向、纵向统一。

13.3.2　政策分类

根据移民政策的发布目的和所规范的内容，研究中将移民政策分为管理类和标准类。

（1）管理类指为规范移民管理工作内容、指导移民工作程序和方式的相关政策文件，如移民前期工作、实施阶段变更管理、后期扶持管理、风险评估、资金管理、信访维稳等相关政策，以及为配套实施国家行政法规、部门规章或上级行政机构颁布的政策而发布的具体实施办法或工作细则。

（2）标准类指为制定或变更发布的补偿补助标准、安置标准及税费标准等的相关政策，如征地统一年产值、养老保障金发放标准等相关政策。

由于各级地方政府具体负责本辖区内移民安置工作的实施，各省级发布的关于移民安置方面的政策较多且具有较全面的分类，因此，本书以四川省省级政策为例对政策的动态管理进行探讨。

13.3.3 管理类政策动态调整新思路

13.3.3.1 管理类政策调整

1. 总体规定类

（1）为配套实施《大中型水利水电工程建设征地补偿和移民安置条例》（国务院令第471号），四川省制定了《四川省〈大中型水利水电工程建设征地补偿和移民安置条例〉实施办法》（四川省人民政府令第268号）。该办法根据国家移民安置条例的更新，对四川省水利水电工程征地补偿、移民规划及移民安置、后期扶持等工作的管理规定进行动态新增。该政策的调整基于四川省正迎来水利建设和水电开发的高峰期，移民安置工作面临许多新的难题，拟通过制定办法规范征地补偿和移民安置行为，明确移民安置工作管理体制，建立移民安置工作机制，细化移民安置各阶段工作内容，以及规范移民安置工作操作程序的背景下，其制定工作自2011年年末起启动，经过省级部门及各市州政府部门意见征求；以及网络征求意见等程序，于2013年年中正式发布，历时近2年。

（2）根据《财政部关于印发〈大中型水库库区基金征收使用管理暂行办法〉的通知》（财综〔2007〕26号）规定，四川省发布了《四川省人民政府办公厅关于印发〈四川省大中型水库库区基金征收使用管理暂行办法实施细则〉的通知》（川办发〔2008〕34号）。该文件颁布后，《四川省人民政府办公厅关于征收地方电网移民后期扶持基金有关问题的通知》（川办函〔2005〕223号）同时废止。由于国家制定了库区基金的征收政策，四川省随之制定其配套政策；且由于库区基金部分用于移民发展，故四川省原为扶持移民而征收地方电网基金的相关政策随之停止执行，其调整频率为 3 年，是为政策的新增和废止。

（3）国务院第 471 号令文件执行 2 年后，针对四川省移民安置实施中出现的问题，四川省发展和改革委员会及人民政府移民办公室联合发布了《关于四川省大中型水电工程移民安置政策有关问题的通知》（川发改能源〔2008〕722 号），对无土安置实施办法、养老保障安置标准的调整、剩余“土地两费”的使用方式等问题进行解决，是为政策的新增。

（4）针对水电开发移民安置工作情况，为进一步做好移民安置工作，扭转“重工程、轻移民、工程倒逼移民”的现象，规范有序地开展大中型水利水电工程移民工作，使移民搬迁安置工作进度优先于工程建设进度，确保移民群众合法权益和工程建设的顺利进行，四川省于 2009 年在国内水电行业率先推行了“先移民后建设”工作方针。2009 年 8 月，四川省政府第 39 次常务会议按照要求审议并同意了《卡基娃、立洲水电站试行先移民后建设试点实施方案》。以此为基础，2010 年 6 月，四川省扶贫和移民工作局与四川省发展和改革委员会联合正式发布《关于在全省大中型水利水电工程实行先移民后建设有关问题的通知》（川扶贫移民规安〔2010〕202 号），是为政策的新增。

2. 前期阶段移民工作类

（1）2006 年，为贯彻实施 2006 年 7 月 7 日国务院第 471 号令公布的《大中型水利水电工程建设征地补偿和移民安置条例》，省人民政府印发《关于贯彻国务院水库移民政策的意见》（川府发〔2006〕24 号），做出了“2006 年 9 月 1 日以后审批或核准的新建工程，应严格按国务院第 471 号令规定编审移民安置规划。……按国务院第 471 号令规定编审征地移民补偿投资概算”的规定。

2007 年，四川省移民办公室通过《关于大中型水利水电工程移民安置规划大纲和移民安置规划编制工作的意见》（川移发〔2007〕23号），对四川省大中型水利水电工程移民安置规划大纲、移民安置规划的编制及相关工作提出了意见。这是新条例时期四川省关于移民安置前期工作最早的政策文件，是为政策的新增。

2012年7月，随着水利水电工程移民工作的实施和问题的发展，四川省扶贫和移民工作局发布了《四川省扶贫和移民工作局关于印发〈四川省大中型水利水电工程建设征地移民安置前期工作管理办法（试行）〉的通知》（川扶贫移民发〔2012〕381号），对《细则及工作方案》《规划大纲》《安置规划》的编制做了进一步细致的要求，是为政策的调整和新增。

2013年《四川省〈大中型水利水电工程建设征地补偿和移民安置条例〉实施办法》（四川省人民政府令第268号）发布后，结合四川省实际，四川省扶贫和移民工作局梳理汇总形成并发布了《四川省中型水利水电工程移民安置规划设计工作流程》。该流程对移民安置可行性研究阶段移民规划及其规划调整和设计变更的流程进行逐一规定，是为对水利水电工程移民前期工作的政策补充。

（2）2006—2007年，四川省委提出推进、深化社会稳定风险评估工作的意见，以此为基础，2007年为维护四川省大中型水利水电工程移民区和移民安置区社会稳定，在全国范围内首次出台《四川省移民办关于开展大中型水利水电工程建设征地补偿和移民安置社会稳定风险评估实施办法（试行）》（川移发〔2007〕231号），明确了开展大中型水利水电工程建设征地补偿和移民安置社会稳定风险评估工作的基本原则、主要内容、评估的时机、组织程序和办法、组织领导等。

2010年10月，四川省出台国内首部关于社会风险评估的政府规章《四川省社会稳定风险评估暂行办法》（四川省人民政府令第246号），明确了四川省范围内重大事项开展社会稳定风险评估的具体要求。这也是全国范围内第一部关于社会风险评估的政府规章。

2012年国家发展和改革委员会发布《重大固定资产投资项目社

会稳定风险评估暂行办法》（发改投资〔2012〕2492号），要求国家发改委审批、核准或者核报的在中国境内建设实施的固定资产投资项目，在组织开展前期工作时，应当包含项目的社会稳定分析，并作为项目可行性研究报告、项目申请报告的独立篇章。为配套实施发改投资〔2012〕2492号文，2013年10月，四川省完成并发布了《四川省人民政府办公厅关于印发〈四川省大中型水利水电工程建设征地补偿和移民安置社会稳定风险评估办法（试行）〉的通知》（川办函〔2013〕191号），是为政策的修订和新增。

（3）2014年3月，四川省人民政府通过《四川省人民政府办公厅关于印发〈四川省大中型水利水电工程建设征地范围内禁止新增建设项目和迁入人口通告管理办法〉的通知》（川办发〔2014〕13号），替代了《四川省人民政府办公厅关于印发〈大中型水利水电工程建设征地范围内禁止新增建设项目和迁入人口的通告管理办法〉的通知》（川办函〔2007〕279号），是为政策的修订。

3. 实施阶段移民工作类

（1）随着移民安置工作逐渐进入实施阶段，面对实施阶段主体设计单位职责及规划设计变更等问题，根据国务院令第471号及《国家发改委办公厅关于印发溪洛渡和向家坝水电站移民工作协调会议纪要的通知》（发改办能源〔2009〕1112号）文件精神，四川省移民办公室制定发布了《关于大型水利水电工程移民安置实施阶段规划设计工作的通知》（川移规安〔2009〕333号），对实施阶段规划设计工作开展方式和开展单位及职责进行规定，是为政策的新增。

（2）针对移民安置工作实施阶段的相关问题，同时为规范四川省大中型水利水电工程移民安置实施阶段有关监督评估、设计、验收、综合监理工作考核、综合设计（设代）工作考核等相关工作，2013年，四川省扶贫和移民工作局发布了《四川省扶贫和移民工作局关于印发〈四川省大中型水利水电工程移民安置监督评估管理办法〉的通知》（川扶贫移民发〔2013〕443号）、《四川省扶贫和移民工作局关于印发〈四川省大中型水利水电工程移民安置实施阶段设计管理办法〉的通知》(川扶贫移民发〔2013〕444号)、《四川省扶贫和移民工作局关于印发〈四川省大中型水利水电工程移民安置验收管理办法〉的通知》(川扶贫移民发〔2013〕445号)、《四川省扶贫和移民工作局关于印发〈四川省大型水利水电工程移民安置综合监理工作考核办法〉的通知》(川扶贫移民发〔2013〕446号)、《四川省扶贫和移民工作局关于印发〈四川省大型水利水电工程移民安置综合设计(设代)工作考核办法〉的通知》(川扶贫移民发〔2013〕447号)、《四川省扶贫和移民工作局关于印发〈四川省大型水利水电工程移民安置独立评估工作考核办法〉的通知》(川扶贫移民发〔2013〕448号)等文件，并于2015年进行了修订。这一系列政策是四川省在移民安置实施过程中的新增政策，其出现时间约为四川省出现大规模移民安置实施阶级工作后的4年。

4. 后期扶持阶段移民工作类

(1) 2006年，根据《国务院关于完善大中型水库移民后期扶持政策的意见》(国发〔2006〕17号)和《大中型水利水电工程建设征地补偿和移民安置条例》(国务院令第471号)精神，四川省结合实际，发布了《四川省人民政府关于贯彻国务院水库移民政策的意见》(川府发〔2006〕24号)，对后期扶持人口登记、扶持期限、扶持标准、扶持资金征收等工作进行了规定，是新条例时期四川省关于移民后期扶持的新增政策。

同时，根据《国务院关于完善大中型水库移民后期扶持政策的意见》(国发〔2006〕17号)、《国家发展改革委办公厅、水利部办公厅关于印发大中型水库移民后期扶持政策有关配套文件的通知》(发改办农经〔2006〕1249号)、《四川省人民政府关于贯彻国务院水库移民政策的意见》(川府发〔2006〕24号)，四川省制定了《四川省大型水电工程移民办公室四川省水利厅关于印发〈四川省大中型水库移民后期扶持人口核定登记办法〉的通知》(川移发〔2006〕184号)。该办法对水库移民后期扶持人口核定登记工作的范围、对象、各方职责等进行了细化，是川府发〔2006〕24号的细化配套政策，亦是川移发〔2005〕200号政策的替换。

2007年，为贯彻落实《国务院关于完善大中型水库移民后期扶持政策的意见》（国发〔2006〕17号），切实做好2006年7月1日以后新建大中型水库农村移民后期扶持人口核定登记工作，全国水库移民后期扶持政策部际联席会议在征求各省、自治区、直辖市和新疆生产建设兵团意见的基础上，制定了《新建大中型水库农村移民后期扶持人口核定登记暂行办法》（发改农经〔2007〕3718号）。

根据以上政策规定，结合后期扶持当前工作中的问题，2011年，四川省通过《四川省新建大中型水利水电工程农村移民后期扶持人口核定登记管理实施办法》（川扶贫移民后扶〔2011〕5号），对后期扶持人口的登记和审核工作进行了再次的细化和规定。在工作实施过程中，有关后期扶持人口核定登记工作的政策不断更新和完善，逐步走向成熟。

（2）2012年，针对实施过程中的问题，为加强和规范大中型水利水电工程移民后期扶持实施管理工作，四川省通过《四川省扶贫和移民工作局　四川省财政厅关于印发〈四川省大中型水利水电工程移民后期扶持工作管理暂行办法〉的通知》（川扶贫移民发〔2012〕399号），对后期扶持规划的编制、人口登记、后期扶持项目的管理、资金管理等方面进行了规定。

（3）2013年，为规范大中型水库移民后期扶持项目资金的使用管理，提高资金使用效益，根据国务院、四川省政府有关大中型水库库区移民后期扶持资金政策和财政部《大中型水库移民后期扶持结余资金使用管理暂行办法的通知》（财企〔2012〕315号），四川省政府办公厅《四川省省级财政专项资金绩效分配管理暂行办法》（川办发〔2011〕70号）等文件规定，四川省结合实际，通过《四川省财政厅关于印发〈四川省大中型水库移民后期扶持项目资金管理办法〉的通知》（川财企〔2013〕10号），对后期扶持项目资金的支持内容及方式、申请及拨付、使用和管理等方面进行了规定，这是四川省根据财企〔2012〕315号等政策对后期扶持项目资金政策的新增。

13.3.3.2 管理类政策动态调整机制

通过对管理类政策进行梳理可以发现，管理类政策的特点主要在于对移民工作进行宏观或具体流程和方法管理。与标准类政策不同，管理类政策与社会物价水平上涨等关系不大，而是与相关移民工作的深入程度、工作面临的具体问题、工作所适用对象自身的变化情况有关，它会因工作的不断深入、出现新的实际问题、适用对象自身阶段或其他性质、相关政策引起的对工作要求发生变化等而面临不适用的可能性。

目前，管理类政策的调整也大多是对工作的开展过程中的新增问题进行规定，或因上级行政机构政策新增或调整而进行政策的修订、替换或新增。对于省级部门新增或修订的政策，其调整年限多为 2～4 年；部分上级行政部门政策的配套政策调整时间稍长，一般为 5 年左右。鉴于管理类政策的特点，本书认为，当政策所约束工作的工作内容、工作相关技术规范发生变化时，需要对政策进行修订或替换；当随着工作不断深入，出现新的由该制度本身难以解决的问题时，需要对政策进行替换或废止。

根据管理类政策目前调整情况分析，省政府发布文件从政策制定到文件发布大约需 1～2 年时间，省级部门发布文件的制定发布周期大约为 1 年。鉴于政策的调整需要较长的调整周期，本书认为，应对政策文件建立定期评估的机制，根据定期评估结果和政策实施的现实情况，省政府发布文件一般应 2～3 年内启动政策调整工作，并于 3～4 年调整完成；省级部门发布的相关政策一般应于 1～2 年间启动政策调整工作，并于 2～3 年内调整完成；上级行政部门政策的配套政策应在上级政策发布后应及时启动政策制定工作，并于半年到 1 年内完成配套政策的制定。

13.3.4 标准类政策动态调整新思路

标准类指制定或变更发布的移民安置相关补偿补助标准、安置标准及税费标准等的相关政策，如征地统一年产值、养老保障金发放标准等相关政策。目前，四川省移民安置相关的标准类政策主要有《四川省国土资源厅关于组织实施征地统一年产值标准的通知》(川国土资发〔2009〕54 号)、《四川省人民政府关于同意资阳市征地青苗和地上附着物补偿标准的批复》(川府函〔2012〕88 号）等四川省人民政府关于各市州征地青苗和地上附着物补偿标准的批复以及《四川省扶贫和移民工作局　四川省发展和改革委员会　四川省财政厅关于调整全省大中型水利水电工程移民养老保障金发放标准的通知》(川扶贫移民发〔2016〕129 号）等相关政策文件。

因补偿补助标准及安置标准类均关系到移民的切身利益，且均与社会经济发展水平、物价水平等相关联，因此，在此对其进行共同研究。税费的收取和支出具有一定的特殊性，本书暂不进行研究。

13.3.4.1　标准类政策调整情况

(1) 2005 年，在移民社会养老保险安置实施最初，每人每月养老保障金发放标准为 160 元。随着社会经济和物价水平的不断发展和上涨，为满足移民生活需要，2008 年，四川省通过发布《关于四川省大中型水电工程移民安置政策有关问题的通知》(川发改能源〔2008〕722 号)，将养老保障金发放标准调整为 190 元。2013 年，为提高移民生产生活水平，缓解社会矛盾，四川省扶贫和移民工作局、四川省发展和改革委员会联合颁布《关于调整全省大中型水利水电工程移民养老保障安置政策有关问题的通知》(川扶贫移民发〔2013〕439 号)，明确每人每月养老保障金发放标准由现行的 190 元提高至 310 元。2015 年，四川省扶贫和移民工作局、四川省发展和改革委员会和四川省财政厅联合颁布了《关于调整全省大中型水利水电工程移民养老保障金发放标准的通知》(川扶贫移民发〔2016〕129 号)，明确每人每月养老保障金发放标准由现行的 310 元提高至 360 元。至此，养老保障金经过三次调整，时间间隔分别为 3 年、5 年和 2 年，调整幅度分别约为 20%，65%，16%。

(2) 2009 年，四川省国土资源厅发布了《四川省国土资源厅关于组织实施征地统一年产值标准的通知》(川国土资发〔2009〕54

号）。2014年年底，四川省国土资源厅发布了《关于公布执行征地统一年产值标准的函》（川国土资函〔2014〕1170号），对土地征收标准进行了调整，时间间隔为5年。

13.3.4.2 标准类政策动态调整机制

由于水电工程移民补偿标准涉及万千移民切身利益，且随着社会经济不断发展，物价水平总体趋高是必然现象，因此补偿标准也将呈持续提高的趋势，即便有降低也是偶然现象。因此对于补偿标准的调整应坚持“只调增不调减”的原则，且在调整过程中应贯彻执行国家强制性标准。其调整机制研究如下：

1. 标准类政策调整架构

由于社会经济在不断发展，社会发展水平不断提高，推动了移民安置、补偿补助标准的不断完善提高，这个趋势还将持续下去，因此移民安置标准也将随之调整，它是一个动态过程。被动的调整机制，其滞后性及讨价还价的过程必然会阻碍工作的顺利进行，被动的调整机制也不利于工程的投资控制和项目管理。

因此，本书拟研究一种调整机制，变被动调整为主动调整，变重大决策程序为常规管理程序。本书认为需要对标准类政策建立监测机制，将标准持续变化调整的过程分为平稳期、预警期和调整期，若监测的标准处于平稳期，则无需启动动态调整机制，当检测的标准增长到某一幅度超过了移民可接受的范围，即进入预警期，开始启动动态调整机制；新的标准测算完成并一经审批颁布，地方政府宣传新标准并按新标准兑现至移民手中的时期为调整期。

标准类政策建立动态调整机制的本质目的是扭转当前标准调整的被动局面，变被动为主动，规避诸如调整滞后所带来的一系列难以预料的风险发生。标准类政策是通过监测手段掌握信息变化，进而根据变化情况采用一定方法做出是否启动调整的决定。政策中标准的“主动调整”即是指在政策执行过程中，通过对外部环境（物价变幅、社会发展等）的监测，确定“预警触发点”“调整临界点”，进而判定平稳期、预警期和调整期，其概念如下：

（1）平稳期。指外部环境变化对标准的冲击在利益攸关者可接受的范围之内，不会引起质疑原标准、呼吁提高等诉求行为。简单来讲，平稳期即是指没有诉求、没有呼吁的时期，一般为2～3年。

（2）预警期。指外部环境的持续变化对补偿标准的冲击虽仍在利益攸关者可接受的范围之内，但离非调不可的时点已非常临近，此时利益攸关者们已开始质疑原标准，已经有呼吁提高等申诉行为，此时已到了收集民众诉求、开展价格信息资料分析工作的关键时刻。简单来讲，即是民众已经提出调整诉求，到了需要开展基础资料分析工作、提出新的补偿标准的时候了，相关部门需要在这个时期内启动调整工作。

（3）调整期。调整期是指新标准的测算、征求意见及获得审批进行颁布的时期。这时期，地方政府宣传新标准并按新标准兑现至移民手中，民众诉求得到安抚。

2. 外部环境监测

监测是掌握政策执行外部环境变化的有效手段，它是一段持续过程，且应按一定周期（两次监测之间的间隔时间）掌握记录与前述分析确定的标准的指标依据相对应的信息，当监测到外部环境变化达到预警触发点时应启动预警，此后当信息持续变化触动调整临界点时启动调整工作。因此，应首先根据标准指标的影响因素分析确定动态调整的监测对象。由于安置标准、补偿补助标准等标准与经济发展和物价水平息息相关，因此，标准类政策应为重点监测物价信息水平的变化。

价格信息监控以其公布时点作为监测点，要重点关注此时民众有无质疑原标准的行为（即是否处于预警期）发生，它是监控周期起始的必要条件，预警期即为价格信息的监测周期。根据对相关标准执行情况分析表明，标准一经调整，移民在2～3年内不会提出质疑，此时段为平稳期，无需开展监测。预警期内，平均半年可作为信息监测行为的周期，以捕捉政策需要调整的触发点和调整临界点，及时开展标准的调整工作。

3. 调整时间确定

监测是为判定平稳期、预警期和调整启动提供信息源，当信息持续变化到何种程度时触发预警。补偿及安置标准主要受控于价格信息的变化，其变化引起的标准变化对移民来讲可有一定的变量容忍区间，该区间的前端即为预警触发点，末端即为调整临界点。

（1）预警触发点的确定。根据分析确定的信息监测周期，以预警期起始时点为起点，半年为周期，监测价格信息时点（时段）同时发生移民质疑原标准、申请调整的行为时即启动预警，也即在利益攸关方提出调整申请时刻对应的物价变动水平为预警触发点。此处以房屋的补偿补助标准作为对象进行预警触发点确定的分析。

纵观社会经济发展，我国改革开放30余年，经济年均增长9.6%，价格总水平年均上涨5.4%，其中1978—1999年价格总水平年均上涨7.1%，可以看出物价上涨已呈常态化。常态化即是指某种现象趋向正常的状态，如今多用于指某事物更趋近于合情合理而被接受。要维持社会经济的正常健康发展，保持物价的上涨平稳是必要的且是政府的重要任务，在此前提下的价格上涨幅度便成为一种正常现象而能被人们所承受，不会引起社会动荡等不利后果。也即，当人工、建材价格指数未超过移民心理承受能力时当属正常现象而不需开展调整工作；相反，当超过移民心理承受能力时应及时开展调整工作以平复心态，满足移民建房需求。因此，分析确定房屋补偿标准调整预警触发点，关键是要分析确定移民心理可接受的物价上涨幅度，这与时间、需求度和区域经济发达程度等诸多因素有关，一般在较长时间间隔内对价格上涨的容忍度大于较短时间间隔的容忍度，建房需求越强烈，人们可接受的价格上涨空间越大，区域经济越发达，人们经济收入越高，可接受的价格上涨空间也越大。因此，房屋补偿标准调整预警触发点与时间间隔、建房需求度、经济发达程度等因素密切相关。

根据对瀑布沟水电站、溪洛渡水电站、锦屏水电站、泸定水电站、大岗山水电站砖混结构房屋补偿标准调整情况的分析，从审定单价到调整提出存在长达1.5～5年的平稳期，平均约为3年，随后便陆续出现申请调价行为。

如溪洛渡水电站，地方政府第一次提出调整申请时物价水平相较于审定物价水平上涨38.6%，第二次申请调整时较第一次调整上涨幅度达47.67%；瀑布沟水电站，地方政府第一次提出调整申请时物价水平相较于审定物价水平上涨达20.67%，第二次申请调整时较第一次调整上涨5.7%；锦屏水电站，地方政府第一次提出调整申请时物价水平相较于审定物价水平上涨5.21%，第二次申请调整时较第一次调整上涨幅度达44.88%；泸定水电站申请调整时物价水平相较于审定物价水平上涨达46.82%；大岗山水电站申请调整时物价水平相较于审定物价水平上涨达60.10%。分析来看（表13.1），案例电站中地方政府提出调整申请时物价水平相较于审定物价水平上涨幅度并无规律可循，最低5.21%时便提出申请，最高60.10%时提出调整申请，表明移民在物价水平上涨5.21%～60.10%时心理上将呈现比较强烈的调整欲望，为平复此不稳定因素，此时应启动标准调整工作预警，着手准备标准调整事宜。

表13.1　案例电站砖混结构房屋补偿标准调整情况（一）

编号	水电站名称	房屋补偿单价				备注
		审定价格水平年	提出调整申请			
			时间	间隔/年	物价上涨/%	
1	瀑布沟水电站	2002年平均物价	2004年1季度	2	20.67	第一次调整
		2004年3季度	2007年11月	3	5.70	第二次调整
2	溪洛渡水电站	2005年1季度	2008年7月	3.5	38.60	第一次调整
		2008年2季度	2010年4月	2	47.67	第二次调整
3	锦屏水电站	2004年2季度	2006年1月	1.5	5.21	第一次调整
		2006年1季度	2011年3月	5	44.88	第二次调整
4	泸定水电站	2007年3季度	2010年3月	2.5	46.82	
5	大岗山水电站	2006年	2009年4季度	3	60.10	

若以平均法确定的物价上涨幅度33.7%为预警触发点，将不能

启动物价上涨幅度低于33.7%的电站的调整预警；而若以最小值法确定预警触发点，将能涵盖全部案例电站移民的调整诉求，利于社会稳定和移民实施，因此建议房屋补偿标准调整的预警触发点确定为物价上涨幅度5%较为合适。

(2) 调整临界点的确定。临界点是指由一种状态变成另一种状态前应具备的最基本条件，结合补偿标准的调整，则是由一定的补偿标准值变为另一个补偿标准值应满足的条件。补偿标准的变化调整主要与物价水平的变化有关，因此，价格的变幅情况可用于分析确定标准调整的临界点，即物价水平上涨到何种程度时必须完成新标准的审批和颁布执行，否则将不利于移民实施，严重时可能引发社会稳定问题。研究仍将房屋补偿补助标准作为案例进行标准调整的临界点分析。

出于移民心理的考虑，对于是否响应其诉求与做出回应采取行动的过程来讲，移民更看重前者，因为这可以表明其诉求是否得到尊重和响应，而调整启动、完成时点则由移民建房计划、物价上涨幅度分别或联合确定。因此，房屋补偿标准调整临界点宜采用两种方法确定（以先到者为准）：一种是根据案例电站分析确定，更侧重于满足移民诉求；另一种是以建房计划确定，及时满足其建房需求。前者不妨称之为案例分析法，后者称之为需求分析法。

1) 案例分析法。根据对瀑布沟水电站、溪洛渡水电站、锦屏水电站、泸定水电站、大岗山水电站砖混结构房屋补偿标准调整情况的分析，从地方政府提出调整申请到新标准审批完成、颁布执行，物价上涨幅度为从5.21%～80.52%，也即表明从提出申请到调整完成需经过长短不一的调整时期。其中，瀑布沟水电站第一次房价调整完成、颁布执行时物价水平相较于审定物价水平已上涨21.27%，第二次较第一次调整上涨37.82%；溪洛渡水电站第一次房价调整完成、颁布执行时物价水平相较于审定物价水平已上涨38.60%，第二次较第一次调整上涨51.96%；锦屏水电站第一次房价调整完成、颁布执行时物价水平相较于审定物价水平已上涨

5.21%，第二次较第一次调整上涨 44.88%；泸定水电站房价调整完成、颁布执行时物价水平相较于审定物价水平已上涨 46.82%；大岗山水电站房价调整完成、颁布执行时物价水平相较于审定物价水平已上涨 80.52%。分析来看，案例电站中的房价标准至调整完成、颁布执行时物价水平相较于审定物价水平上涨幅度在 5.21%～80.52%，从提出申请到调整完成从 1 个月到 1 年不等，这主要与调整工作的组织有关（表 13.2）。

表 13.2　案例电站砖混结构房屋补偿标准调整情况（二）

编号	水电站名称	房屋补偿单价					间隔/月	备注
		审定价格水平年	提出调整申请		完成调整			
			时间	物价上涨/%	时间	物价上涨/%		
1	瀑布沟水电站	2002 年平均物价	2004 年 1 季度	20.67	2004 年 10 月	21.27	7	第一次调整
		2004 年 3 季度	2007 年 11 月	5.70	2008 年 11 月	37.82	12	第二次调整
2	溪洛渡水电站	2005 年 1 季度	2008 年 7 月	38.60	2008 年 12 月	38.60	5	第一次调整
		2008 年 2 季度	2010 年 4 月	47.67	2010 年 12 月	51.96	8	第二次调整
3	锦屏水电站	2004 年 2 季度	2006 年 1 月	5.21	2006 年 2 月	5.21	1	第一次调整
		2006 年 1 季度	2011 年 3 月	44.88	2011 年 8 月	44.88	5	第二次调整
4	泸定水电站	2007 年 3 季度	2010 年 3 月	46.82	2010 年 9 月	46.82	6	
5	大岗山水电站	2006 年	2009 年 4 季度	60.10	2010 年 1 季度	80.52	2	

对于移民来讲，其诉求是否得到尊重和响应，对其心理的宽慰甚至过于调整过程的长短和调整完成颁布时物价上涨幅度的大小，只要调整后的补偿标准能够满足其建房需求即可，移民对此可以给予更大的容忍度。因此，房屋补偿标准调整临界点可采用平均值法确定，即根据各案例电站房屋补偿标准调整完成、颁布执行时物价水平相较于审定物价水平上涨幅度的平均值确定。通过计算，房屋补偿标准调整的调整临界点确定为物价上涨 40%（计算为 40.89%，

为利于监控做出调整决定宜取整数）时必须完成房屋补偿新标准的审批，并颁布执行。

2）需求分析法。长期以来，水电工程移民建房方式多以自建为主，但随着社会的发展，安置点景观风貌打造、房屋地方特色体现、房屋质量标准都在不断提出和提高，而这些要求是移民自建所难以达到的，因此近年来移民房屋建设方式也在不断发展，衍生出统规代建的建设模式。因此，当前移民建房出现的两种建房方式实际在实施组织方面差异最为明显，前者在建房时间的选择方面多与当地建房风俗习惯密切相关，后者实施计划性较强，建房时间多在年度移民实施计划中便得以确定。

作为传统移民建房方式，移民自主建房当前以至今后将多出现于分散安置，其在建设时点的选择方面一般按照当地建房习惯进行，通常采取互帮互助方式，都有一个相对固定的建房时段，或春节后，或清明节后，或农忙前后一段时期，且建房所需时间通常在半年左右。因此，对于移民自主建房来讲，补偿标准调整的时机可结合当地的建房习惯时段，定期开展调整临界点是否被触动的分析工作，如触动调整临界点的同时建房行为伴随发生则启动调整。

可以预见，统规代建当前以至今后都将是集中建房安置的趋势，该方式由有资质的施工单位专门承担安置房屋建设任务，在建房时段的选择上与当地建房习惯基本无关，而是按照移民安置计划组织实施，在一年任何时段都可能发生建房行为，这种建设模式在水电工程移民安置工作中还在不断推广应用。因此，对于移民房屋统规代建方式，应根据建房实施组织计划不定期开展调整临界点是否被触动的分析工作，如触动调整临界点的同时建房行为伴随发生则启动调整。

实际工作中，移民在提出调整申请后便会更加关注物价变化，如在物价上涨超5%预警触发至物价上涨40%（案例分析法确定的调整临界点，但此时的物价上涨幅度已不重要）之间发生建房行为，此时物价上涨幅度虽未超过40%，但移民要求调整的愿望也很强烈，因此单纯以案例分析法确定的调整临界点来判定是否启动调整工作是不全面的。此时，调整临界点的确定将不能死板地以物价上涨是否超过40%为判定标准，而应以建房当时的物价上涨水平为临界点，如此看来，这个临界点将不是一定值。

房屋补偿标准调整临界点若单纯以物价上涨幅度是否超过40%为依据来确定，将可能造成调整滞后，难以平复移民心态，需综合考虑物价上涨和移民的建房计划确定。若调整预警触发至物价上涨达40%之间发生建房行为，则以建房行为发生当期的物价水平为依据启动调整工作，此时的上涨幅度作为调整临界点；若物价上涨超过40%才发生建房行为，则以物价上涨40%为调整临界点，以平复移民心态。

4. 调整机制

补偿补助标准及安置标准类政策是与移民利益切身相关的敏感项目，应以国家或省级发布的价格指数、最新政策为基础，进行实时调整。标准类政策应变被动调整为主动调整，变重大决策程序为常规管理程序。需要对标准类政策建立监测机制，将标准持续变化调整的过程分为平稳期、预警期和调整期，若监测结果显示为平稳期，则无需启动动态调整机制；当检测结果显示相关标准增长到某一幅度超过了移民可接受的范围，即进入预警期，开始启动动态调整机制；新的标准测算完成并已经审批颁布，地方政府宣传新标准并按新标准兑现至移民手中的时期为调整期。平稳期一般为2～3年，无需进行监测，预警期应以半年为频率进行实时监测。

监测是为判定平稳期、预警期和调整启动提供信息源，当信息持续变化到何种程度时触发预警。补偿及安置标准主要受控于价格信息的变化，其变化引起的标准变化对移民来讲可有一定的变量容忍区间，该区间的前端即为预警触发点，末端即为调整临界点。从房屋补偿单价来看，标准调整时，物价上涨因素大约为5%～60%，为能涵盖全部案例电站移民的调整诉求，利于社会稳定和移民实施，建议以最小值法确定预警触发点，即监测物价上涨幅度超过5%时启动预警；调整临界点根据各案例电站房屋补偿标准调整完成、颁布执行时物价水平相较于审定物价水平上涨幅度的平均值确定。通过计算，房屋补偿标准调整的调整临界点确定为物价上涨40%。

13.4 结论和建议

13.4.1 研究结论

通过政策动态调整情况梳理和调整机制新思路的分析，得出以下结论：

（1）移民政策现行调整机制存在的问题。现行移民政策的动态调整机制尚不健全，大多数政策并未建立动态调整机制；诸多政策往往因现实问题而被动进行调整，同时带来调整时间的滞后，影响政策的实施效果；大多数应适时调整的移民政策并未明确政策的调整周期，或未按照规定的调整时间进行更新，使政策内容不能反映实时特点。

（2）移民政策动态管理机制。本书根据移民政策的发布目的和所规范的内容，将移民政策分为管理类和标准类。

1）对于管理类政策，目前，省级部门新增或修订的政策，其调整年限多为2～4年；部分上级行政部门政策的配套政策调整时间时间稍长，一般为5年左右。当政策所约束工作的工作内容、工作相关技术规范发生变化时，需要对政策进行修订或替换；当随着工作不断深入，出现新的由该制度本身难以解决的问题时，需要对政策进行替换或废止。

鉴于政策的调整需要较长的调整周期，省政府发布的政策、省级部门发布的相关政策、上级行政部门政策的配套政策等不同政策应根据其自身特点及调整周期，合理设定进行政策调整的起始时间及必须调整完成的截止时间。

2）对于标准类政策，标准类政策应变被动调整为主动调整，变重大决策程序为常规管理程序。需要对标准类政策建立监测机制，将标准持续变化调整的过程分为“平稳期”“预警期”和“调整期”，若监测结果显示为平稳期，则无需启动动态调整机制；当检测结果显示相关标准增长到某一幅度超过了移民可接受的范围，即进入预警期，开始启动动态调整机制；新的标准测算完成并已经审批颁布，地方政府宣传新标准并按新标准兑现至移民手中的时期为调整期。平稳期一般为 2～3 年，无需进行监测，预警期应以半年为频率进行实时监测。

监测是为判定平稳期、预警期和调整启动提供信息源，以判定当信息持续变化到何种程度时触发预警。补偿及安置标准主要受控于价格信息的变化，其变化引起的标准变化对移民来讲可有一定的变量容忍区间，该区间的前端即为预警触发点，末端即为调整临界点。以房屋补偿单价为例，当监测物价上涨幅度超过 5%时为政策调整的触发点，需要及时启动预警，调整临界点为物价上涨 40%。

13.4.2　政策建议

（1）成立立法调研机构。为保证移民政策能适时进行调整，避免影响政策的实施效果，同时，为确保水利水电工程建设征地补偿和移民安置政策调整长效机制能持续贯彻执行，建议各级省政府成立立法调研机构，定期进行立法和执法调研，搜集政策执行过程中的外部环境变化情况和移民及移民相关利益群体的接受程度。

（2）建立政策评估。通过对管理类政策动态调整机制的分析，建议成立移民政策评估机制，按照管理类政策的特点，合理制定评估周期，定期对执行中的政策法规和具体操作方式方法进行评估。即对管理类政策每年进行 1 次小评估，两年进行 1 次中评估，五年进行 1 次大评估，可邀请执法者、被执法者、地方政府、移民、规划设计专家等有实践经验的代表和专家参加评估。根据评估结论，适时启动新政策的制定工作，并于各级政策的相应时间内完成政策的调整，以确保政策的持续和长效。

根据定期评估结果和政策实施的现实情况，建议省政府发布文件一般应2～3年内启动政策调整工作，并于3～4年调整完成；省级部门发布的相关政策一般应于1～2年间启动政策调整工作，并于2～3年内调整完成；上级行政部门政策的配套政策应在上级政策发布后应及时启动政策制定工作，并于半年到1年内完成配套政策的制定。

（3）建立政策动态监测机制。对于标准类政策的动态调整机制，研究建议成立政策动态监测机制，按照标准类政策的特点，根据政策所处的期间，定期对执行中的标准和外部经济社会环境进行动态监测。对标准类政策，在政策调整后的平稳期（一般为2～3年），无需进行监测；进入预警期后，应以半年为频率进行实时监测，以判断预警触发点和调整临界点的出现时间，到达预警触发点后应开始启动动态调整机制，并在调整临界点完成政策的调整。

第 14 章　水电利益共享新思路

大中型水电工程的实施往往不可避免地涉及众多方面，触及众多的利益相关方，例如水电开发企业（项目业主）、各级地方政府、移民及安置区居民等。目前水电工程建设征地移民工作举步维艰，困难重重，其中一个比较突出的原因是水电开发主要相关方的利益冲突严重，利益共享机制不完善。各方利益冲突主要表现在以下几方面：

（1）区域之间的利益冲突。水电开发中的区域利益冲突主要发生在河流的上下游之间，表现为政府与政府之间的利益冲突。水能资源可能同时属于不同的行政区，各个地方政府为了追求各自的利益往往从自身出发规划开发区域内河流。在流域开发中，就存在流域内部各行政区域之间、上下游之间的利益冲突问题，如黄河三门峡工程每年给下游带来 50 亿～60 亿元的效益，而对上游的陕西省却带来了几百万亩良田的损失和长期难以解决的移民问题。

（2）区域内部的利益冲突。

1）当地地方政府与水电开发企业。水电开发企业的核心是水电开发带来的经济利益，政府是为了获得财政收入促进当地经济发展，从某种程度上说其目标是一致的。但随着水电开发的规模和范围的进一步扩大，西部地区与东中部地区差距的增大，利益矛盾日趋尖锐。例如，四川水电项目一般位于凉山州、甘孜州、阿坝州等边远地区，受历史条件和管理体制等因素制约，水电开发与地方发展尚未形成良性互动：一是地方经济社会发展规划与水电项目开发规划结合衔接不够充分，水库地区产业规划滞后，加上资金和人才缺乏等原因，地方经济呈现建设期繁荣，运行期因“产业空心化”重归萧条的现象。二是水库淹没了大量耕地、人口及房屋、城集镇、公路、企业等，城集镇与居民安置点建设、专业项目复建又占用相当数量耕地，加上“三州”等边远地区当地资源环境容量不足，库区生态环境压力增大，给地方经济可持续发展留下了隐患。三是地方各级政府为安置移民维护稳定制定了调地优惠、经商免税、照顾子女上学等优惠政策，并在维稳等方面投入了大量的人力、物力等隐形投入；移民安置过程中生态环境保护和治理成本考虑不全不充分等。这些成本没有在水电电价中考虑，不利于地方经济和移民的发展。四是分税制度不合理，由于注册地不在水电项目所在地，造成了水电资源所在地的税收外流。库区受淹地区既不是项目所在地，又不是开发企业注册地，形成未获得或少获得税收收入的现象。五是缺少相应的水电开发利益共享机制，地方经济发展缺少后劲。有些水电项目运行后出现的“先进的电站，落后的库区，贫困的移民”现象以及水电移民工作“天下第一难”的复杂和艰巨，使有些地方基层干部认为水电工程是“功在国家，利在企业，苦在移民，难在政府”。

2）当地企业与水电开发企业。许多水电开发企业水电上网后，其电能供应纳入国家电网运营，与当地的消费需要没太大关系，并没有给当地用电量大的企业带来任何利益，在一定程度上激化水电开发企业与当地企业的矛盾；由于多方面原因未能形成与水电开发相适应的产业结构，没能给当地企业、经济带来发展机遇，加剧了与当地的矛盾。

3）移民及安置区居民与水电开发企业。水电开发地的移民遭受损失最根本的原因是水电开发企业造成的。水电开发企业取得开发利用权，获得可观的经济利润，特别是大中型水电站主要是国有企业投资，更是无偿取得水能开发利用权，获得垄断利润。由于水库淹没，当地移民失去原先拥有的林下资源（如虫草、松茸等）、适宜特色农产品（如雷波脐橙、金阳青花椒等）种植的耕（园）地，损失一些无法转移的财产，有的就地后靠，农业生产条件空间恶化，生存质量下降；有的背井离乡、失去土地，却只得到少量的补偿费用。企业的巨额利润和移民的贫困生活这两种极端反差，可能会引起移民的不平衡情绪，造成移民利益与水电开发企业的利益冲突。另外，库区移民获得了一定的经济补偿和土地，而安置区为了接受库区移民不得不调整耕地、开荒，造成当地居民生活环境容量受到挤压。但是安置区居民承受的环境成本却没有得到相应补偿，没有享受到用电、用水方面的优惠。

因此，调和各方的利益冲突，建立利益相关方之间的利益共享机制，是解决目前水电工程建设征地移民工作面临困境的治本之策，也是实现水电的可持续开发和通过水电开发带动区域经济发展的前提与基本保证。要解决区域内部的利益冲突，需从水电开发利益共享的合理性、国外研究成果、国内的探索等方面开展研究，提出水电开发利益共享的新思路。

14.1　水电开发利益共享的合理性

在水电开发的利益实现过程中，开发商获得了巨大利益，中央政府和省、市级地方政府也分享了部分利益，但当地政府和库区移民却未分享到相当利益。如果按照产权分配利益，产权多、责任大、利益多的分配原则，当地政府和库区移民更是拥有优先获益权，因为库区移民与库区资源环境已经形成了自然依赖的关系。库区移民世居于此，依靠当地资源环境生存，即使从终极产权看这些资源环境归国家所有，而不是产权属地化，但属地移民作为国民共享国有资源产权的同时，又内含着对当地资源环境的直接依赖，所以当地移民在共享归国家所有的当地资源时便多了优先权益，即当地资源环境的变化导致的损益当地移民必然首先承受。这一逻辑关系实际上也是国有资源权益实现的基本空间秩序，在宪法规定自然资源归国家所有的前提下，各地区在共享国有自然资源权益的实践中首先也是“靠山吃山，靠水吃水”。中央财政的转移支付只是再分配的协调形式，所以库区移民在库区水电开发的利益实现中拥有利益实现的优先受惠权。国务院颁布的《大中型水利水电工程建设征地和移民安置条例》中规定的使移民生活质量“达到或者超过原有水平”也正是以这种优先受惠权为依据的。水电开发商开发水电的动机不是携带资金前来改善库区移民生活质量，获得水电开发利益是水电开发商的目的。但水电开发商在获取国有资源经营权，计算水电开发的成本效益时，必须明了库区移民对当地资源环境的权益以及开发导致的资源环境变化对库区移民生活质量的影响，必须“达到或者超过原有水平”的基本要求。库区移民生活质量“达到或者超过原有水平”的安置补偿是水电开发必须支付的成本费用，如果水电开发在支付库区移民生活质量“达到或者超过原有水平”的补偿费用之后，投资利益不能实现，则说明项目不可行，不应该投资。这实际上在项目开发投资的论证阶段就已经充分考虑到的，并不是附加的外部成本，不是增加水电开发商的额外负担。而对于具有公益性的水电开发项目，库区移民生活质量“达到或者超过原有水平”的安置补偿则需要政府也承担起责任。根据项目的效益结构，确定政府与开发商支付要补偿费用的结构，而保障库区移民生活质量“达到或者超过原有水平”的标准是不变的。把保障库区移民生活质量“达到或者超过原有水平”作为水电开发利益实现的前提条件，是把库区移民生活质量“达到或者超过原有水平”的安置补偿视为项目成本，而不是将其视为利益分享形式。因为，作为成本的安置补偿是必须预先扣除的，而作为利益分享则是扣除成本后的分配，是一种收益。显然，水电开发导致的库区资源环境变化对库区移民生活质量的影响所需要的补偿是一种成本费用而不是收益分配，成本费用必须在利益分配之前扣除，收益分配则是纯粹利润的分配，分配比例依投资贡献程度而定。以往对水电开发中库区移民的安置补偿尽管在形式上是列入项目造价的费用之中，但在观念上则将其理解为收益分配。特别是由于“达到或者超过原有水平”的标准过于模糊，富有弹性，而库区移民原有的生活质量则多因生产生活条件简陋，“达到或者超过原有水平”从一开始便被界定为一种低标准的状态，即使是低估的标准，在开发商看来也是“达到或者超过原有水平”，把库区移民的安置补偿视为收益分享。

14.2　水电开发利益共享国外研究成果

综合相关文献，水电开发利益共享机制可以分为货币与非货币两种形式，主要研究成果集中在货币形式。利益共享的机制主要有收益共享即特许使用权费、建立发展基金、股权共享、税收共享与优惠电价或水费共享等五种机制。在大多数利益共享案例中，并没有定量化的具体数据，但强调在这几种分配模式中，分配的比例如何确定是制定相关分配政策的重点，需要结合不同的实际背景具体问题具体分析。

(1) 收入共享及特许使用权费。收益共享机制是指以特许权使用费或和资源租金即资源有偿使用费的形式将部分水电项目的收入，通过对水力发电或用水的特许使用权收费的形式再分配给当地机构或地方当局。特许权使用费包括按照产量收取、按照产品价值收取和按照利润收取等三种类型，这三种资源租金收取机制在某些情况下可以混合使用。在如何收取资源有偿使用费上，提出了地方当局与开发业主协商谈判、立法制定法规条款以及拍卖的方法，分配的收入比例以及用途根据需要具体规定。在拍卖机制中，资源所有者以公开拍卖的形式出售使用权，价高者得。尼泊尔 Kali Gandaki 水电项目，将部分收入转化成对受影响地区的长期补偿扶植，这部分收入来自国家所收取的特许使用权费。经过历年来不断的调整，分配给地方的特许使用权费由电站所付费用的10%增长到了50%。

(2) 建立发展基金。发展基金来源于发电收益、水费或政府，它为受水电项目影响地区的发展提供了种子基金。发展基金的目的、结构、期限等具体问题可以是地方当局与项目业主协商的结果，也可以用法规条款具体规定。其中，依靠发展基金资助的项目必须具体明文规定，例如包括社区基础设施建设、培训计划，或者是建立为移民提供新的工作岗位的工商业项目。

哥伦比亚的 Duncan、Keenleyside 和 Mica 三个大坝项目，通过建立哥伦比亚流域基金（CBT）来解决该流域上不同国家之间水电开发利益分配问题，该机制通过经济租金的分配很好地解决了水电项目造成的环境、社会问题，这种机制的成功实施需要建立在健全的社会体制之上。

日本 1973 年制定库区开发专项措施法（以下简称专项法），针对库区基本条件发生的重大变化，制定库区开发计划，建设工业基础设施，改善库区移民生活，改善受影响地区的环境，防止水库水污染，以维护受建坝影响的全体居民的生活并增加他们的福利。根据专项法，专项措施实施的费用由中央政府或由地方政府提供，在由地方政府提供资金的情况下，地方政府将与工程的受益人谈判，让他们也承担部分费用。专项法的目的是鼓励水资源开发，特点是让下游受益人承担部分费用，减轻库区当地政府的负担，努力使大坝上下游的居民公平受益。专项法的颁布，使库区地方政府和拟建大坝库区的居民组织的成员提出地区整治的专门要求，工程业主、地方政府和当地居民团体共同认真研究，确定地区开发所需的基本条件，努力找到适合于库区的整治计划。通过研究专项法提出的要求和措施，使当地居民团体由大坝建设的反对者转变为自愿利用大坝作为地区发展动力的组织。利用库区开发基金致力于安置移民、促进库区发展。1976 年，在库区和受益人地区建立了由当地政府机构等组成的库区开发基金，帮助库区的重建和发展。库区开发基金主要用于：改善移民生活（如移民为获得替换土地支付利息的补贴）、开展移民咨询服务、建设和改善地方交通、基本生产设施的工程补贴、大坝上下游社区之间的交流和旅游活动。

（3）股权共享。当地机构可以多种方式部分或全部拥有水电项目所有权。这种情况下，当地机构与业主在共同分享收益的同时也共担项目的风险，由此，当地机构甚至可能参与项目的设计和运行，当地机构也可以对项目有部分的控制权。例如加拿大魁北克装机 9.9 万 kW 的 Minashtuk 水电项目和装机 44 万 kW 的 Toulnustouc 水电项目都采取了权益共享的机制：Minashtuk 水电项目业主拥有超过 50%的股份，魁北克公共电力公司拥有剩余的股份，该电力公司同意在未来 20 年内购买该项目的全部电能，后来在执行过程中该期限又延长了 20 年。Toulnoustouc 水电项目基于魁北克的社会背景，采取当地群体与开发者公平协商、充分尊重各方意见的机制，来确定电站股份分配方案，具体的分配比例是分别与不同群体协商的结果，因而具体比例在不同的群体之间有所差别。由于项目在最初阶段就使各种利益相关者都纳入决策层中，项目得到了各利益相关方的大力支持。

（4）税收共享。税收机制存在两种方式：第一种方式是按照水电项目的价值征收，这种方式与水电项目收入无关，该机制中所分配的收益是固定的。如通过地方当局征收财产税，这种分配方式中，分给地方机构的收益并不与利润的多少挂钩，而是与其项目本身的规模等固定因素有关。第二种方式是按照水电项目收入的百分比征收，这种方式与收入共享机制类似。当前，国际水电开发存在各种各样的税费收取方法。例如在加拿大的萨斯喀彻温，规定要在公司层面收取 15%的基本特许使用权费，对于利润率超出 18%的部分，要收取 35%的特许权使用费。在澳大利亚，则采用了资源租金税的方式，收取 15%的净收入，并在高于一定的利润率的部分收取 40%的税费。近年来现金周转税又在一些地方复苏，这种从现金流中抽取一部分作为税收的方式，简单规避了对利润进行界定时的很多具体问题。从长远来看，这两种收取税费的方法最终收取的税费应该是相等的，这样才合理。

（5）优惠电价或水费共享。指发电公司为当地公司和受工程影响的群众提供优惠电价和其他水资源相关服务的优惠费用政策。这实际上也可以看成是一种收入共享机制。该模式使得受影响区域的所有水电用户受益，并有助于促进地方经济的发展。

14.3 水电开发利益共享国内的探索

20世纪90年代国内开始有关移民分享水电效益的研究，目前移民分享水电开发效益，建立企业、政府、移民之间长效利益机制，已经成为政府、学者和水电开发利益相关者的共识。陆佑楣认为，移民工作的成败是水电建设成败的关键。历史上采取的简单补偿、强制搬迁的方式，过分强调了移民自力更生，遗留了大量社会问题，这种方式必须改变。更为重要的是，要把移民工作与脱贫致富、建设社会主义新农村、发展现代农业、调整城镇产业结构、实现城镇化等一系列措施相结合，把水库移民与生态移民结合起来，促进我国农村尤其是贫困山区农村的改造。水电利益共享机制与移民安置的结合构成了创新移民安置方式的出路，成为了实施移民安置方式理论创新的原动力。应该说，这些研究和实践探索，突破了就移民谈移民的狭义观念，在关注移民的同时，关注环境补偿、地方经济发展的长效利益机制，并且将这三个方面尤其是地方经济发展的利益机制视为一个整体，相互支撑和依靠。移民生活在经济社会中，地方经济社会的发展将给走城镇化、货币化、市场化安置的农村移民提供更多的就业和经商的机会。于是，这一研究课题从学者的研究，扩展到了中央和地方政府以及水电行业专业机构的研究；从机理上的学术探索，发展到提出了可操作性的政策建议。

国内移民参与分享水电工程效益的安置理念最早是由河海大学中国移民研究中心的朱文龙和施国庆提出的，他们在1995年从系统论和价值转移理论角度，研究了效益分享机理并提出了分享机制。

14.3.1　从移民安置方式视角开展的研究

杨文健对水库移民工程效益共享安置模式进行了进一步研究，提出把库区移民在分享水利水电工程效益后的生产生活水平能否得到改善和提高，作为水库工程能否上马的一条主要评判标准；由此，需要建立合理的工程效益共享机制，均衡工程受益者与工程受损者的利益关系，让移民分享水电开发带来的巨大的社会经济效益。段跃芳提出了“效益分享＋自谋职业”的移民分享效益安置模式，移民参与工程效益的分配需要以移民投入的资源的价值量为依据，也就是移民需要将土地补偿费和安置补助费转化为水电工程的资本。

14.3.2　从投资性移民视角开展的研究

高季章等在综合考虑水库移民特点、水电站投资和收益过程等技术经济特性的基础上，探索了开发投资型移民模式。从入股资金来源、入股方式和比例、优惠政策组合、入股借款偿还方式等方面综合考虑，结合怒江梯级水电开发设计了五种方案。五种方案是移民补偿总投资或移民征地补偿费入股、入股占工程总投资或资本金的比例、是否享受政府对电站所得税、移民个人投资分红所得税、城市维护建设税和教育费附加等优惠政策的组合。案例计算时把梯级项目群概化为一个项目作为流域梯级开发的平均情况，再从规模、调节性能、工期、移民数量等方面选取了三个典型项目。案例进行了电站项目财务评价分析，进行了四个项目各方案下移民分红、政策优惠返还、移民还款和移民获得的可支配资金现金流测算，并与 2001 年的人均纯收入进行比较。两种典型方案的具体情况是：方案一是移民补偿静态总投资入股，先从项目或企业借然后用分红偿还，借款数额等于移民补偿总投资乘以资本金比例；方案二是以补偿总投资中的征地补偿费入股，比例为征地补偿费占总资本金的比例，其他补偿费直接支付移民解决近期安置。考虑的政策优惠有：国家让利为移民入股分红免交所得税，电站运行前10年上缴国家所得税按移民入股比例返还移民；地方政府让利，电站运行前10年按移民入股比例将城市维护建设税和教育费附加返还移民；每个方案都有水库后期扶持基金。方案一的移民收入来源为“分红＋后期扶持基金＋政策优惠”，每年收入的85％还借款、15％自用；方案二的收入来源为“后期扶持基金＋分红”。推荐方案为“允许移民以征地费入股水电站；在电站运行初期，按照移民入股比例，国家将电站缴纳的所得税返还移民，地方政府将电站缴纳的城市维护建设税和教育费附加返还移民；水库移民入股分红免交所得税”。

14.3.3 从经济租和水电利润视角开展的研究

贾若祥指出水电开发企业的丰厚利润，与水电资源所在地在生态补偿和移民安置等方面的资金窘迫形成鲜明对比，认为水电开发要充分尊重自然规律，充分发挥市场配置资源的基础性作用，同时也要发挥政府调控市场的作用，建立合理的利益分配机制，确保水电资源开发能够惠及相关群体。建立公平合理的水电资源开发公平合理的补偿机制，对淹没损失、生态环境等各种损失进行公平合理的补偿，并建立动态调整的机制；补偿方式可以灵活多样，包括资源、现金、培训、公共服务、后期扶持等长效机制。将因水电资源开发所引致的生态环境保护成本、移民安置补助等相关费用足额纳入开发成本。水电资源开发要遵循优先扶持原则、合理布局原则、生态环境保护原则、互惠互利原则，不仅受电区受益，资源所在地也要受益。孔令强等从水电经济租金和弱势贫困群体的社会学角度，提出水电移民应共享水电开发的经济效益。进而指出水电税费共享、移民发展基金、移民入股水电开发、移民享受长效补偿、移民享受优惠电价等5种共享机制，希望形成“在共建中共享，在共享中共建”的各方利益均衡局面。

陆佑楣认为水库移民困难的问题本质是社会财富分配不均，应该改变移民补偿体制。西部水能资源开发利用后成为廉价清洁的电力，当前主要送到东部和南部的经济发达地区享用，而资源所在地的居民则基本没有享受到。应该合理地调整水电电价，把库区居民的利益纳入到上网电价中去，并全额返回到库区政府和居民，拉动当地经济发展，从而在机制上解决库区的经济发展和移民的脱贫致富问题。

云南省经济研究所在《云南电力产业与地方经济社会协调发展研究》报告中提出，要以市场配置资源为基础，积极探索电力资源的有效补偿形式，建立利益的有效实现机制，分享电力发展的成果。要用好电力资源开发权，建立电力资源的价值补偿机制，从资源开发中提取一定的资源使用费，用于库区的生态环境维护、库区群众生产生活条件的改善、促进当地经济的发展。同时把电力开发项目与相关项目（同电力开发紧密相连对当地和开发业主都有利的项目）捆绑，要求电力开发业主在获得电力资源开发权的同时完成相关项目的建设，以此带动当地一批有发展前景的项目。报告建议在云南全省电力销售价格中每千瓦时电提取 1 分钱，建立云南省电力开发环境保护专项资金，专项用于水资源开发中的生态保护和环境治理，如库区水土保持、动植物拯救保护、移民安置区及流域内基础设施建设。建议提取 5%的电量归地方调控使用，其中 1%的电量销售收入用于库区生态环境建设基金，4%用于库区经济开发、就业安置及库区移民的社会保障基金。要求云南省在电力开发中拥有不低于 10%的股份，参股资金由国债、地方能源债券，筹资以及省内企业投资等组成。对水电装机 25 万 kW、火电装机 60 万 kW 以上的项目，提取 3%～5%的上网电量作为帮扶电量，帮扶电量按超发电量的电价和相应过网成本进行定价，帮扶电量的 30%由电源所在地市州政府统一调配，主要用于移民以及安置地农民的生产生活；70%由省政府统一调配。

14.4　水电开发利益共享机制新思路

结合目前国内外水电开发利益共享机制研究成果，以解决当地政府及企业、移民及安置区居民与水电开发企业利益冲突为目的，在初步分析现状水电工程收益、移民补偿收益、地方利益模式及资金来源的基础上，从利用区域社会发展、增加社会经济效益和财务效益等方面，研究不同利益相关方在电能效益增值过程中可以获得的收益，按照兼顾电站、移民及当地居民和地方等各方利益、实现责任共担的原则，从电站、地方、移民及当地居民利益的保障三方面提出水电开发利益共享的新思路。

14.4.1　电站利益的保障

利益共享的前提是增加项目法人投资积极性，保障电站能够获得效益，从而获得利益共享资金来源。从增加发电上网保障度、下游增加效益一定比例返还、享受税费优惠或返还等方面进行研究。

(1) 增加发电上网保障度。根据国家能源局2015年发布的《水电基地弃水问题驻点四川监管报告》，2014年四川调峰弃水电量达96.8亿kW·h，占丰水期水电发电量的14.93%。报告认为，导致四川水电站弃水发电的原因包括水电发展过快、当地电力需求增长缓慢、发电外送能力不足、汛期火电依然发电等原因。另外，我国另一水电大省云南弃水现象更为严重。为了减少弃水，增加发电上网保障度，提出以下建议：一是做好系统运行监管，促进本地水电消纳挖潜。完善《发电厂并网运行管理规定》《并网发电厂辅助服务管理暂行办法》实施细则，鼓励自备电厂参与电网调峰，加大电力辅助服务补偿力度，提高发电企业参与系统调峰积极性。督促电网公司优化电力调度，科学安排本地机组运行方式，充分发挥抽水蓄能电厂调峰作用，深入挖掘火电机组深度调峰能力。督促相关电网企业改变旋转备用容量按省平衡的调度方式，以区域统筹为主，优化系统运行方式，加强区内电力交易组织实施工作，为水电消纳创造条件。二是加强临时交易监管，正确处理水电消纳和区外来电的关系。督促相关电网企业在保证系统安全和电网稳定运行的前提下，按照水电等可再生能源优先消纳、就近消纳的原则，注重系统经济性，合理安排区外来电。加强电力调度、交易机构之间的协调配合，建立水电消纳响应机制，努力挖掘区外消纳空间，充分发挥外送通道作用，减少弃水，避免出现区内一边水电弃水一边接受区外非可再生能源来电的情况。三是依法履行职责，做好后续监管工作。切实履行好可再生能源发电全额保障性收购的监管责任，在做好日常监管工作的基础上，关注电网运行情况，强化电力调度监管。加强信息公开监管，按有关规定要求电力企业及时报送、披露相关信息。对于发生水电弃水的情况，要求电力调度交易机构及时分析原因、制定应对措施并报告。对有关违法违规行为，依法依规开展稽查，及时调查处理。

(2) 下游增加效益返还。大型调节水库建成后通过梯级电站的联合运行，大大提高了下游梯级电站的电能质量和数量，使下游梯级得到了显著的梯级补偿效益。这部分补偿效益是由上游调节水库（施益电站）和下游梯级水电站（受益电站）联合运行的结果，是双方共同创造出来的，应在受益电站与施益电站之间进行合理的分配。

但是在现行水电建设运行管理下，长期以来，水电建设形成了“少数人负担，多数人受益”“上游地区负担，下游地区受益”“上游水库负担，下游梯级受益”“贫困地区负担，富裕地区受益”等不合理局面。这些问题的关键在于现行体制及政策没有协调好水电建设中的生产关系，没有客观反映并理顺水电开发的收益在利益相关者之间的分配关系，该付出的没有付出，该得利的得不到。一方面，调节水库由于淹没损失大，投资高，建成后得不到应有的合理效益补偿，导致经济指标较差，并且在上游“龙头”水库和下游梯级电站不是同一个业主的情况下，由于相互之间没有经济联系和义务关系，也很难实现梯级的优化调度，从而难以使水能资源得到合理利用；另一方面，对于付出了巨大淹没代价的调节水库所在地区也得不到相应效益补偿的税收收入，不利于水电的可持续发展战略的实施。因此，建立适合各地区的调节水库补偿效益合理分配机制十分必要。建议：尽快出台梯级水电站调节效益返还政策；设置梯级联合运行管理机构，负责流域电站群优化调度工作；监督并负责效益补偿机制的实施，保障梯级水电站调节效益返还政策的顺利实施。

（3）享受税费优惠或返还。水电建设周期长，一次性投入较大，水电建设牵涉面广、环节多，水电建设及运行过程各环节的许多项目都要缴纳各种税费。通过对二滩、瀑布沟、小湾、溪洛渡、向家坝、洪家渡、三峡等已建、在建水电工程及相关税费征收部门的实地调研，了解营业税改增值税前，水电建设及运行期各方主要缴纳的税费及其征收标准。

水电站建设期所缴纳税费主要有营业税、城市维护建设税、教育费附加、地方教育附加、进口设备关税和增值税、国产机电和金属结构设备增值税、建筑材料增值税、印花税、施工车辆车船使用税和养路费、个人所得税、矿产资源税、耕地占用税、耕地开垦费、森林植被恢复、草地植被恢复费等。

水电运行期所缴纳税费主要有增值税、企业所得税、大中型水库库区基金、水资源费、城市维护建设税、教育费附加、地方教育附加、印花税等。

根据调研成果，现行水电建设运行过程中涉及的税费中，营业税、增值税、销售税金附加（即城市维护建设税和教育费附加）、企业所得税、水资源费、库区基金、耕地开垦费、耕地占用税、森林植被恢复费涉及数额较大，其余诸如资源税、河道采砂管理费等相对较小（表 14.1）。以雅砻江、大渡河、金沙江流域部分水电站建设征地移民安置补偿费用中的其他税费、耕地占用税为例进行分析，其他税费、耕地占用税占静态总投资比例分别为 6.43%～36.79%、3.75%～23.97%。锦屏水电站其他税费占静态总投资的比例已超过 1/3，占比最小的向家坝水电站其他税费高达 10.53 亿元。其他税费费用过高，已成为水电开展企业的沉重负担。为了保障电站的利益，建议由国家发改委层面牵头协调财政、税务、国土、林业等相关部门针对水电站缴费标准和特点制定税费优惠或返还政策。

表 14.1　水电工程建设期及运行期所涉主要税费情况表

项目		税费性质	税率	缴纳地点	备注
建设期	营业税	地税	3%，5%	工程所在地	建筑及安装税率3%，设计、监理税率5%
	设备、材料增值税	国税	17%	企业核算地	中央与地方共同分享，中央75%，地方25%
	企业所得税	国税	25%	核算地及分支机构所在地	中央与地方共同分享，中央60%，地方40%
	城市维护建设税	比照营业税和增值税	7%，5%，1%	一般在工程项目所在地	
	教育费附加税	比照营业税和增值税	3%	一般在工程项目所在地	
	地方教育附加	比照营业税和增值税	1%	工程所在地	
	印花税	地税	0.3‰，0.5‰	属地缴纳	
	资源税	地税	0.5～20元/t或m^3	资源开采所在地	
	耕地开垦费	政府性基金	征地成本的1倍	各级国土主管部门	
	耕地占用税	地税		工程所在地	
	森林植被恢复费	政府性基金		各级林业主管部门	
	草地植被恢复费	政府性基金		各级草原行政主管部门	
	河道采砂管理费	政府性基金		各级水利主管部门	各省的收费标准各不相同
	车船使用税、养路费	政府性基金		交通稽查部门	
运行期	增值税	国税	17%	企业核算地	中央与地方共同分享，中央75%，地方25%
	企业所得税	国税	25%	核算地及分支机构所在地	中央与地方共同分享，中央60%，地方40%
	水资源费	政府性基金		各级水利主管部门	各省的收费标准各不相同；中央与地方共同分享，中央10%，地方90%
	大中型水库库区基金	政府性基金	不高于0.008元/(kW·h)	财政部门	用于库区基础设施建设及移民
	城市维护建设税	比照营业税和增值税	7%，5%，1%	一般在工程项目所在地	
	教育费附加税	比照营业税和增值税	3%	一般在工程项目所在地	
	地方教育附加	比照营业税和增值税	1%	工程所在地	

14.4.2 地方政府利益的保障

从税收分配、促进地方社会经济发展和脱贫致富等方面进行分析，提出以下利益共享新思路。

(1) 增加地方税收。在现行财税政策的框架下，税费分享机制和水电工程建设运行的实际情况不相适应的矛盾比较突出，集中体现在增值税和企业所得税的征收地点及在各级政府部门分享比例方面，未能充分体现向承担水电工程的工程风险和工程移民的地方政府倾斜的原则，挫伤了工程所在当地政府对发展水电的积极性，不利于当地经济社会的和谐发展水电建设的和谐健康发展。建议增值税在中央与地方之间按75：25比例分配；对于留成地方的25%，按向工程建设地倾斜的原则在工程建设地与企业注册地之间进行分配，分配比例按工程的实际情况予以研究确定；建议留成在工程建设地的税收上交省财税部门提留后，剩余部分则视工程建设地而定。若工程建设地处于自治县境内，目前市、县分享比例各地各不相同，建议向工程建设地倾斜，具体比例应根据水库淹没所在地区的移民人口、淹没面积及对工程的贡献等因素来确定。

(2) 开发库区旅游资源。随着近几年的经济改革和发展，国家和地方的财政收入有了较大的增长，人民收入也在不断提高，居民的旅游消费支出也有很大的增长潜力，同时大西部开发战略，更以生态建设和环境保护为根本点和切入点。重视生态环境保护的方针政策同时也为旅游经济发展提供了政策性的指导方向。这些良好的市场条件为今后几年中国的旅游业提供了较为宽松的发展空间。旅游业是一个综合性很强的产业，吃、住、行、游、购、娱是旅游的六大要素。要有吃、有住，进得来，出得去，有物可购，有处去乐。旅游的发展，必然不断带动与这要素直接相关的饮食、建筑、交通、邮电通信、园林、商业、轻纺、保险等行业的发展。由于旅游业促进了许多行业的发展，使整个社会就业机会增多。旅游业是一种综合性的行业，它不但能直接向社会提供就业机会，而且能间接地为社会提供就业机会。按国际的习惯测算，旅游业直接就业与间接就业的人员比例大约为 1∶5。每增加旅游业的一间客房，可以直接提供 0.75 的就业机会，并间接地为 2.5 人在有关部门（饭店、商业、交通业）提供就业机会。旅游业是见效快、永久性的扶贫开发项目。从国际国内旅游业的发展过程可以看出，旅游业发展的速度，远远快于各种产业发展的速度。旅游是第二次世界大战以后才成为一个产业的，在不到半个世纪的时间里，就迅速发展成世界第一大产业。这种发展速度，是任何一个产业都难以比拟的。我国少数民族地区的许多旅游点，也是在很短的时间内热起来的。如云南的西双版纳和德宏、四川的九寨沟、湖南的张家界，从开发、宣传到变成热点，都只有几年的时间。广西的北海更快，仅两三年就热起来了。因此，旅游业是短、平、快，永久性的扶贫开发项目。

很多大型水电站在竣工后会形成雄伟的大坝、漂亮的水体或湿地景观，一些水电站地处少数民族地区，当地本身具有丰富民族、民俗、饮食文化等人文旅游资源。但旅游资源的开发是一项系统工程，前期的投入也比较大，地方政府难以从财力、人力、物力方面承担，水电开发企业这方面具有优势，有些企业本身也具备相关经验，如中国长江三峡集团公司。旅游业是无烟工业，如水电开发企业投入旅游资源开发，可打造旅游核心吸引力的同时，对水电企业投资实施有效回报。同时充分满足政府对带动就业、税收贡献、经济发展要求，实现水电开发企业、地方政府、移民、当地居民多赢。

建议水电开发企业在具备旅游资源开发前景的条件下成立旅游开发公司积极开展旅游资源开发。首先是要做好旅游资源开发规划，聘请有资质有实力的专业单位开展此项工作。有规划过程中，应结合各水电站实际情况及当地本身的旅游资源进行统筹规划，根据地方旅游资源的时空分布、水库旅游产业结构特点进行规划和资源的合理配置，挖掘出特色和亮点；其次水电开发企业应加大资金投入，积极打造旅游基础设施，如加强旅游交通、供水、供电、宾馆、接待中心、停车场等基础设施的配套；另外水电站开发企业应加强旅游产品的包装。地方政府应鼓励移民在迁建过程中实现旅游生产要素的重新组合，并在政策、资金、技术等方面予以大力支持；可将移民参与旅游业的项口作为重点项口进行扶持和储备，科学利用对口帮扶政策，并结合后期扶持基金、发展基金等支持移民参与库区旅游开发，并给予优惠用电、技术培训、低息贷款等优惠政策。

14.4.3 移民利益的保障

通过使移民享受资产收益、改变现状生活条件、脱贫致富、增加其他收入和受教育机会等角度进行分析，提出以下利益共享新思路。

(1) 建立发展基金。建立移民发展基金主要为改善移民生活水平和库区基础设施条件而设置，资金来源可以直接从水电站电力销售价格中按比例提取移民发展基金作为一种效益共享机制，它的范围、期限、标准、具体措施和预期目标都是政府、业主和移民等多方商讨的结果，最终以国家法律法规和地方实施办法的形式出台。从20世纪80年代以来，我国在建立移民发展基金方面已经做了不少工作。1981年，财政部、电力部联合发文设立库区维护基金，从水电站每千瓦时电中提取1厘钱用于解决库区移民生活生产问题和水库防护工程维护。1985年，中央财经领导小组决定设立库区建设基金，提取标准一般不超过每千瓦时电2厘钱，集中用于解决中央直属水库的移民遗留问题。1996年，国家计委、财政部、电力部和水利部联合发文，决定在1986年后投产的水电站设立后期扶持资金，具体提取标准为每千瓦时电不超过5厘钱，移民人均扶持标准为每年250～400元，扶持期限为10年。2006年国务院又发布了《国务院关于完善大中型水库移民后期扶持政策的意见》，决定对

2006 年 6 月 30 口之前搬迁的水库移民现状人口再扶持 20 年，2006 年 6 月 30 口之后搬迁的水库移民原迁人口从搬迁之口起扶持 20 年，扶持标准为移民每人每年补助 600 元。后期扶持资金能够直接发放给移民个人的应尽量发放到移民个人，用于移民生产生活补助；也可以实行项目扶持，用于解决移民村群众生产生活中存在的突出问题；还可以采取两者结合的方式。2007 年，国家将原库区维护基金、原库区后期扶持基金及经营性大中型水库承担的移民后期扶持资金进行整合，设立大中型水库库区基金。库区基金从有发电收入的大中型水库发电收入中筹集，根据水库实际上网销售电量，按每千瓦时电不超过 8 厘钱的标准征收。

建立发展基金这种效益共享机制可操作性强，效果也比较明显，各级地方政府、移民、安置区居民等受益方都很支持这种方式，但目前扶持标准为移民每人每年补助 600 元，补助标准较低，省级统筹的项目扶持针对性不够强。建议各水电站根据各水电站实际情况单独建立基金，以提高本电站移民生活水平和库区、安置区基础设施条件。目前，金沙江溪洛渡、向家坝水电站已在这方面进行探索。

2012 年 11 月 28 日，国家能源局新能源和可再生能源司副司长、金沙江下游水电移民工作协调领导小组办公室主任在溪洛渡工地主持召开了协调办第六次会议。会议听取了中国长江三峡集团公司、四川和云南两省移民局关于溪洛渡、向家坝水电站移民工作进展情况及存在问题的汇报，并就两省和中国长江三峡集团公司提出的具体问题进行了研究，达成了以下协调意见，形成了会议纪要，“四川、云南两省移民局建议协调研究库区后续产业发展问以解决移民长远生计、安居乐业、后续生活有保障。会议认为，库区后续产业发展关系到移民的长远生计和库区的可持续发展，各方均应高度重视。目前，国家有关部委已将促进地方经济社会发展和移民脱贫致富作为部分电站的开发任务之一，对水电建设提出了新要求。协调办将组织水规总院、水电顾问集团等有关方面适时启动相关研究工作，从加强移民培训和产业支撑等方面着手分析研究。同时，充分尊重地方和基层的首创精神，积极鼓励地方的探索和创新，支持地方政府通过整合各类资源，利用各种政策，发挥各方力量，因地制宜、实事求是地谋划库区产业发展，真正实现移民搬得出、稳得住、能致富和区域经济社会协调发展的目标。”

2014 年 2 月 21 日，国家能源局新能源和可再生能源司副司长、金沙江下游水电移民工作协调领导小组办公室主任在成都主持召开了协调办第八次会议，协调办全体成员及金沙江下游水电移民工作涉及有关单位领导和代表参加了会议。会议听取了中国长江三峡集团公司、四川和云南两省关于溪洛渡、向家坝、乌东德、白鹤滩四座电站移民工作进展情况的汇报，以及协调办专家组关于溪洛渡向家坝水电站移民后续发展试点工作指导意见的介绍，并就两省和三峡集团公司提出的具体问题进行了研究，达成了以下协调意见，形成了会议纪要，“会议认为，为更好地支持两电站移民生活保障、生产发展和库区后续发展，根据水电工程特点和金沙江下游水电开发实际情况，探索创新水电开发利益共享机制非常必要。为引导溪洛渡、向家坝两电站移民后续发展试点工作，经国家发展改革委和能源局协调，三峡集团公司从发电收益中安排部分资金，用于支持移民生产生活改善和后续发展。经讨论，会议明确该项资金主要用于涉及移民个人利益的能力建设、贫困救助、产业扶持、环境保护和生态建设等方面。会议要求，三峡集团公司要商两省发展改革委、能源局、移民局提出资金分配、使用及管理办法，并编制规划，尽快付诸实施。”

参考金沙江向家坝水电站、溪洛渡水电站目前的研究，建议各水电站根据本水电站实际情况从发电效益中，按每千瓦时电不超过 3 厘钱单独建立发展基金；建议该项资金的规划和使用应充分征求地方政府尤其是基层地方政府意见，更加向移民个人倾斜；建议移民发展基金使用在以下四个方面：一是移民就业引导和创收支持，主要包括普通高等教育、职业教育奖励，劳动力转移技术技能培训，农村实用技能培训等方面；二是贫困移民帮扶，对于老弱病残的弱势移民、大病致贫等贫困移民，利用该项资金使其基本生活得到保障，可采取一次性补助一定资金的方法予以帮扶；三是整合其他渠道产业扶持，通过结合库区资源特点和优势，有针对性地扶持部分龙头企业，达到示范带头作用，以带动农户致富；四是加强库区和安置区交通、农田水利、电力和社会事业等方面的基础设施建设，加强生态建设、环境保护。

(2) 优惠电价。目前，大中型水利水电工程蓄水发电后，电力通过电网一般输送到经济发达的地区，紧邻水电站的库区或安置区却基本无法享受这一清洁能源。

国内已有一些水利水电工程项目移民或移民企业享受到了优惠电价，例如：紫坪铺水利枢纽工程移民生活用电享受优惠电价，电费全部按照国家贫困县农业排灌用电价格缴纳；宜昌市夷陵区三峡坝区移民安置企业享受优惠电价额度1.6亿kW·h，移民安置企业实际可获得电价优惠2000余万元，一期共落实了5家移民企业，其中农产品加工企业3家，国家高新企业两家。这5家企业共安置三峡移民850人。

上述电价优惠方式只惠及少量企业或移民，未完全体现利益共享的原则。目前部分地方政府强烈要求进行电力留存，但鉴于当前水电开发成本较高，水电电价又不到位，水电投产初期普遍经营亏损，电力留存将损害业主利益，另外，电力生产与销售，已经是纯市场的行为，由电监会负责，电站业主无权决定，建议不对地方政府留存。

另外一种电价优惠的方式是直供电，即由水电站发电直接供给库区和安置区，这样减少了中间环节和输送损耗，电站业主的利益不受损害，库区和安置区也得到实惠，电网企业利益受到影响也不大，但需要协调电网企业同意直供电方案和同意使用原有的供电网络，同时在水电站设计过程中考虑增加相应的设备。根据表14.2分析，建议根据水电站库区和安置区年用电情况按年电站发电量1%～

5%确定直供电量。

表 14.2　　水电工程直供电电价优惠分析表

序号	项目名称	库区涉及省	装机容量/MW	搬迁人口/人	年发电量/(万kW·h)	按年发电量1%考虑		按年发电量5%考虑	
						直供电量/(万kW·h)	优惠费用/万元	直供电量/(万kW·h)	优惠费用/万元
1	瀑布沟	四川	3600	107965	1479000	14790	2958	73950	14790
2	溪洛渡	四川、云南	13860	61035	6400000	64000	12800	320000	64000
3	两河口	四川	3000	6287	1149100	11491	2298	57455	11491
4	锦屏一级	四川	3600	10454	1662000	16620	3324	83100	16620
5	官地	四川	2400	2202	1101600	11016	2203	55080	11016
6	双江口	四川	2000	5940	712300	7123	1425	35615	7123

注　优惠费用按 0.2 元/(kW·h) 和直供电量估算。

第15章　其他移民安置新思路

15.1　促进库区及移民安置区经济社会发展新思路

15.1.1　提出缘由

15.1.1.1　水电开发与国家经济社会发展的形势

新中国成立以来，特别是改革开放以来，我国水电建设取得了很大的成绩，在解决电力供应问题的同时，促进了地方经济和社会的发展。但由于历史以及政策的原因，水电建设与移民群众切身利益和当地经济社会发展结合不够，一些水库移民遗留问题仍较突出，库区经济社会发展仍比较落后。

为进一步发挥水电建设对移民群众脱贫致富以及地方经济社会发展的带头作用，促进水电建设的健康发展与和谐社会的建设，全面分析已建电站移民生产生活和库区经济社会发展状况，客观评价水电建设对移民生产生活和库区经济社会发展的影响，总结和深入分析目前水电建设的有关政策及其作用，研究分析提出水电建设更好地促进库区及移民安置区经济社会发展的项目和资金来源，以解决其中的突出问题。

15.1.1.2　水电建设涉及区域的特点

随着水电建设逐步向雅砻江、金沙江、大渡河等流域上游推进，建设征地涉及区的特点是民族地区、高海拔地区和贫困地区，地方政府基本依靠中央财政转移支付保障运转，没有更多的财政收入用于区域的经济社会发展项目建设。因此，在水电工程建设过程中，部分市（州）、县政府结合自身发展需求，提出了非常多的促进地方经济社会发展的要求和项目建设任务，希望通过水电建设最大限度满足区域发展需要，达到补齐欠账，满足长远的目标。

15.1.1.3 水电工程的自身特性

相关规范中明确提出专业项目恢复要坚持“三原”原则，即“原规模、原标准或恢复原功能”，原标准、原规模低于国家规定范围下限的，从国家规定范围的下限建设；原标准、原规模高于国家规定范围上限的，从国家规定范围的上限建设；原标准、原规模在国家规定范围内的，按照原标准、原规模建设。

在此原则下，移民工程按照现状规模和标准，在满足国家相关行业强制性规定的前提下规划迁（复）建方案，审查认定后实施。但实际上，大型水电工程建设周期较长，一般需5～10年，如瀑布沟水电站从可研启动至最后蓄水发电、完成搬迁，历时10年，溪洛渡、向家坝等特大型水电工程，其建设周期更加漫长。因此仅仅按现状规模、标准规划复建移民工程，则当电站蓄水发电、移民工程建成后，按照目前社会经济的发展速度，可能该项工程的功能和标准已不能满足5年后的运行或使用，不可避免地会造成重复建设和资源浪费，同时国家相关文件已明确提出水电工程建设，应担负一定的社会责任，应促进库区及移民安置区经济发展和移民脱贫致富。

因此，从统筹考虑、提前规划、整合发展的角度，在移民安置规划阶段，可以以“三原”原则为基础，结合区域社会经济和行业发展，适度超前，统筹考虑移民工程的建设规模和标准，同时整合各方资金，将移民安置规划与地方和行业规划充分结合和衔接，以达到促进地方社会经济发展和移民脱贫致富的目的。

15.1.2 现状分析

本书对四川省境内的12个大型水电工程移民安置促进地方经济社会发展项目进行了研究和分析，可以看出目前大中型水电工程移民安置促进地方经济社会发展的特点主要表现在以下几个方面：

(1) 集中在水电开发项目。由于水利工程本身具有较强的公益性，也能促进经济社会发展，同时其投资包括国家、省、市、县等各级财政资金，地方政府特别是县级政府要求水利工程开发过程中涉及移民安置项目需促进地方经济社会发展项目的诉求较少。从目前掌握的情况看，这样的促进地方经济社会发展的项目诉求全部集中在水电工程。

上述特点与水电工程的特性有关，一是水电工程特别是大型水电工程主要有中央企业投资；二是水电工程具有较强的盈利能力；三是水电工程建设地并不是主要的水电消费地，建设地主要从财税等方面获得利益，水电开发带来的利益共享还不充分。

（2）主要为交通工程。本书选取的典型水电工程移民安置促进地方经济社会发展项目中，70％属于交通工程，既包括等级干线公路，也包括库周交通，还包括通村通乡公路；既包括复建交通工程标准的提高，也包括新修交通工程以及对交通工程的维修。

这也体现了建设征地区域的实际。由于水电工程建设征地涉及区域经济社会发展较为落后，重大交通项目改善及新建主要依靠中央财政，其基础设施特别是交通设施的建设欠账较多，发展愿望十分迫切，因此交通项目较多。

（3）单个项目投资均较高。通过分析，典型水电工程移民安置促进地方经济社会发展项目投资均较大，少的也达到数千万元，高的达到数亿元，甚至几十亿元。

（4）与移民安置的关系，多种情形交织。根据典型项目资料分析，从移民安置的角度看，主要有以下情况：一是与移民安置密切相关项目需要提高标准的；二是与移民安置相关性较小，需要增列项目的；三是性质只与移民相关，标准与规范制定存在争议的；四是与移民部分相关，提高标准的；五是与移民没有关系，需要新设项目的；六是与移民安置没有关系，但地方政府强烈要求的。目前由于对促进地方经济社会发展项目没有明确的规定，一般是通过协调，尽量与移民安置靠上关系，纳入规划，进入电站建设成本。

（5）主要集中在工程建设期间。根据对典型项目的分析可以看出，目前促进地方经济社会发展项目主要是在水电工程建设期间提出和实施的，水电工程建成发电后实施的项目较少。一方面，在水电工程建设期间，业主需要筹集大量的资金进行工程建设，将水电工程促进地方经济社会发展主要放在工程建设期间，大大加重了水电项目业主的负担，给业主带来了巨大的筹资压力。另一方面，在水电站运行期间，水电项目业主的工程建设投资较少，且已有发电效益支撑，此时可以从发电收益中提取部分资金支持地方经济社会发展。

15.1.3 主要思路

当前水电工程促进库区及移民安置区经济社会发展应坚持以民为本，在突出抓好移民安稳致富的同时，注重发挥水电开发对地方经济社会发展的促进作用，采取有效措施，积极支持库区和移民安置区的基础设施、社会公益事业、产业发展、移民能力建设项目，结合工程项目建设特点，持续推进，分步实施，实现水电资源开发与地方经济社会发展同受益、共发展。

15.1.3.1 主要原则

（1）统筹兼顾，共赢发展。水电工程建设要根据项目特点和能力，采取有效措施，结合项目建设实际，积极促进移民脱贫致富和地方经济社会发展。

（2）着眼长远，分步推进。水电工程开发建设促进库区及移民安置区经济社会发展工作，应根据工程建设和运行的阶段性特征，结合各阶段移民工作特点，着眼长远，分阶段有序推进。

（3）实事求是，适度支持。应结合库区和安置区经济社会发展实际，在保证水电开发基本效益的条件下，地方政府与水电工程开发建设单位加强沟通，协商确定。

（4）移民优先、分类发展。水电工程开发建设，应重点考虑同移民紧密相关的项目，主要从基础设施、社会公益事业、产业发展、移民能力建设方面，为地方经济社会的长远发展“造血输血”，保证移民安稳致富、经济社会和谐发展。

（5）重点支持产业发展，适当支持基础设施建设。大中型水电工程应重点支持地方产业发展，为地方经济社会的长远发展“造血输血”，如产业发展、就业培训等，重点支持能够提升地方经济社会发展质量、加强移民群众能力建设的项目。从目前情况来看，地方诉求主要是要求水电项目业主支持地方基础设施建设，如交通、电力、水利、通信等行业的发展和提高。由于基础设施等建设应该由地方政府扮演主要角色，因此，水电建设应适当支持基础设施建设，控制基础设施建设资金投入。

15.1.3.2　相关要求

水电项目业主在水电工程建设期和电站运行期共同促进库区及移民安置区经济社会发展。具体做法是建设单位会同地方人民政府按照有关规定，协商拟定相关支持发展资金方案，经征求投资主管部门意见后，签订合作协议；在运行期，建设单位会同地方人民政府根据项目发电收益和移民安置实际情况，经征求发展和改革委员会（能源局）意见后，从每千瓦时电的发电效益中提取一定金额作为发展资金。同时可以结合招纳当地用工、开发旅游产业、开展水资源综合利用等方式促进库区及移民安置区经济社会发展。应重点支持与移民相关的产业发展、产业扶持等，控制发展资金用于地方基础设施建设的金额。

1. 工程建设期

（1）发展项目的确定。建设期应优先支持库区和安置区移民生产、生活条件改善，重点支持与移民紧密相关的基础设施、社会公益事业等项目；还应支持解决停建通告下达至移民搬迁间隔时间较长所产生的问题。

（2）资金来源。水电工程建设期间，建设单位会同地方人民政府按照有关规定，协商拟定相关支持发展资金方案，经征求投资主管部门意见后，签订合作协议。所需资金可按移民补偿总投资一定比例协商确定，由建设单位负责筹措，并按协议拨付。拟定的资金方案应包括投资项目、建设标准和规模、建设方式、建设计划及投资费用等内容。

(3) 资金使用。资金方案中涉及的项目，按项目建设管理权限和程序管理，并接受相关职能部门的监督检查。

2. 电站运行期

(1) 发展项目的确定。运行期应优先支持库区和安置区增加移民收入的产业发展、创业扶持、就业培训等项目，提高移民后续发展的能力和潜力、促进库区及移民安置区经济社会长远健康发展。在此基础上，还可结合库区经济社会发展规划，适当支持对区域经济社会发展有重大影响的项目。

(2) 资金来源。水电工程发电后，建设单位会同地方人民政府根据项目发电收益和移民安置实际情况，经征求发展和改革委员会（能源局）意见后，在发电收益中按一定标准安排部分资金，用于支持移民生产生活改善和后续发展。

(3) 资金使用。地方政府应会同建设单位可与地方经济社会发展规划编制工作相结合，编制资金使用方案，经征求发展和改革委员会（能源局）、扶贫移民局意见后实施。资金使用方案应包括投资项目、建设标准和规模、建设方式、建设计划及投资费用等内容。资金方案中涉及的项目，按项目建设管理权限和程序管理，并接受相关职能部门的监督检查。

15.2 移民后期扶持新思路

2006 年，国务院制发施行了《关于调整完善大中型水库移民后期扶持政策的通知》（国发〔2006〕17 号），目前广大移民群众和基层干部对政策扶持标准低、范围不全和扶持投入不足等问题诉求反映强烈，对此，提出如下思路：一是提高现行移民每月 50 元的后期扶持政策标准，并综合全国农民人均年纯收入、物价、城乡居民低保等变化情况，建立相关动态长效调整机制；二是将水利工程灌溉和供水干渠、支渠工程建设按移民政策标准进行补偿补助的征地农民，统一纳入移民后期扶持政策范围，享受相关扶持政策；三是在水资源费、城乡供水企业和居民生活、工业生产的水费中，参照电价加价征收移民后期扶持基金方式，开征水库移民后期扶持基金，以利全社会均衡负担移民扶持，增加移民后期扶持投入；四是参照目前国家在向家坝、溪洛渡两电站上网电价中，每度电增核加收 3 厘钱，用于扶持工程建设区移民和地方经济社会后续发展的模式，尽快创建全国统一的移民后续发展长效共享机制。

15.3　移民实施管理新思路

(1) 进一步提升移民管理工作的执行力。针对目前水利水电移民管理工作存在的职责和权利不匹配，执行不力，监督管理制度实施效果不佳，地方政府移民管理工作存在局限以及各级各部门对移民工作的认识有偏差等问题，建议省级层面尽快出台程序法，进一步完善和细化具体的管理操作规范；赋予移民综合监理更多实际权力，加强其监督管理力度；另外，应重点加强水利水电工程涉及的地方政府移民干部的培训工作，在项目启动初期，进行移民政策及相关专业知识的宣讲和培训，以加强移民管理工作，减少实施主体不作为或乱作为现象。

(2) 建立重大问题协调决策机制。目前，移民个人诉求越来越多，地方政府对水利水电建设与地方社会经济发展相结合的要求亦越来越高，各级各方利益博弈愈演愈烈，需要采取多方协调和磋商机制来解决。同时，由于国家没有统一的移民管理机构，对于移民安置实施中重大问题、特殊问题处理无相应的操作规范，各地和各工程项目往往采用“一事一议”的方式进行协调处理，形式、方法、标准各异，缺乏统筹平衡的协调机制。例如，瀑布沟采取轮值会议制度，金沙江流域界河电站采用成立流域水电工程移民协调办的方式。因此，建议国家组建统一的移民管理机构，统筹加强对跨省、跨部门的移民工作的管理、指导和监督。

（3）研究对停建范围的停建影响问题。目前，各省对大中型水利水电工程停建通告的发布都有相关规定，例如：四川省川办发〔2014〕13号规定《停建通告》有效期包括工程项目建设征地移民规划期和实施期，规划期为《停建通告》发布之日起至移民安置规划批准之日止，中型工程为1～2年，大型工程为2～3年；实施期为移民安置规划批准之日起至工程建设竣工验收止。由于水利水电项目特别是大型项目的建设周期较长，发布停建通告后，往往出现省、市、县各级冻结停建范围及涉及行政区的各行业正常建设，影响了该行政区的正常发展；同时，也导致了停建范围内部分移民危房再建、婚娶新建房屋是否补偿的矛盾。因此，建议深入研究封库令期间带来的各种问题，针对封库令下达的合理时机、合理的封库周期、封库期间影响的处理措施、监督机制等做出相关规定。

（4）统筹行业规划，整合行业资金。2006年国务院第471号令规定："各级人民政府应当加强移民安置区的交通、能源、水利、环保、通信、文化、教育、卫生、广播电视等基础设施建设，扶持移民安置区发展"。在实际移民安置规划和实施过程中，对上述规定的落实措施并不到位，如水利工程各行业部门的配套支持扶持政策要好于水电工程；交通、城市改造、机场建设等征地项目，由于政府强力主导等原因，各行业也都出台各种优惠政策和配套措施来保证项目最大限度本地化建设。如何将移民条例规定的各行业对移民安置区支持与扶持落实到移民规划中，真正把水利水电项目法人作为招商引资的客商对待，需要地方各级政府转变观念。南水北调工程34.5万移民能够在2～3年全部完成，除了按照国家政策规定计入移民补偿概算的移民投资外，还与河南、湖北两省各行业规划配套资金统筹利用是密不可分的；据初步调查，仅湖北省教育系统就配套了学校改造费用约5亿元。由于各行业的统筹规划和资金的整合使用，才保证了南水北调工程征地移民工作的顺利实施。为了保证水利水电征地移民工作的顺利实施，需要进一步落实各行业对移民安置区行业支持与扶持政策规定，并将统筹行业规划、整合行业资金落实到移民安置前期规划中。

15.4　移民工作法治化新思路

目前部分移民及少部分地方政府“等、靠、要”思想严重，普遍存在依赖感、攀比感、归责感，导致移民不愿意失去移民身份，成为“特殊公民”；且在水利水电征地移民工作中，涉及各方存在法制意识淡漠，工作不规范的现象，完全依靠行政管理难以切实管理和规范各方的行为活动，影响稳健推进等现实问题。结合党的十八届四中全会全面推进依法治国的重要精神，立足推进改革提高移民工作的治理水平和能力，以问题为导向，重视加强移民立法调研工作，着力建立健全移民工作法律法规，完建移民前期规划、中期实施、后期扶持工作的法律规章，明晰各方协同推进移民工作的法律责任、法律权益、法律义务和法定工作程序，倡行遵纪守法和诚信守约，增加违法成本，做到“法不授权不可为”，严格依法移民，切实管治和规范移民、地方政府、项目业主三个主体，加上设计单位及监理单位五个方面的活动行为，建立移民工作法治化的新常态，逐步实现水利水电移民工作机制由“行政化”向“法治化”方向发展，实现移民依法搬迁，政府和各级各部门要依法管理，项目业主依法参与，设计单位、监理单位、建设单位等相关部门要依法工作。

参 考 文 献

[1] 江平，巫昌祯．现代实用民法词典［M］．北京：北京出版社，1998.

[2] 陈洪博．土地科学词典［M］．南京：江苏科学技术出版社，1992.

[3] 陈顺增．土地管理知识辞典［M］．北京：中国经济出版社，1991.

[4] 陈华彬．物权法原理［M］．北京：国家行政学院出版社，1998.

[5] 李丹，郭万侦，刘焕永，张江平，等．中国西部水库移民研究［M］．成都：四川大学出版社．2010.

[6] 傅秀堂．水库移民工程［M］．北京：中国水利水电出版社，2005.

[7] 段跃芳．水库移民补偿理论与实证研究［M］．武汉：武汉出版社，2005.

[8] SD 130—1984 水利水电工程水库淹没处理设计规范［S］．1984.

[9] DL/T 5064—1996 水电工程水库淹没处理规划设计规范［S］．1996.

[10] DL/T 5064—2007 水电工程建设征地移民安置规划设计规范［S］．2007.

[11] SL 290—2003 水利水电工程建设征地移民安置规划设计规范［S］．2003.

[12] SL 290—2009 水利水电工程建设征地移民安置规划设计规范［S］．2009.

[13] 郭万侦，张江平，邓益．水电工程建设征地补偿和移民安置思路的转变［J］．水力发电学报，2012，31（1）：1-4.

[14] 汪奎，杨胜，刘焕永，等．水利水电与其他行业征地补偿及移民安置政策对比［J］．水力发电，2016，42（7）：15-18

[15] 四川省移民安置规划中心．大中型水利水电工程建设征地补偿和移民安置条例实施情况分析报告［R］．成都，2013.

[16] 四川省移民安置规划中心．调整我省大中型水利水电工程征地补偿土地‘两费’标准研究报告［R］．成都，2013.

[17] 中国水电顾问集团成都勘测设计研究院．四川省大渡河瀑布沟水电站建设征地移民安置实施规划设计报告［R］．成都，2012.

[18] 中国水电顾问集团成都勘测设计研究院．四川省雅砻江桐子林水电站建设征地移民安置规划报告［R］．成都，2014.

[19] 中国水电顾问集团成都勘测设计研究院．四川省雅砻江锦屏一级水电站建设征地移民安置实施规划设计报告［R］．成都，2014.

[20] 中国水电顾问集团成都勘测设计研究院．四川省大渡河黄金坪水电站建设征地移民安置规划报告［R］．成都，2009.

[21] 长江勘测规划设计研究有限责任公司．嘉陵江亭子口水利枢纽初步设计报告：第九分册　建设征地移民安置规划［R］．武汉，2009.

[22] 水利部四川水利水电勘测设计研究院．四川省都江堰灌区毗河供水一期工程初步设计阶段　建设征地移民安置规划报告［R］．成都，2013.

[23] 水利部四川水利水电勘测设计研究院．四川省自贡市小井沟水利工程初步设计阶段建设征地移民安置规划设计报告［R］．成都，2011.

[24] 中国水电顾问集团成都勘测设计研究院．四川省岷江航电老木孔枢纽工程建设征地移民安置规划报告［R］．成都，2012.

[25] 李小红，王文昌．城镇化过程中农地征收模式改革初探［J］．云南农业大学学报，2012，6（1）：9－13.

[26] 姜爱林．改革开放以来中国土地政策的发展变迁［J］．中州学刊，2003（05）：48－53.

[27] 成德宁．改革农村土地征收制度优化城市扩展模式［J］．学习与实践，2012，5（1）：13－19.

[28] 朱志刚．论我国农村土地征收补偿制度［J］．金卡工程．经济与法，2010，7（1）：90.

[29] 钟水映，肖小梅，罗枫．略论土地征收统一年产值和区片综合地价的修订［J］．人民长江，2013，13（1）：109－112.

[30] 张蕊．我国土地征收中失地农民社会保障问题初探［J］．赤峰学院学报，2011，2（1）：65－67.

[31] 郑鸿，郑庆昌．征地补偿安置协商：一个不完全信息讨价还价动态博弈模型［J］．福建农林大学学报（哲学社会科学版），2012，15（3）：47－51.

[32] 谢国帅．试论如何推进我国现行社会保障制度改革［J］．金卡工程．经济与法，2010，9（1）：244－245.

[33] 郑凌志，周建春，唐健．中国土地政策蓝皮书（2013）［M］．北京：中国社会科学出版社，2013.

[34] 王永．安徽省水利水电工程地面附着物补偿标准测算［J］．江淮水利科

技，2007，31.
[35] 王以礼．小岩头水电站建设征地上附着物的赔偿处理与启示［J］．云南水力发电，2011，27（5）.
[36] 赵小风，李瑞雪，魏朝富，谢德体．关于我国土地征用制度的若干思考［J］．教师教育学报，2004（1）.
[37] 王俊海．浅析以土地使用权入股的农村水库移民生产安置机制［J］．南水北调与水利科技，2005，3（1）：62－64.
[38] 彭伟杰．水库移民“入股分红”安置方式的构想［J］．广西水利水电，2006（1）：74－77.
[39] 王斌，龚和平，张一军．创新农村移民安置方式研究［J］．水力发电，2008，34（11）：15－19.
[40] 邓益，刘焕永．雅砻江两河口水电站移民群众收入构成研究［J］．水电站设计，2009，25（1）：82－85.
[41] 邓益，刘焕永，陈敬，等．四川甘孜藏区大中型水电工程征地补偿及移民安置工作初探［J］．水电站设计，2011，27（1）：62－66.
[42] 于纪渭．股份制经济学概论［M］．上海：复旦大学出版社，2011.
[43] 水电水利规划设计总院．水电建设促进地方经济社会发展政策研究总报告［R］，2008.
[44] 梁福庆．三峡水库移民政策法规发展研究［J］．水利发展研究，2005，11（11）：12－15.
[45] 龚和平．水电工程移民问题与对策探讨［J］．水力发电，2014，40（3）：1－4.
[46] 彭幼平，龚和平．对水电工程征地移民设计管理中几个新理念的探讨［J］．水力发电，2011，37（4）：9－12.
[47] 彭幼平，蔡频，李环宇．水电工程农村移民农业安置方式的探讨［J］．水力发电，2007，33（3）：20－21，28.
[48] 曾虎，郭万侦．四川省水电工程移民安置与补偿中遇到的新问题［J］．水电站设计，2008，24（2）：86－89.
[49] 刘进，杜金平，龙世红，等．藏族地区水电工程建设征地移民安置探讨［J］．人民长江，2012，43（S1）：157－159.
[50] 蒋建东．民族地区大中型水利工程移民安置特点与对策［J］．人民长江，2013，44（2）：68－71.
[51] 杨文健．建立水库移民社会保障制度的探讨［J］．人民长江，2007（6）.
[52] 陈绍军，陈阿江，周魁．移民社会保障体系探讨［J］．水利经济，

2002 (5).

[53] 邓益，汪奎，黄建，等．大型水电工程农村移民入股安置方式初探[J]. 水力发电，2015，41 (4)：1-4.

[54] 郭万侦，翟洪光，李明，等．阿坝州黑水县毛尔盖水电站农村移民安置方式创新研究报告 [R]. 成都，中国电建集团成都勘测设计研究院．2010，12：46-50.

[55] 成果．阿海水电站建设征地移民安置长效补偿费支付方式 [J]. 云南水力发电，2012，28 (3)：22-29.

[56] 王应政．贵州省大中型水电工程征地移民长效补偿机制研究 [J]. 贵州社会科学，2009，5 (5)：62-66.

[57] 贾晔，赵静．广西实施淹没土地长期补偿政策的理论与实践 [J]. 桂海论丛，2006，1 (1)：76-78.

[58] 高盈孟，罗锦华．对移民实行逐年长效补偿是水电开发构建民生工程的重大举措 [J]. 水力发电，2014，2 (2)：7-10.

[59] 赵灿章，银松，曾衡峰，胡丹晴．金沙江中游水电开发移民安置“长效补偿”兑付方案研究 [J]. 云南水力发电，2009，5 (5)：8-14.

[60] 陈绍军，于浩淼，吴革立．生态脆弱区非自愿移民安置政策分析 [J]. 水电能源科学，2010，5 (5)：105-108.

[61] 郭万侦，徐静．水电移民逐年货币补偿安置方式优劣分析 [J]. 水力发电学报，2014，6 (3)：1-7.

[62] 侯荣贵，严登才．水库移民长效补偿机制的 SWOT 分析及对策研究 [J]. 湖南农业科学，2012，(23)：113-130.

[63] 张建，蒋建东．库区城镇化与非自愿移民问题研究 [J]. 人民长江，2014，45 (7)：107-109.

[64] 陈绍军．水库移民系统社会风险控制及综合评价研究 [D]. 南京：河海大学博士学位论文，1999.

[65] 杨文建．库区移民城乡联动安置模式的战略性思考 [J]. 中国农村经济，2003，5：40-43.

[66] 杨文建．水库移民与水电工程效益共享安置模式研究 [J]. 人口与经济，2002，4：11-12.

[67] 范本迅，孟朝晖．移民安置城镇化若干问题思考 [J]. 人民长江，2014.45 (16)：102-104.

[68] 杨文建．中国水库农村移民安置模式研究 [D]. 南京：河海大学博士学位论文，2004.

[69] 杨赛男．促进城镇化进程的社会保障政策研究［D］．哈尔滨：哈尔滨商业大学硕士学位论文，2013.

[70] 牟小林．中国城镇化进程及政策研究［D］．成都：电力科技大学硕士学位论文，2006.

[71] 程卡．先移民后建设方针的业主解析［J］．四川水力发电，2012，31(5).

[72] 吴世勇，申满斌，孙文良．水电开发征地移民政策和管理环境分析［J］．水力发电学报，2011，30（3）.

[73] 吴雪娇．"先移民后建设"在四川水电工程移民安置工作中的探索与实践［J］．水电站设计，2014，30（1）.

[74] 孔令强，施国庆，李天华．水电工程移民共享经济效益的机理与机制研究［J］．水力发电，2008（1）.

[75] 孔令强，等．基于效益共享的水电工程移民安置机制初探［J］．水利水电技术，2007（9）.

[76] 王文长，等．论西部水电开发中库区利益的协调［J］．广西民族研究，2008（3）.

[77] 朱东恺．我国水利水电工程移民利益补偿机制改革思路及建议［J］．中国软科学，2006（01）.

[78] 文良友，蔡频，张一军，陈先源．对水电工程建设征地农村移民补偿安置的思考［J］．水力发电，2006，32（07）.

[79] 王军．关于大中型水库移民后期扶持政策实施工作的回顾与思考［J］．河北水利，2010，12（12）：4-11.

[80] 陈晓楠，施国庆，余庆年．水库移民的历史变迁及实施后期扶持政策研究［J］．人民黄河，2009，4（4）：9-13.

[81] 汪奎，邓益，刘焕永，等．贫困地区水电工程移民后续产业发展初步研究［J］．人民长江，2015（S2）.

后　记

在《水利水电工程征地移民政策改革思路研究报告》课题研究成果基础上，经过两年的时间，《中国水利水电工程移民安置新思路》书稿终于完成并付梓出版了，在此将本书献给广大读者，期待得到业内各位专家、学者和同行的指教，更加希望能对我国移民政策的发展起到些许作用。

近十年是我国水利水电工程快速发展时期，也是我国水利水电移民行业政策技术水平发展的高峰时期。随着大量移民安置工作的完成，广大移民工作者创造和积累了丰富的经验，并开展了大量的探索和研究，形成了比较多的研究成果；在此基础上，国家及地方研究制定了一系列的移民法律、法规、政策文件以及规程规范，将我国水利水电移民行业政策技术水平提升到了一定高度。但总体上，我国移民行业尚缺乏全面、系统的政策梳理和研究，本书对移民政策进行了深入的探讨，也结合目前存在的热点问题提出了政策调整的思路，其中部分思路与现行政策发展趋势相吻合，例如土地补偿政策调整的思路已逐步得到了体现；其他移民安置新思路也将在部分省（自治区、直辖市）逐步得以体现。在利益共享、促进地方经济发展、后续发展以及实施管理等方面，本书提出了一些新思路，但尚需开展更加深入的研究，下一步我们将继续结合全国实际开展研究工作，提出更有价值的成果与广大读者分享。

作者

2016年11月